Dieter B. Herrmann

Das Urknall Experiment

Dieter B. Herrmann

Das Urknall Experiment

Die Suche nach dem Anfang der Welt

KOSMOS

Impressum

Umschlaggestaltung von Büro Jorge Schmidt, München, unter Verwendung einer Illustration von Mark Garlick/Science Photo Library/Agentur Focus.

Mit 49 Schwarzweißfotos und 51 Illustrationen. Bildnachweis Seite 367.

Unser gesamtes Programm finden Sie unter **kosmos.de**.
Über Neuigkeiten informieren Sie regelmäßig unsere Newsletter, einfach anmelden unter **kosmos.de/newsletter**.

MIX
Papier aus verantwortungsvollen Quellen
FSC® C014496

Gedruckt auf chlorfrei gebleichtem Papier

ISBN 978-3-440-14455-8
Projektleitung: Sven Melchert
Redaktion: Justina Engelmann
Gestaltung und Satz: Martina Heitzmann-Schulz, Fußgönheim
Produktion: Ralf Paucke
Printed in Germany / Imprimé en Allemagne

Für Sabine

Inhalt

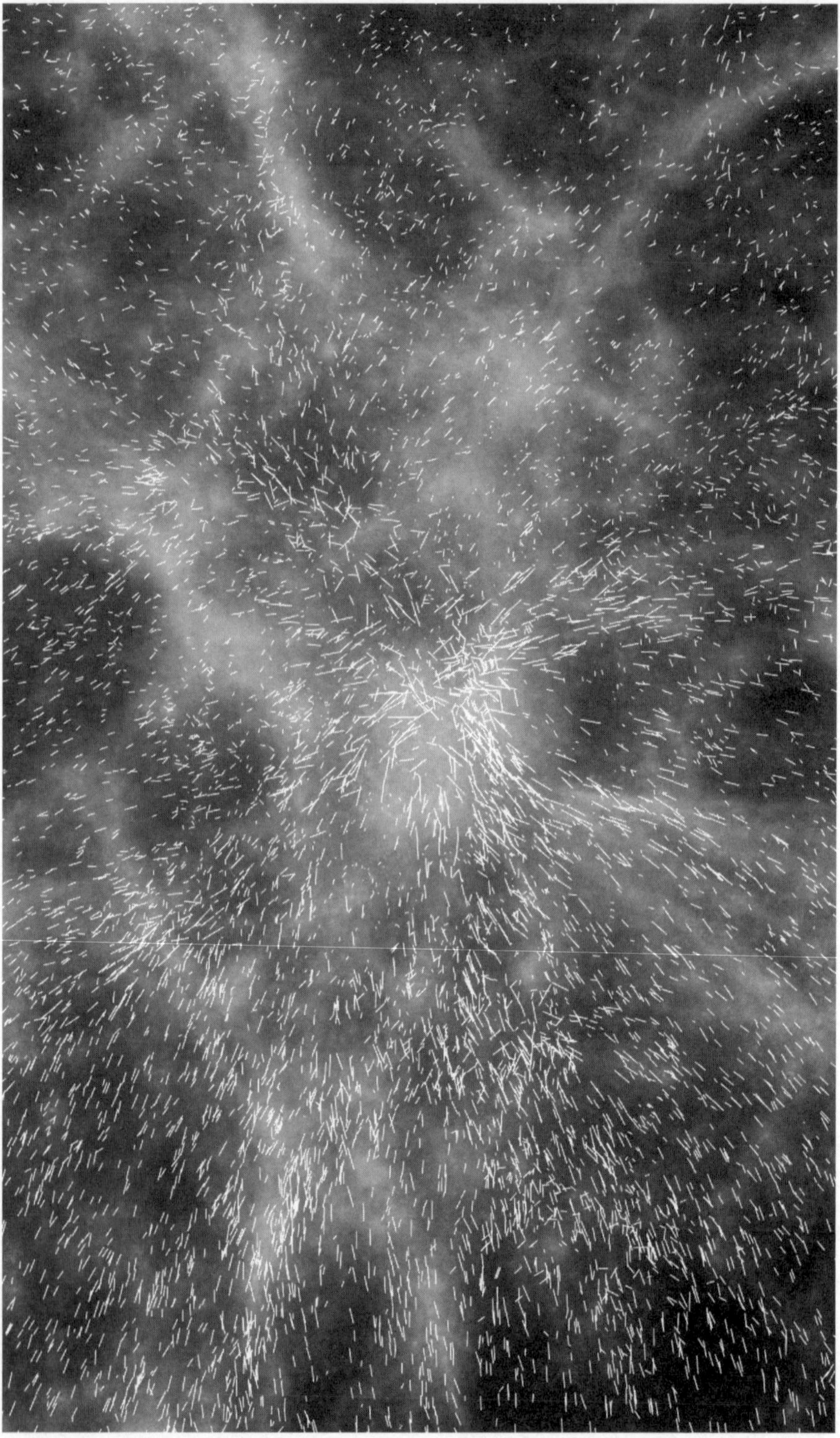

Vom Uratom zum Universum

Ein wahrhaft großer Sprung, der ähnlich anmutet, wie der Weg vom Einzeller zum Menschen. Am Anfang steht etwas ganz Einfaches, woraus sich im Lauf der Zeit durch Selbstorganisation etwas außerordentlich Komplexes entwickelt. Doch wie kommt man auf die Idee, dass das Universum aus einer Art Uratom entstanden sein soll?

Bereits im fünften Jahrhundert vor Christus hatten Leukipp und Demokrit kleinste Bestandteile alles Seienden angenommen. Die verschiedenen Eigenschaften der Dinge entstünden aus den Atomen, deren Zahl unendlich sei, die in unterschiedlichen geometrischen Formen aufträten, in unentwegter Bewegung seien und selbst nicht in kleinere Teile zerlegt werden könnten. Aus heutiger Sicht war das zweifellos eine geniale Idee, aber gleichzeitig auch nur eine philosophisch untermauerte Spekulation, die sich Jahrtausende später zudem in dieser Form als letztlich unzutreffend erwies.

Das moderne »Uratom« aus dem sich das Universum entwickelt haben soll, war zwar anfangs auch nur eine Idee – doch sie entstand rund 2500 Jahre nach Demokrit auf der Grundlage eines bereits weit fortgeschrittenen Systems konkreter Erkenntnisse über den uns umgebenden Kosmos ebenso wie über die Welt im Kleinsten, den Mikrokosmos. Die Herausforderung aber, aus einem wie auch immer beschaffenen »Uratom« die Lebensgeschichte des Universums abzuleiten, ist trotzdem ein extrem schwieriges Unterfangen geblieben.

Dieses Buch berichtet über den gegenwärtigen Stand unseres Wissens, aber auch über die historischen Hintergründe und unvermeidbaren Irrwege. Verschlungene Pfade mussten gegangen werden, ehe man überhaupt erkannte, dass die Welt im Großen nur zu verstehen ist, wenn man auch über den Mikrokosmos zuverlässige

Computersimulation zur Bildung großräumiger Strukturen im Universum. Die »Nadeln« zeigen die Bewegung von Galaxien zum Massenzentrum an.

Kenntnisse besitzt. Oft hatte auch der Zufall seine Hand im Spiel ebenso wie die blühende Fantasie von Forschern – eine wichtige Geistesgabe, die wir in den exakten Wissenschaften kaum vermuten. Zugleich wird gerade unter Berücksichtigung der historischen Entwicklungen deutlich, dass all unser Wissen auch Grenzen hat und nicht jeder vermeintliche Fortschritt mit einer weiteren Annäherung an die Wahrheit verbunden ist.

Das faszinierende Ringen um die Suche nach dem Anfang und der Entwicklung unseres Universums wird in diesem Buch nicht chronologisch erzählt, denn es waren ganz unterschiedliche und zum Teil zunächst auch voneinander isolierte Erkenntniswege, die schließlich in das heute so genannte Urknall-Experiment einmündeten. Die Suche nach einem widerspruchsfreien Gesamtbild gleicht einem gewaltigen Puzzle. So hofft der Autor, dieses Abenteuer – auch durch die besondere Erzählweise – vor dem Auge des Lesers neu erstehen zu lassen und dabei ebenso die kritischen Argumente der Skeptiker nicht zu verschweigen, deren Einwände durchaus ernst genommen werden sollten, auch wenn sie nicht immer richtig sein müssen.

Wissenschaftliche Forschung ist ein komplexes Unterfangen. Immer neue technische Hilfsmittel stehen uns zur Verfügung: Riesenteleskope und Raumsonden für die Makrowelt – aber auch »Mikroskope« für die Mikrowelt. Die Mikroskope von heute sind die Teilchenbeschleuniger, allen voran der »Large Hadron Collider« des CERN in Genf, gerne auch die »Weltmaschine« genannt.

Statt weniger Einzelner sind heute Zehntausende Wissenschaftler und Techniker weit verstreut über den gesamten Globus an den Untersuchungen beteiligt und oft lediglich durch Informationsnetzwerke miteinander verbunden. Doch was auch immer sich am Arsenal der Forschungshilfsmittel und den Dimensionen der Forschung geändert hat – der höchste Richterspruch für die Wissenschaft ist dem Experiment vorbehalten. Wer vor dieser Instanz versagt, kann nicht behaupten, die Wahrheit – jene gesuchte Übereinstimmung von Urteilen mit Tatsachen – gefunden zu haben.

Unser gegenwärtiges Weltbild ist immer noch voller Widersprüche und offener Fragen. Man sollte sich dadurch nicht verwirren lassen. Die Wissenschaft ist immer unterwegs und nie am Ziel. Kritiker werden nicht müde, vor neuen Irrwegen zu warnen, oftmals durchaus berechtigt. Deshalb werden wir in diesem Buch auch immer wieder von alternativen Lösungsvorschlägen für viele Probleme lesen und in einem besonderen Kapitel auch erfahren, wo die grundsätzliche Kritik derjenigen ansetzt, die das von den meisten gegenwärtig akzeptierte Modell der Kosmologie oder dasjenige der Elementarteilchenphysik hinterfragen.

Doch auch auf diese Skeptiker trifft zu: Wissenschaft braucht Beweise. Einfache Rezepte für das Finden neuer wissenschaftlicher Wahrheiten sucht man vergebens. Deshalb treibt auch die Fantasie bei der Schaffung neuer Varianten von Weltmodellen derzeit eine Blüte wie nie zuvor. Manche Lösungsvorschläge schließen andere aus und die Vertreter der jeweiligen Auffassungen wetteifern rege um Akzeptanz. Wie soll sich da der Laie durchfinden, wenn es selbst die Fachleute oft nicht vermögen?

Ungewöhnliche Denkansätze gehörten schon immer zum Weg der Wissenschaft. Mehrheitsentscheidungen zählen nicht. So sehen sich die Kritiker gern an ähnlicher Position wie große Vorläufer des heutigen Weltbilds, die seinerzeit auch gegen Mehrheitsmeinungen angetreten sind und dafür stritten und warben. Wie hatte doch schon Alexander von Humboldt 1828 festgestellt:

Entschleierung der Wahrheit ist ohne Divergenz der Meinungen nicht denkbar [1].

Dieter B. Herrmann

Einführung

Experimente im Kosmos?

Experimente dienen meist der Klärung irdischer Fragestellungen. Jedoch lässt sich auch der Himmel nicht nur aus der Ferne beobachten. Experimentieren und Modellieren auf der Erde sind durchaus ebenso Bausteine zur Entschlüsselung des fernen Universums.

Mit einem Laserstrahl wird am Großteleskop VLT ein künstlicher Stern erzeugt, mit dem die Abbildungsleistung der Instrumente verbessert wird.

Die Bedeutung des Experiments

Jeder weiß, was ein Experiment ist. In einem modernen Chemielabor zischt und dampft es aus Erlenmeyerkolben und Reagenzgläsern, in den Labors der Physik ermitteln Frauen und Männer in weißen Kitteln mit komplizierten Apparaturen, Spannungsquellen und langen Kabeln das Verhalten von Objekten, die man vielleicht gar nicht sieht. So oder ähnlich geht es in den Werkstätten der Naturwissenschaft zu und jedem Schüler ist heute bekannt, dass man Experimente durchführen muss, um Objekte und ihr Verhalten in Abhängigkeit von unterschiedlichen Einflussgrößen zu studieren. Dabei wird eine genau definierte Situation hergestellt, bei der man bestimmte Parameter messbar verändert, um daraus abzuleiten, welche Folgen dies für das zu untersuchende Objekt hat. Damit der Experimentator sicher sein kann, dass die beobachteten Veränderungen tatsächlich von der variablen Einflussgröße hervorgerufen werden, muss er außerdem sorgfältig darauf achten, dass keine anderen Effekte das Verhalten des zu untersuchenden Objekts mitbestimmen. Solche »Störgrößen« müssen daher zuvor sicher ausgeschaltet werden.

Ein anschauliches Beispiel, wie ein richtig durchgeführtes Experiment zum Sprachrohr der Wahrheit wird, liefert die Beantwortung der Frage: Fallen alle Körper unter der Einwirkung der Schwerkraft gleich schnell oder hängt das Verhalten ihres Falls vielleicht von ihrer Masse ab? Der große griechische Philosoph Aristoteles hatte in der Antike unumwunden erklärt: Leichte Körper fallen langsamer als schwere. Der italienische Naturwissenschaftler Galileo Galilei, der sich im 17. Jahrhundert mit der gleichen Frage beschäftigte, war hingegen von der Massenunabhängigkeit des Fallverhaltens von Körpern überzeugt.

Machen wir nun ein Experiment und lassen eine Eisenkugel und eine Hühnerfeder aus großer Höhe herabfallen, so würde das Ergeb-

Der griechische Philosoph Aristoteles (384–322 v. Chr.) war einer der einflussreichsten Gelehrten der gesamten Geschichte. Diese Marmorbüste ist eine römische Kopie eines griechischen Originals aus Bronze.

nis Aristoteles offensichtlich recht geben. Allerdings ist dies nur so, weil die Versuchsbedingungen nicht sorgfältig genug überlegt waren. Sobald wir den Luftwiderstand ausschalten (also eine entscheidende Störgröße beseitigen, indem wir das Experiment zum Beispiel in einer Vakuumröhre durchführen), würden wir feststellen, dass beide Gegenstände – gleichzeitig und aus gleicher Höhe losgelassen

– auch gleichzeitig am Erdboden ankommen. Die aristotelische Behauptung ist also falsch und die richtige Aussage muss lauten: Alle Körper fallen im Schwerefeld der Erde gleich schnell. Dieses Experiment kann jeder Physiker an jedem beliebigen Ort wiederholen und er wird dabei stets dasselbe Ergebnis finden. Naturgesetzliche Erkenntnisse sind also reproduzierbar. Findet ein Forscher ein Resultat, das durch weitere Experimente unter gleichen Bedingungen nicht bestätigt werden kann, so gilt die entsprechende Aussage als wissenschaftlich nicht gesichert.

Besonders in den Naturwissenschaften, aber auch in Technik, Psychologie oder Soziologie verhelfen uns Experimente zu immer neuen Erkenntnissen. Mit ihrer Hilfe können Modelle oder sogar ganze Theorien entwickelt werden. Umgekehrt kann man bestehende Theorien auch durch Experimente auf ihre Richtigkeit überprüfen. Jedoch weisen Beobachtungen nicht auf direktem Wege zu den Theorien. So konnte Galilei zwar mittels Experimenten feststellen, dass alle Körper unabhängig von ihrer Masse gleich schnell fallen, doch eine Theorie, die ihm gesagt hätte, warum dies so ist, ergab sich daraus nicht.

Erst später wurde verständlich, dass die Masse zwei wesentliche Eigenschaften besitzt: die der Schwere und der Trägheit. Die Erstere entspricht unserem alltäglichen Erleben von Masse, nämlich deren »Gewicht«. Das Gewicht wird durch die Anziehung bewirkt, welche die große Masse der Erde auf die jeweilige Probemasse ausübt (genau genommen ziehen sich die Erde und die Probemasse gegenseitig an). Die andere Eigenschaft, die Trägheit, äußert sich im Bestreben einer Masse, sich Änderungen ihres Bewegungszustands zu widersetzen. Deshalb sind Kräfte erforderlich, um solche Änderungen zu bewirken, und zwar umso größere, je größer die Masse des Körpers ist. Träge und schwere Masse sind zahlenmäßig identisch. Deshalb fallen letztlich alle Körper – tatsächlich gänzlich unabhängig von ihrer Masse – gleich schnell.

Der Philosoph, Mathematiker, Physiker und Astronom Galileo Galilei gilt als einer der Väter der modernen Naturwissenschaft. Er begründete seine physikalischen und astronomischen Entdeckungen auf Experimente oder Beobachtungen.

Vergleichen wir dazu einen Körper von einem Kilogramm Masse mit einem anderen von drei Kilogramm Masse: Auf die dreimal so große Masse wirkt die Schwerkraft mit dreimal größerem Betrag als auf jene von einem Kilogramm. Da aber auch die Trägheit der schwereren Masse dreimal so groß ist, bedarf es gerade einer dreimal größeren Kraft, um die gleiche Änderung des Bewegungszustands hervorzurufen. Lassen wir also beide Massen im Vakuum aus gleicher Höhe fallen, so erfahren sie durch die Erdanziehung eine gleichmäßig beschleunigte Bewegung, die völlig identisch und unabhängig von der Masse der Körper ist.

Dass die Natur mit Hilfe von Experimenten befragt wird, ist eine Errungenschaft der neuzeitlichen Naturwissenschaft. Erst seit den Tagen von Galileo Galilei und seinen Zeitgenossen kennen wir die experimentelle Methode als eines der wesentlichen Hilfsmittel bei der Erforschung der Natur. Bis dahin stützte man sich auf mehr oder weniger spitzfindige Debatten und die Aussagen von Autoritäten einer längst vergangenen Zeit – der Antike. Diese aber hatten keine Experimente durchgeführt. Das war auch noch nach Meinung der im Mittelalter vorherrschenden scholastischen Schule nicht erforderlich. Theoretische Diskurse auf der Grundlage der Logik des Aristoteles über das Für und Wider bestimmter Behauptungen galten als völlig hinreichend, um zuverlässig festzustellen, ob sie richtig oder falsch waren.

Deshalb ist es auch nicht verwunderlich, dass die ersten Schritte der experimentellen Wissenschaft von den Scholastikern scharf bekämpft wurden, besonders dann, wenn deren Ergebnisse ihren eigenen Schlussfolgerungen zuwiderliefen. Doch die mit Galilei aufkeimende Experimentalwissenschaft machte auf die Dauer der Scholastik den Garaus, wenn auch in einem mühevollen, langwierigen und mehrfach sogar opferreichen Prozess. Heute ist das Experiment ein unentbehrliches methodisches Gut der Wissenschaft. Experimente spielen sogar die Rolle eines zuverlässigen Richters gegenüber jedweder Spekulation oder Hypothese.

Eine Theorie kann noch so ausgeklügelt sein, noch so logisch oder plausibel erscheinen – ein einziges Experiment, das ihr widerspricht, bringt sie unweigerlich zu Fall! Allerdings stehen sich Experiment und Theorie nicht ganz so diametral gegenüber, wie es scheinen mag. Auch die Vorbereitung eines Experiments basiert, ebenso wie seine Deutung und Auswertung, auf theoretischen Prämissen, die oft stillschweigend oder als selbstverständlich vorausgesetzt werden. Man bezeichnet solche Annahmen als Postulate oder Axiome. Das ändert jedoch nichts daran, dass »Ausprobieren« eines Verhaltens etwas anderes ist als Nachdenken über dasselbe Verhalten. Letztlich müssen beide Seiten im Forschungsprozess eine Einheit bilden. Doch wie steht es dabei in der Astronomie?

Von der Erde an den Himmel

Die Wissenschaft von den Sternen scheint in dieser Hinsicht schwerwiegend benachteiligt zu sein. Ihr Gegenstand sind Objekte, die sich in großen Distanzen von uns befinden und mit denen die Forscher folglich nicht experimentieren können. Es ist grundsätzlich ausgeschlossen, einen fernen, im kosmischen Raum befindlichen Himmelskörper künstlichen Bedingungen zu unterwerfen und sein Verhalten dann zu studieren. Zumindest während der längsten Zeit ihrer Geschichte kannte die Astronomie keinerlei direkten experimentellen Umgang mit den Objekten ihrer Forschung. Erst seit dem Aufkommen der Raumfahrt ab 1957 hat sich dies für einige wenige Objekte in vergleichsweise geringen Distanzen verändert.

So haben wir inzwischen Mondgestein in irdische Labors geholt oder auf dem Mars Materialproben mit Robotern untersucht und die Venusatmosphäre an Ort und Stelle analysiert, um nur einige von mehreren Beispielen herauszugreifen. Schon der nächste Fixstern allerdings oder gar Tausende Lichtjahre entfernte Gas- und Staubnebel, von fernen Galaxien ganz zu schweigen, entziehen sich auf unabsehbare Zeit – höchstwahrscheinlich sogar für immer – jedwedem experimentellen Zugriff.

Bei genauerer Betrachtung jedoch erweist sich diese Aussage zwar als formal richtig, aber dennoch zugleich als ein Trugschluss. Auch Experimente in irdischen Laboratorien haben sehr viel mit den Vorgängen in den fernsten Gegenden des Universums zu tun, weil die Naturgesetze – nach allem, was wir heute wissen – auch dort gültig sind, wo wir keine Gelegenheit haben, die ihnen ausgesetzten

Das wichtigste Experiment in der Astronomie – jedoch nicht mehr das einzige – ist die scheinbar »passive« Beobachtung weit entfernter Himmelskörper. In früheren Zeiten geschah dies ausschließlich mit dem bloßen Auge, inzwischen werden dazu zahlreiche Großteleskope und Raumsonden eingesetzt. Das Bild zeigt drei der vier Kuppeln des Very Large Telescope (VLT) der Europäischen Südsternwarte (ESO) auf dem Cerro Paranal in Chile. Das VLT ist eine der größten und modernsten Teleskopanlagen der Welt.

Körper auf direktem Weg zu untersuchen. Es gilt das Postulat der Universalität der Naturgesetze. Zwar kann man nicht streng beweisen, dass es sich tatsächlich so verhält, doch steht dieser Denkansatz mit keiner unserer inzwischen zahlreichen Erkenntnisse in irgendeinem Widerspruch.

Schon in der Antike haben große Denker stillschweigend angenommen, dass die Lehrsätze der Geometrie auch bis zu Mond und Sonne gelten. Andernfalls hätte Aristarch von Samos um 250 vor Christus das Verhältnis von Mond- zu Sonnenentfernung nicht aus Dreiecksberechnungen bestimmen können. Er wusste schließlich, dass die Dreiecksgesetze auf ebenen Flächen hier auf der Erde entdeckt worden waren. Später ging man dazu über, auch physikalische Gesetze vom irdischen Geschehen auf das Weltall zu übertragen. Denken wir nur an die bekannte Anekdote, nach der Isaac Newton im 17. Jahrhundert beim Anblick eines fallenden Apfels auf die Idee gekommen sein soll, in diesem Vorgang den Schlüssel für die Bewegung des Mondes zu suchen.

Gleichgültig, ob es sich bei dieser Erzählung nun um eine Legende handelt oder nicht: Der Kern besteht in der Annahme Newtons, dass die den Massen innewohnende Schwere den Fall der Körper auf der Erde ebenso bestimmt wie die Bewegung der Himmelskörper auf ihren Bahnen. Die Fallgesetze auf der Erde lassen sich experimentell ermitteln. Dies hat Galilei mit seinen Versuchen an schiefen Ebenen getan. Newton übertrug die gefundenen Resultate gedanklich auf die Himmelskörper. Durch die Annahme der Existenz einer Erde und »Himmel« verbindenden einheitlichen Physik konnte er die Bewegung des Mondes behandeln, als wenn dieser Himmelskörper tatsächlich selbst Gegenstand experimenteller Untersuchungen gewesen wäre.

Die Probe aufs Exempel lieferte die von Newton entwickelte Himmelsmechanik, die tatsächlich solche Erscheinungen wie Fall und Wurf auf der Erde und die Bewegung des Mondes auf seiner Bahn um die Erde (und mit dieser um die Sonne) gleichermaßen zutreffend zu beschreiben vermochte. Unser Mond erwies sich dabei als ein Himmelskörper, der ständig »um die Erde herum« fällt. Deshalb wurde auch die Entdeckung des Planeten Neptun im Jahr 1846 als unvergleichlicher Triumph der Wissenschaft gefeiert. Niemand hätte nach diesem Planeten am Ort seiner Entdeckung gesucht, wenn seine Existenz dort nicht zuvor förmlich am Schreibtisch berechnet worden wäre.

Geringfügige Abweichungen der Bewegung des 1781 entdeckten Uranus von seiner vorhergesagten Bahn hatten Mitte des 19. Jahrhunderts unter anderem den französischen Astronomen Urbain Le Verrier auf die Idee gebracht, dass ein bislang noch unbekannter weiterer Planet diese Störungen durch seine Anziehungskraft hervorruft. So gelang es Le Verrier unter Anwendung der Gesetze der Himmelsmechanik, den »Störenfried« rein rechnerisch auszumachen und den Ort zu bestimmen, an dem nach ihm zu suchen wäre. Johann Gottfried Galle fand den Planeten 1846 tatsächlich beim Blick durch ein Teleskop der Sternwarte in Berlin. Das war ein großer Erfolg zugunsten der Annahme, das Newton'sche Gravitationsgesetz sei universell gültig. Es gab damals aber auch Gelehrte, die in den Abweichungen der Uranus-Bewegung einen Hinweis darauf sahen, dass die Gesetze der Mechanik in jenen großen Entfernungen einfach keine Gültigkeit mehr hätten. Doch das war offensichtlich nicht richtig.

Die Annahme einer Himmel und Erde verbindenden Physik war zu Newtons Zeiten noch ein sehr kühner Gedanke. Damit wird ein anderer Grundzug naturwissenschaftlicher Forschung deutlich, dem wir in diesem Buch noch oft begegnen werden: Ohne Ideen und Fantasie geht es nicht. Hätte Newton nicht die Intuition besessen, einen fallenden Apfel mit dem die Erde umlaufenden Mond gedanklich »unter einen Hut« zu bringen, dann hätte er aus Galileis Versuchen auf der schiefen Ebene auch nichts über die Bewegung des Mondes lernen können. In der Antike hatte Aristoteles immerhin gelehrt, dass Himmel und Erde grundsätzlich unterschiedlich seien. Man sprach zwar damals noch nicht von Naturgesetzen, aber es erschien völlig klar, dass es auf der »Welt unter dem Monde«, der sublunaren Welt, gänzlich anders zugeht als in der Welt jenseits davon, der supralunaren Welt. Das konnte man schon daran ersehen, dass auf der Erde alle Bewegungen geradlinig zur (vermeintlichen) Weltmitte oder von ihr weg zur Weltperipherie erfolgten. Die Himmelskörper hingegen bewegten sich auf gekrümmten Bahnen und vor allem niemals zur Weltmitte, denn dann müssten sie ja alle auf die Erde herunterfallen – was sie offensichtlich nicht tun. Die Idee von Newton war nach ihrer durch Beobachtungen erfolgten Bestätigung also gleichsam der naturwissenschaftliche Beweis, dass Aristoteles' Aussage falsch sein musste.

Erkundungen aus der Ferne

Niemand hat bis heute eine Materialprobe von der Sonne auf die Erde geholt und sie in einem chemischen Labor untersucht. Dennoch wissen wir, woraus die Sonne besteht. Und auch dies hat unmittelbar etwas mit Experimenten in irdischen Labors zu tun. Dabei handelt es sich um die Zerlegung des weißen Lichts in seine Bestandteile, die Spektralfarben. Man benutzt dazu zum Beispiel Glasprismen, die infolge unterschiedlich starker Brechung der verschiedenen Farben zu einer Auffächerung des weißen Lichts in ein von blau nach rot reichendes Farbband (Spektrum) führen. William Hyde Wollaston, ein britischer Arzt, Chemiker und Physiker, kam nun zu Beginn des 19. Jahrhunderts auf die Idee, einen schmalen

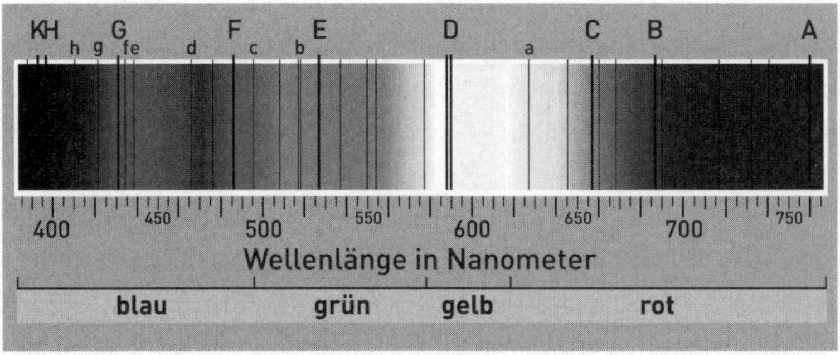

Im sichtbaren Bereich des Lichts von blau bis rot zeigt das Sonnenspektrum zahlreiche dunkle Fraunhofer-Linien. Sie geben Aufschluss über die chemische Zusammensetzung der Sonnenatmosphäre. Die Bezeichnung der Linien mit Buchstaben geht auf Joseph von Fraunhofer zurück.

Exkurs

Spektroskope

Ein Spektroskop ist ein optisches Gerät, mit dessen Hilfe das Licht einer Quelle in seine verschiedenen Bestandteile (Farben) zerlegt wird. Dazu verwendet man unter anderem Glasprismen, in denen das Licht wellenlängenabhängig gebrochen wird, so dass ein Farbband (Spektrum) des beispielsweise ursprünglich weißen Lichts entsteht. Vor dem Prisma befindet sich ein Spalt, hinter dem Spalt ein Objektiv, mit dem das Licht parallel gerichtet wird. Mittels eines Beobachtungsteleskops wird das Farbband betrachtet. Wenn anstelle visueller Beobachtung eine fotografische Platte oder ein anderes Empfängermedium (zum Beispiel ein CCD-Chip) verwendet wird, spricht man von einem Spektrometer.

Spektroskope sind seit der Mitte des 19. Jahrhunderts unentbehrliche Geräte in Verbindung mit astronomischen Teleskopen. Mit ihrer Hilfe werden Temperatur, chemische Zusammensetzung, physikalische Beschaffenheit und zahlreiche andere Größen eines astronomischen Objekts bestimmt.

Spalt vor die Lichtquelle zu bringen. Auf diese Weise entdeckte er in den Spektren von Flammen, aber auch im Sonnenspektrum, farbige beziehungsweise dunkle Linien. Diese heute nach ihrem Mitentdecker Joseph von Fraunhofer benannten dunklen Linien erwiesen sich fortan als Schlüssel zur »Fernanalyse« von Objekten im Kosmos (vgl. Abb. S. 23).

Brachte man beispielsweise Natrium (etwa in Form von Kochsalz, also Natriumchlorid) in eine Gasflamme und beobachtete die dadurch stark gelb gefärbte Flamme im Spektroskop (s. Exkurs oben), so fand man zwei intensive Linien im gelben Bereich des Spektrums. Doch genau an jener Stelle, wo sich diese Doppellinie im Spektrum der Natriumflamme befand, lag im Sonnenspektrum eine dunkle Doppellinie. Sollte das Zufall sein?

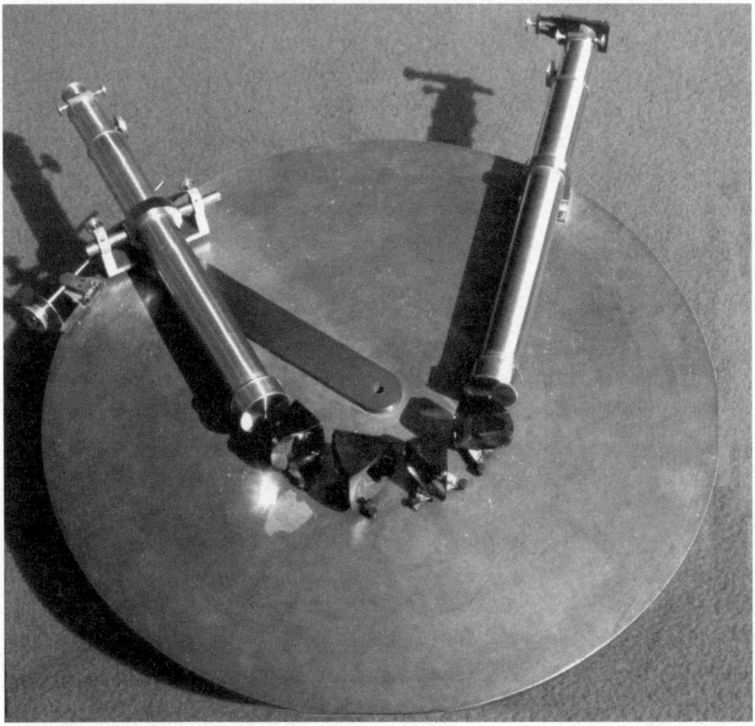

Mit diesem Spektroskop, das sich heute im Astrophysikalischen Institut Potsdam befindet, untersuchte Gustav Robert Kirchhoff um die Mitte des 19. Jahrhunderts die Sonne. Gemeinsam mit Robert Wilhelm Bunsen fand er mit der Spektroskopie eine Methode zur astronomischen Fernerkundung von Objekten.

Der deutsche Physiker Gustav Robert Kirchhoff und sein Chemiker-Kollege Robert Wilhelm Bunsen wollten es um das Jahr 1860 genauer wissen: Sie brachten vor die Spaltöffnung ihres auf die Sonne gerichteten Spektroskops eine Natriumflamme. Dadurch würde die dunkle Doppellinie im Sonnenspektrum wahrscheinlich etwas heller erscheinen, vermuteten sie. Doch genau das Gegenteil trat ein: Sie wurde noch dunkler als zuvor.

Jetzt war Fantasie gefragt, um dieses scheinbar völlig widersinnige Ergebnis zu interpretieren. Kirchhoff zog aus dem unerwarteten Resultat des Experiments den Schluss, dass die Natriumdämpfe Strahlen derselben Wellenlänge verschlucken (absorbieren), die sie im glühenden Zustand aussenden (emittieren). Damit hatte er zugleich auch eine Erklärung für das Vorkommen der dunklen Linien im Sonnenspektrum: In der äußeren Hülle der Sonne befinden sich Substanzen, die aus dem vom Sonneninneren kommenden Licht genau jene Wellenlängen verschlucken, die sie sonst aussenden würden. Also musste es in der gasförmigen Hülle der Sonne auch Natrium geben. Außerdem wies die Sonnenhülle offenbar eine niedrigere Temperatur auf als das Sonneninnere.

Das waren Erkenntnisse von höchst weitreichender Bedeutung. Mit diesem Experiment und seiner Deutung hatten Kirchhoff und Bunsen die Spektralanalyse begründet. *Chemische Analyse durch Spectralbeobachtungen* hieß denn auch der Titel ihrer bahnbrechenden Veröffentlichung aus dem Jahr 1861. Den beiden Forschern war etwas ganz Außerordentliches gelungen: Man konnte jetzt »per Distanz« chemische Analysen durchführen und Aussagen über die chemische Zusammensetzung von Objekten machen, die sich weit draußen und für die Forscher unzugänglich im Kosmos befanden.

Verlässlich konnten die Ergebnisse solcher Analysen aber nur sein, wenn »da draußen« tatsächlich dieselben Naturgesetze gelten wie hier auf der Erde, wenn sich das Natrium im Weltall nicht von jenem unterscheidet, das Bunsen und Kirchhoff im Labor zur Färbung ihrer Flammen benutzt hatten. Der deutsche Astrophysiker Karl Friedrich Zöllner hat diesen Zusammenhang wenige Jahre später unmissverständlich formuliert, indem er klarstellte, die gesamte Astrophysik beruhe auf der Tatsache, »dass die allgemeinen und wesentlichen Eigenschaften der Materie im unendlichen Raum überall dieselben seien« [2]. In der Tat: Wäre dies nicht der Fall, könnten wir mit den Beobachtungsdaten über kosmische Körper nichts anfangen.

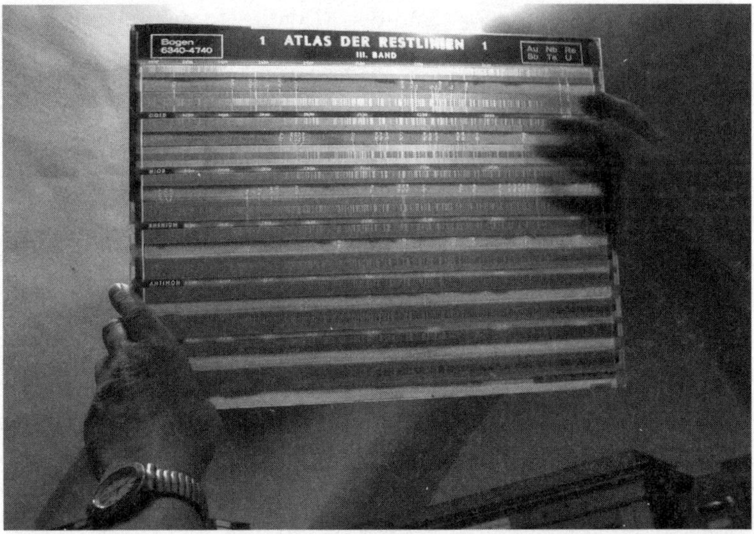

Zur Identifikation von Linien in Sternspektren zieht man unter anderem auch Vergleichsspektren heran, die in irdischen Labors unter definierten Bedingungen gewonnen wurden. Ein Beispiel hierfür bietet der *Atlas der Restlinien,* den die Vatikan-Sternwarte 1959 in Rom herausgebracht hat. Diese vergleichende Methode beruht auf der Annahme, dass Materie im Weltraum nicht grundsätzlich anders beschaffen ist als auf der Erde.

Der astronomische Beobachter erweckt zwar im Gegensatz zum praktisch arbeitenden Physiker oder Chemiker im Labor immer nur den Eindruck eines passiven Zuschauers. Doch in Wirklichkeit extrahiert er aus seinen gezielt vorbereiteten Beobachtungen Erkenntnisse, die auf Experimenten in irdischen Labors beruhen. Experimentelle Resultate stellen gleichsam den Brückenschlag zu jenen Objekten und Phänomenen in unüberwindbaren Distanzen dar, die sich dem direkten Zugriff entziehen. Diese Erkenntnis wird in der gesamten neueren Geschichte der Astronomie sichtbar und drängt sich immer wieder auf, wenn wir deren Resultate nicht nur oberflächlich betrachten.

Doch das ist nur die eine Seite der Medaille. Es geht auch umgekehrt. Man muss keineswegs das Objekt selbst zur Verfügung haben, um etwas darüber in Erfahrung zu bringen. Und was wir über die Körper des Weltalls bereits wissen oder annehmen, können wir gegebenenfalls in irdischen Experimenten »nachstellen« und somit überprüfen. Die Beobachtungen und deren Interpretationen können uns durchaus veranlassen, von den jeweiligen Objekten Modelle zu konstruieren, die den Naturobjekten in wesentlichen Eigenschaften gleichen oder ihnen wenigstens nahekommen, mit ihnen also vergleichbar sind. Ein solches Modell kann dann unterschiedlichen Bedingungen unterworfen werden und schon haben wir ein »astronomisches Experiment« durchgeführt.

Modelle, Gedankenexperimente und die Weltmaschine

Der Astronom Joseph Meurers hat sich um die Mitte des 20. Jahrhunderts die Mühe gemacht, in der vorhandenen Literatur nach solchen »indirekten Experimenten« zu suchen, und in seinem Buch *Astronomische Experimente* eine Fülle von Beispielen aufgeführt, in denen auf diese Weise wichtige Erkenntnisse über astronomische Objekte gewonnen wurden. Die ersten solcher Versuche gehen bis in das letzte Viertel des 19. Jahrhunderts zurück und umfassen alle Bereiche der Astronomie von der Entstehung kosmischer Systeme bis zur Physik der Sonne, von der Herkunft der Mondformationen bis zur Deutung von Kometenspektren. Dabei handelte es sich keineswegs nur um eine zeitweilige Modeerscheinung. Im Gegenteil: Heutzutage gibt es eine Fülle von experimentellen Zugängen zu teilweise komplizierten kosmischen Phänomenen, mit deren Hilfe zahlreiche Mechanismen aufgeklärt oder besser verständlich gemacht werden konnten.

In den 1980er- und 1990er-Jahren führte man im Deutschen Zentrum für Luft- und Raumfahrt (DLR) in Köln Laboruntersuchungen an simulierten Kometenoberflächen durch. Dazu wurde kometenartiges Material künstlich erzeugt und in einer speziellen Kammer kontrolliert Weltraumbedingungen und der Einstrahlung einer ebenfalls künstlichen Sonne ausgesetzt. Mit diesen Experimenten wollte man die Ergebnisse der Raumsondenflüge zum Kometen Halley besser verstehen und weitere Kometenmissionen vorbereiten.

Gerade die immer weiter verbesserten experimentellen Möglichkeiten der Physik gestatten eine zunehmende Ausweitung von Modellbildungen und deren Studium unter kontrollierten Bedingungen. So wissen wir beispielsweise heute, dass die Planeten unseres Sonnensystems – und offenbar auch die Planeten anderer Sonnensysteme – aus kleineren Körpern hervorgingen, den sogenannten Planetesimalen. Diese bewegten sich in einer rotierenden flachen Staubscheibe um die im Zentrum der Scheibe entstehende Sonne. Doch wie bildeten sich die Planetesimale in einer »präplanetaren Scheibe« heraus, die anfänglich nur aus mikroskopisch kleinen Staubteilchen und aus Gas bestand? Konnten diese winzigen Partikel tatsächlich zu kilometergroßen Brocken verklumpen?

Darüber lässt sich trefflich spekulieren, zumal bei den entsprechenden Vorgängen vielerlei Einflüsse gleichzeitig eine Rolle spielen. Aus diesem Grund haben sich Wissenschaftler der Universitäten Braunschweig und Münster sowie vom Max-Planck-Institut für Astronomie in Heidelberg entschlossen, das Verhalten von Staubpartikeln unter dem Einfluss von Gas und Strahlung experimentell zu untersuchen. Dabei wollen die Forscher herausfinden, wie es zur Gerinnung von Staubteilchen zu Staubklumpen und schließlich zur Ausbildung größerer Brocken kommt. Aggregate aus Milliarden winziger Quarzkügelchen werden zu diesem Zweck mit typischen Geschwindigkeiten von bis zu zehn Metern pro Sekunde aufeinandergeschossen, um so die Haftungseigenschaften der Klumpen zu studieren. Ebenso wird der Frage nachgegangen, in welcher Weise sich die Zusammensetzung der Klumpen bei höheren Temperaturen verändert. Aus diesen Versuchen erhofft man sich auch Resultate, die sich bei der Beobachtung präplanetarer Scheiben mit astronomischen Teleskopen überprüfen lassen.

Selbst ganze Sternsysteme werden heute mit Hilfe leistungsfähiger Computer modelliert. Den Computern wird alles übermittelt, was wir über das Verhalten und die Eigenschaften der Objekte wissen, und dann können die Rechner herausfinden, was in der Realität Jahrmilliarden in Anspruch nimmt. So studiert man beispielsweise im Leibniz-Institut für Astrophysik in Potsdam den Entstehungsprozess von Galaxien, indem die Bahnbewegungen der Sterne und ihre chemische Zusammensetzung ermittelt werden. Die dazu erforderlichen Daten werden durch aufwendige Messungen in internationaler Zusammenarbeit gesammelt, neuerdings mit dem besten bislang zur Verfügung stehenden astrometrischen Satelliten GAIA, der am 19. Dezember 2013 gestartet wurde. Computersimulationen zeigen dann die chemische und kinematische Evolution, die mit tatsäch-

Zwei wechselwirkende Galaxien mit dem Namen Arp 273 im Sternbild Andromeda, rund dreihundert Millionen Lichtjahre von uns entfernt. Die kleinere Galaxie (unten), auf die wir nahezu von der Seite blicken, hat die größere vermutlich in »jüngerer« Vergangenheit durchquert. Mit Computersimulationen kann man Galaxienkollisionen heutzutage recht gut nachvollziehen.

lich gemessenen Werten verglichen werden können – man betreibt damit also eine Art »galaktischer Archäologie«. Beim Studium von Galaxien zeigte sich auf diese Weise eindeutig, dass die heute beobachteten Galaxienformen das Resultat von Sternsystemkollisionen sind, die sich in der Vergangenheit abgespielt und die Morphologie der Ursprungsobjekte dramatisch verändert haben.

So greifen Experimente, Beobachtungen, Berechnungen, Simulationen und Interpretationen auf vielfältige Weise ineinander – und dies in einer Wissenschaft, die man oft als den Prototyp einer Disziplin bezeichnet hat, in der man sich mit allen möglichen Mitteln der Wahrheitsfindung nähert, nur nicht durch Experimente. Aber auch Gedankenexperimente sind mitunter auch von derart zwingender Logik, dass man sich deren praktische Ausführung eigentlich ersparen könnte. Beispielsweise bewies Galilei ausschließlich durch logische Überlegung, dass schwere Körper nicht schneller fallen als leichte. In Galileis *Unterredungen und mathematischen Demonstrationen über zwei neue Wissenszweige, die Mechanik und die Fallgesetze betreffend* (1638) fragt Salviati (alias Galilei) seinen geistigen Widersacher Simplicio: »Wenn wir zwei Körper haben, deren natürliche Geschwindigkeit verschieden ist, so ist es klar, wenn wir den langsameren mit dem geschwinderen vereinigen, dieser letztere von jenem verzögert werden müsste, und der langsamere müsste vom schnelleren beschleunigt werden. Seid Ihr hierin mit mir einverstanden?« Worauf Simplicio erklärt: »Mir scheint diese Konsequenz völlig richtig.« Nun aber argumentiert Salviati:

> Aber wenn dies richtig ist und wenn es wahr wäre, dass ein großer Stein sich zum Beispiel mit acht Maß Geschwindigkeit bewegt und ein kleinerer Stein mit vier Maß, so würden beide vereinigt eine Geschwindigkeit von weniger als acht Maß haben müssen; aber die beiden Steine zusammen sind doch größer, als jener größere Stein war, der acht Maß Geschwindigkeit hatte; mithin würde sich nun der größere langsamer bewegen als der kleinere, was gegen Eure Voraussetzung wäre. Ihr seht also, wie aus der Annahme, ein

größerer Körper habe eine größere Geschwindigkeit als ein kleinerer Körper, ich Euch folgern lassen konnte, dass ein größerer Körper sich langsamer bewege als ein kleinerer [...]. Lasst uns also feststellen, dass große und kleine Körper [...] mit gleicher Geschwindigkeit sich bewegen [3].

Gegenwärtig schicken wir uns an, das größte, aufwendigste und tiefgründigste, aber auch teuerste Experiment anzustellen, das jemals zur Untersuchung des Kosmos unternommen wurde. Es geht um nichts Geringeres als den »Urknall« selbst, aus dem das gesamte Universum einst hervorgegangen ist. Er kann zwar nicht nachgeahmt werden, doch will man Zustände im noch sehr jungen Universum imitieren, die dann zu einem besseren Verständnis seiner Lebensgeschichte führen sollen. Darüber wird in diesem Buch berichtet werden.

Um zu verstehen, was es mit diesem Experiment auf sich hat und was wir von ihm erwarten dürfen, müssen wir jedoch zunächst tief in die Vergangenheit eintauchen, sowohl in jene der Forschungsgeschichte als auch in jene des Weltalls. Bei unserem Exkurs wird sich zeigen, dass hochkomplexe moderne Experimente aus einer unübersehbaren Menge von wissenschaftlichen Disziplinen gespeist werden, die ursprünglich scheinbar wenig miteinander gemein hatten. Wir werden deshalb von zahlreichen wissenschaftlichen und technischen Disziplinen erfahren und viele Ergebnisse kennenlernen, die von der Wissenschaft im Lauf ihrer Geschichte zusammengetragen wurden. Manchmal wird der Leser sich fragen, was all diese Dinge miteinander zu tun haben. Wenn wir aber schließlich auf die wissenschaftlichen Zielsetzungen des Large Hadron Collider (LHC) zu sprechen kommen, der größten Beschleunigeranlage auf der ganzen Welt, wird sich zeigen, dass all die vielfältigen Details in das größte Experiment aller Zeiten einmünden, in den Versuch, dem Kosmos mit der »Weltmaschine« weitere Geheimnisse zu entlocken.

Sterne und Atome

Vom Makrokosmos zum Mikrokosmos

Wenn wir den gestirnten Himmel betrachten, sehen wir Tausende Lichtpunkte. Worum handelt es sich dabei wohl? Lange rätselte man und erst spät hat man erkannt, dass man tief in die Welt der kleinsten Teilchen eintauchen muss, um die Sterne zu verstehen.

Noch viel elementarere Teilchen als Atome müssen untersucht werden, um den Kosmos zu begreifen – hier das berühmte Higgs-Teilchen.

Leuchtpunkte am Himmel

Schon in den frühesten Zeiten menschlichen Nachdenkens über die Natur stellte man sich die Frage, worin eigentlich das Wesen dieser ausdehnungslosen leuchtenden Gebilde am Nachthimmel bestehe – freilich ohne die geringste Aussicht auf eine verlässliche Antwort. Dennoch war man um Deutungen nicht verlegen. Religiöse Vorstellungen, mythische Ideen und Mutmaßungen, aber auch Alltagserfahrungen mischten sich zu einem vorwissenschaftlichen »Gedankengemälde«, das mit dem, was wir heute wissenschaftliche Erkenntnis nennen, noch nichts zu tun hatte.

Für die Ägypter waren die Sterne göttliche Wesen, die zugleich den Wohnsitz der Toten darstellten. Im alten Mesopotamien, dem Ursprungsland der abendländischen Wissenschaft, betrachtete man die Sterne als Lampen, die an der gewaltigen Himmelskuppel befestigt waren. Der große griechische Philosoph und Sokrates-Schüler Platon hielt die Sterne ebenfalls für göttlich. Zwar sollten sie aus den vier Elementen Wasser, Erde, Feuer und Luft bestehen, aber zusätzlich den belebenden Urstoff der göttlichen Seele enthalten, der allem Irdischen vorenthalten sei. Die Pythagoreer wiederum, Anhänger der Ideen des Pythagoras von Samos, die die Zahl als das Wesen aller Dinge ansahen, sprachen den Sternen bereits eine kugelförmige Gestalt zu. Aber auch dies war keineswegs eine Erkenntnis im heutigen Sinn, sondern lediglich eine Folge ihrer mathematischen Ästhetik, bei denen die Kugel als vollkommenster aller geometrischen Körper galt.

Bereits in der Antike finden wir jedoch auch Ansätze von dem, was wir heute rationale Betrachtung nennen – so etwa bei Thales von Milet, der die Sterne zu den meteorologischen Phänomenen zählte, sie also mit Regentropfen, Schneeflocken und Blitzen in eine Schublade steckte. Auch die griechischen Atomisten, die davon ausgingen, dass die Welt aus kleinsten Teilchen besteht, verzichteten auf mythische Deutungen. Für sie waren die Sterne glühende Felsmassen in großen Entfernungen – immerhin eine aus heutiger Sicht keineswegs absurde Spekulation. Die Palette der Deutungsangebote war also groß, von der Wirklichkeit waren sie jedoch alle sehr weit entfernt.

Dessen ungeachtet hatten die Ergebnisse der antiken Denkbemühungen ein weit in die Zukunft reichendes Haltbarkeitsdatum. Was damals formuliert wurde, galt fast zwei Jahrtausende hindurch als unumstößliche Wahrheit. Die Ursache dafür hing mit dem Niedergang der antiken Kultur einerseits und mit der allgemeinen gesellschaftlichen Entwicklung andererseits zusammen. Hätten nicht die Araber nach dem Zerfall der griechischen Hochkultur deren Schätze bewahrt (und in gewissem Umfang auch weiterentwickelt), wüssten wir heute wahrscheinlich kaum noch etwas von jenen ersten großen Wissenschaftsentwürfen der Vergangenheit.

In der europäischen Renaissance vollzog sich jedoch förmlich eine Wiedergeburt der antiken Wissenskultur, die auf den großen gesellschaftlichen Umbrüchen jener Epoche fußte. Sie nahm von Italien ihren Ausgang, wo die Städtebildung am weitesten fortgeschritten war, und die Kontakte zum arabischen Raum, aber auch zu den einstigen Stätten antiker Hochkultur besonders eng waren. Die Bewegung zur »Wiedergeburt« (der Antike) ergriff schließlich ganz Europa. Eine bedeutende Rolle dürfte in diesem Prozess die Herausbildung von Handwerk und Handel gespielt haben. Beides bewirkte ein neu erwachendes und sehr praktisches Interesse an Wissenschaft. Da sich der Handel zunehmend auf dem Wasserweg vollzog – die Entdeckung neuer Kontinente und ihrer Schätze eingeschlossen –, gewann auch die Orientierung auf See eine zuvor nie dagewesene Bedeutung. Dies führte auf direktem Weg zu einer neuen Aufwertung der Himmelskunde.

Gelehrte wie Nikolaus Kopernikus, Galileo Galilei und Johannes Kepler waren die geistigen Leuchttürme dieser Entwicklung. Man wagte völlig neue Denkansätze von unerhörter Kühnheit und die Protagonisten dieser Entwicklung verstrickten sich dabei oft in le-

Nikolaus Kopernikus (1473–1543) stellte statt der Erde die Sonne ins Zentrum der Welt. Ihm verdanken wir den großen Umbruch vom geozentrischen zum heliozentrischen Weltbild.

bensgefährliche Konflikte, weil das überkommene Weltbild längst zum Bestandteil der Ideologie des herrschenden Klerus geworden war. In diesem Zusammenhang kamen auch neue Spekulationen über die Welt der Sterne auf.

Johannes Kepler vertrat beispielsweise die Ansicht, dass nicht alle Sterne gleich weit vom Weltzentrum entfernt sein müssten, wie dies seit der Antike angenommen worden war. Noch ungestümer waren die Visionen des Dominikanermönchs Giordano Bruno: Er sah in den Sternen sogar weit entfernte Sonnen! Doch auch das waren noch keine Ergebnisse wissenschaftlicher Untersuchung, ungeachtet der

Tatsache, dass wir Giordano Bruno aus heutiger Sicht Recht geben müssen. Zudem hätte auch Bruno nicht sagen können, was denn die Sonne und somit auch die Sterne eigentlich sind. Es dauerte vielmehr noch dreieinhalb Jahrhunderte, ehe sich auf diesem Gebiet ein grundlegender Wandel anbahnte.

Sterne sind Sonnen

Weitere Erkenntnisse wurden gewonnen, die sich später zu einem neuen Gesamtbild zusammenführen ließen. Dazu zählen unter anderem die naturphilosophischen Spekulationen des jungen Immanuel Kant, der 1755 seine bahnbrechende Schrift *Allgemeine Naturgeschichte und Theorie des Himmels* veröffentlicht hatte. Darin hatte Kant erstmals den bemerkenswerten Versuch gewagt, Sterne nicht als von Anbeginn an vorhandene, sondern als *entstandene* Objekte zu beschreiben, die sich aus fein verteilter Materie durch Zusammenballung gebildet haben, unsere Sonne eingeschlossen.

Aus der Hypothese des Kopernikus, dass sich die Erde um die Sonne bewege, ergab sich die Prognose, dass die Sterne als Widerspiegelung dieser Erdbewegung am Himmel winzige periodische Bewegungen ausführen müssten (vgl. Abb. S. 40). Doch alle Versuche, diesen Effekt nachzuweisen, scheiterten vorerst. Das lag an den unvorstellbar großen Entfernungen der Sterne, die extrem winzige Ortsveränderungen zur Folge hatten, welche im Rahmen der Messgenauigkeit seinerzeit nicht nachweisbar waren. Mit der Verbesserung der astronomischen Instrumente änderte sich dies jedoch, so dass ab 1838 erstmals durch exakte Messungen (Friedrich Wilhelm Bessel, Wilhelm Struve, Thomas Henderson) die ersten Sternentfernungen bekannt wurden. Zugleich wurde damit auch die Vermutung bestätigt, dass sich die Sterne in ganz unterschiedlichen Tiefen des Raums und nicht an einer einzigen Sphäre befinden.

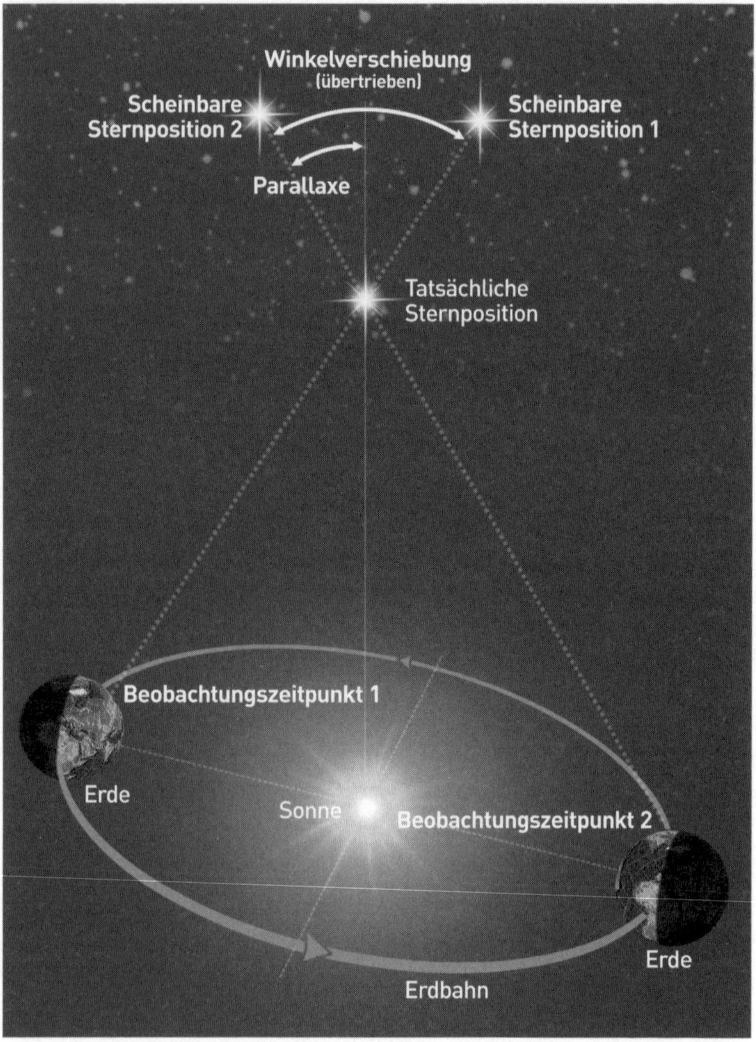

So wurden die ersten Sternentfernungen bestimmt: Man beobachtete die Position eines Sterns vor dem Himmelshintergrund zu zwei Zeitpunkten, die sechs Monate auseinanderlagen. Infolge der Erdbewegung verändert sich innerhalb dieser Zeit der scheinbare Ort des Sterns. Aus der halben gemessenen Winkelverschiebung (der sogenannten Parallaxe) lässt sich die Entfernung des Sterns in Einheiten der Entfernung Erde–Sonne ermitteln.

Dass die Lichtpunkte am Himmel etwas unserer Sonne sehr Ähnliches seien, galt um diese Zeit bereits als Allgemeingut. Die Natur der Sonne selbst aber wurde erst durch die Spektralanalyse aufgeklärt (vgl. Exkurs S. 24). Nach Gustav R. Kirchhoffs und Robert W. Bunsens Deutung der dunklen Linien im Sonnenspektrum war klar: Die Sonne ist eine leuchtende Kugel, die in ihrem Inneren weitaus höhere Temperaturen aufweist als in jenen oberflächennahen Schichten, deren Strahlung wir empfangen. Sonst würden sich jene dunklen Fraunhofer'schen Linien nicht erklären lassen. Doch man fand die dunklen Linien auch in den Spektren weit entfernter Fixsterne. Die Sonne war offenkundig der Prototyp eines Fixsterns, nur viel näher an der Erde als die anderen Sterne.

Schon die ersten, noch unzuverlässigen Messungen der Oberflächentemperatur der Sonne ließen erkennen, dass diese gigantische Kugel gasförmig sein musste. Die Temperaturen wurden aus dem Energiebetrag erschlossen, der pro Flächen- und Zeiteinheit auf die Erdoberfläche trifft, der sogenannten Solarkonstanten. Zwar wusste man noch nicht, welcher genaue Zusammenhang zwischen der Temperatur eines strahlenden Körpers und seiner Energieausstrahlung besteht, dennoch lieferten sämtliche einigermaßen plausiblen Annahmen derartig hohe Temperaturen, dass man von einem gasförmigen Aggregatzustand der Sonne – und somit auch der Sterne – ausgehen musste.

Diese Erkenntnisse riefen nun auch jene Physiker auf den Plan, die sich mit dem Verhalten von Gasen beschäftigt hatten. Schon im 17. Jahrhundert waren die Zusammenhänge zwischen Druck, Volumen, Temperatur und der Masse von Gasen untersucht worden. Als Ergebnis experimenteller Studien war es gelungen, Zustandsgleichungen zu formulieren, mit deren Hilfe sich das Verhalten von Gasen beschreiben ließ. Wenn die Sonne ein gasförmiger Körper war, dann musste es auch möglich sein, durch Anwendung der in irdischen Laboratorien gewonnenen Erkenntnisse über die Gasgesetze etwas über die Sonne in Erfahrung zu bringen.

Ein Musterbeispiel für diese Vorgehensweise lieferte der englische Physiker Jonathan Homer Lane. Er veröffentlichte im Jahr 1870 eine Abhandlung, in der er die theoretische Temperatur der Sonne unter Anwendung der Gasgesetze untersuchte. Eine der wichtigsten neuen Erkenntnisse von Lane lautete, dass es sich bei der Sonne um einen Gaskörper im mechanischen Gleichgewicht handelt. Die Sonne bricht demnach unter der Last ihrer Masse nicht zusammen, weil in ihrem Inneren eine enorm hohe Temperatur herrscht. Andererseits fliegt sie aber trotz dieser Temperatur nicht auseinander, weil der Schweredruck ihrer Masse dem Gasdruck entgegenwirkt und beide sich genau die Waage halten. Diese Aussage konnte man natürlich in gleichem Maße auf die Sterne beziehen.

Bei der Betrachtung der Spektren von Sternen fand man rasch heraus, dass sich diese im Einzelnen vom Spektrum unserer Sonne durchaus unterscheiden. Schon der äußere Anblick der Spektren war von Stern zu Stern unterschiedlich (vgl. Abb. rechts). Der italienische Astrophysiker Angelo Secchi schlug eine erste Klassifikation der Sternspektren vor und knüpfte dabei unmittelbar an die schon mit dem bloßen Auge erkennbaren Farben der Sterne an. Er unterschied zunächst drei Haupttypen: Sterne von der Art unserer Sonne (gelbe Sterne), solche vom Typ des hellsten Fixsterns Sirius (blaue Sterne) und die Beteigeuze-Sterne (rote Sterne), benannt nach dem rechten Schulterstern des Sternbilds Orion. Später erweiterte er sein Klassifikationssystem auf fünf Prototypen.

Schon damals vermutete man, dass die unterschiedlichen Spektren etwas mit den Oberflächentemperaturen der Sterne zu tun hätten. Die Farbfolge der Sterne von Rot über Gelb zu weißlich Blau hielt man aufgrund von Erfahrungen in irdischen Laboratorien für eine Temperatursequenz von niedrigeren zu immer höheren Temperaturen. In jeder Schmiede konnte man schließlich beobachten, wie sich das Eisen mit immer höheren Temperaturen von Rot über Gelb nach weißlich Blau verfärbte.

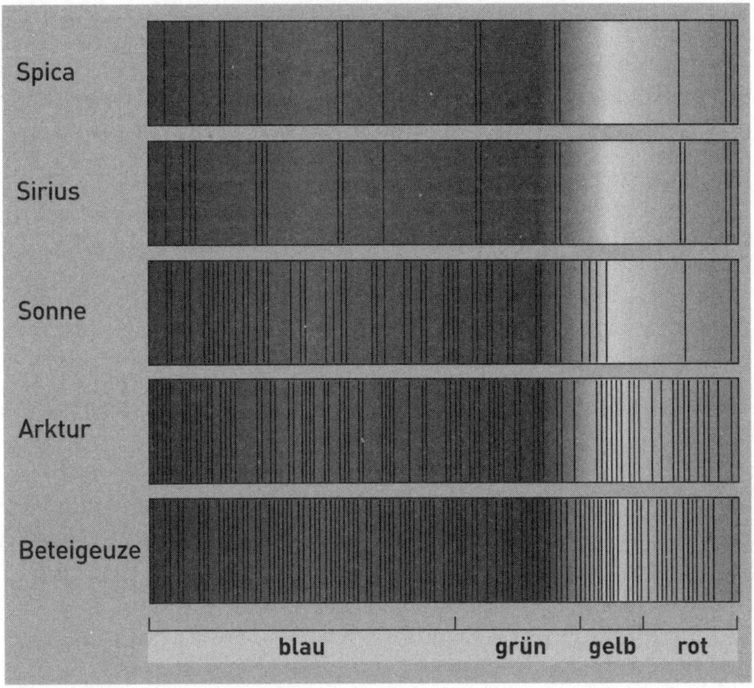

Angelo Secchi war der Erste, der die Sternspektren in verschiedene Klassen einteilte, die sich unter anderem durch ihren Linienreichtum unterschieden. Als Prototypen wählte er in einer erweiterten Form seines ursprünglichen Klassifikationssystems die Sterne Spica (Jungfrau), Sirius (Großer Hund), Sonne, Arktur (Bootes) und Beteigeuze (Orion).

Bei genauerer Betrachtung der Spektraltypen zeigten sich auch interessante Unterschiede in der Zahl und Anordnung der Linien. Bei den sonnenähnlichen Sternen fand man (im Unterschied zu den blauen Sternen) auch einige Linien im gelben Bereich des kontinuierlichen Regenbogengrunds. Die orangefarbenen Sterne wie Arktur wiesen zahlreiche Linien in allen Bereichen des Farbbands auf, während sich die roten Beteigeuze-Sterne in ihrem Spektrum durch schattierte Bänder und verwaschene Streifen auszeichneten. Warum die Linienanordnung bei den verschiedenfarbigen Sternen so unterschiedlich war – das vermochte damals niemand zu sagen.

Später erst wurde klar, dass es detaillierter Kenntnisse der Welt im Kleinsten bedarf, um die Welt der großen Objekte zu verstehen, und so konnten erst die atomphysikalischen Erkenntnisse des 20. Jahrhunderts den Weg zur Deutung der Sternspektren erschließen. Vorerst fehlte es an der Einsicht in solche Zusammenhänge ebenso wie an der Kommunikation. Denn mit den Mikrowelten beschäftigten sich damals ganz andere Leute als die Astrophysiker, die ihrerseits auch nicht wissen konnten, wie untrennbar eng die gerade aufkeimende Sternphysik mit der ebenfalls erst im Entstehen begriffenen Mikrophysik verwoben ist.

Exkurs in die Mikrowelt

Der Begriff »a-tomos« (unteilbar) war bereits in der Antike Teil eines Weltkonzepts, das der griechische Gelehrte Demokrit um vierhundert vor Christus vertrat. Er vermutete, dass die Welt aus kleinsten unteilbaren Partikeln bestehe und letztlich alle Eigenschaften der verschiedenen Stoffe auf die Beziehungen dieser Teilchen untereinander zurückzuführen seien. Doch Demokrits Idee fand seinerzeit keine Akzeptanz, was sich auch in den nachfolgenden mehr als zweitausend Jahren nicht änderte. Erst zu Beginn des 19. Jahrhunderts griff John Dalton die Idee von Demokrit wieder auf – und zwar unter dem Eindruck experimenteller Ergebnisse.

Dalton war ein weitgehend autodidaktisch gebildeter Lehrer, der sich zunächst hauptsächlich mit Meteorologie beschäftigt und dann für seine Schüler ein Buch über englische Grammatik verfasst hatte. Seine meteorologischen Interessen hatten seinen Blick auf das Verhalten von Gasen gelenkt, die er in zahlreichen Experimenten sorgfältig untersuchte. Dabei war ihm aufgefallen, dass die Elemente, aus denen chemische Verbindungen bestehen, in diesen Verbindungen stets im Verhältnis kleiner ganzer Zahlen vorkommen. So besteht zum Beispiel Natriumchlorid stets aus vierzig Prozent Natrium und sechzig Prozent Chlor. Und wenn sich zwei Elemente in verschiedenen Gewichtsmengen vereinigen können, sind die Verbindungsgewichte stets ganzzahlige Vielfache des geringsten Verbindungsgewichts. Die Sauerstoffgewichte in den Stickstoffverbindungen N_2O, NO, N_2O_3, NO_2, N_2O_5 verhalten sich beispielsweise wie 1:2:3:4:5. Ein höchst merkwürdiger Befund! Wie sollte man ihn erklären?

Dalton zog den Schluss, dass die Elemente offenbar nicht aus einer kontinuierlichen, homogenen und unteilbaren Materie bestehen, sondern aus kleinsten Bausteinen (Atomen) mit ganz bestimmten Gewichten. In seinem 1808 erschienenen Buch *A New System of Chemical Philosophy* äußerte er die Ansicht, es gebe so viele verschiedene Atome wie es Elemente gebe und all diese unterschieden sich voneinander wie die Elemente und ihre Eigenschaften. Diese Atome hätten unterschiedliche Massen, könnten miteinander vereinigt, aber auch voneinander getrennt werden. Darin bestünde das Wesen chemischer Reaktionen. Durch chemische Vorgänge könne man Atome ebenso wenig erschaffen oder vernichten, wie man neue Planeten im Sonnensystem herstellen oder bereits vorhandene beseitigen könne.

Auch andere experimentelle Befunde zwangen die Forscher jener Zeit, in diese Richtung zu denken und somit an das antike Atommodell wieder anzuknüpfen. Vor allem das Phänomen der Wärme spielte in diesem Zusammenhang eine bedeutende Rolle. Niemand wusste zunächst, was Wärme eigentlich ist; sie wurde meist aus der alltäglichen Erfahrung heraus mit dem Begriff der Temperatur verbunden. Doch um die Mitte des 19. Jahrhunderts setzte sich die Vorstellung durch, dass Wärme etwas mit der Bewegung kleinster Teilchen zu tun haben könne.

Eine klassische Arbeit, die auf dieser Hypothese beruhte, erschien 1857 aus der Feder von Rudolf Clausius unter dem Titel *Über die Art der Bewegung, die wir Wärme nennen.* Der Kerngedanke bestand in der Idee, dass es sich bei Wärme um die Bewegung kleinster Teilchen handelt und dass deren Geschwindigkeit letztlich das Phänomen der Wärme ausmacht. Die weitere Ausarbeitung der Vorstellungen zur kinetischen Gastheorie hatte die Existenz kleinster Materiebausteine bereits zur festen Voraussetzung.

Bereits 1827 hatte nämlich der englische Botaniker Robert Brown eine interessante Entdeckung gemacht: Unter seinem Mikroskop tanzten winzige Blütenpollen hin und her, wahrscheinlich – so vermutete er –, weil sie lebendig waren. Doch auch anorganische Teilchen zeigten diese »Brown'sche Bewegung«. Waren sie vielleicht auch »lebendig«? Oder handelte es sich – wie die Vertreter der kinetischen Gastheorie meinten – um Stoßbewegungen der Partikel infolge hineingesteckter Energie? In der Tat wurden die Bewegungen der Teilchen umso heftiger, je mehr man das Medium erwärmte. Die Meinungen der Fachwelt blieben aber geteilt. Die Existenz von Atomen war noch immer Glaubenssache und niemand wollte sich so ohne Weiteres der Meinung seiner »Gegner« anschließen.

Die entscheidenden Argumente zugunsten der Existenz von Atomen lieferten erst Experimente über Gasentladungen in evakuierten Röhren, wie sie gegen Ende des 19. Jahrhunderts in zahlreichen Labors der Physiker durchgeführt wurden. Dabei zeigte sich aber auch gleich deutlich, dass die Vorstellung von den Atomen als kompakte kleinste Gebilde der Natur nicht zutreffen kann: Legt man an die Enden einer luftleer gepumpten Glasröhre mit zwei Elektroden eine hohe Spannung, so beobachtet man merkwürdige Leuchterscheinungen. Die Glaswand nahe der positiv geladenen Anode zeigt ein Glimmen. Zwischen der negativ geladenen Kathode und der Anode scheinen sich unsichtbare Strahlen auszubreiten. Bringt man nun zwischen Kathode und Anode ein undurchdringliches Hindernis, so wirft dieses einen Schatten auf die Anode. Doch der Schatten lässt sich mit einem Stabmagneten bewegen!

Das war ein deutlicher Hinweis auf die Natur der merkwürdigen Strahlen: Es musste sich um elektrisch negativ geladene Teilchen handeln, die fortan Elektronen genannt wurden. Damit konnten diese winzigen Partikel jedoch nicht die vermuteten Atome sein, denn diese sind ja elektrisch neutral. Die Anhänger der Atomhypothese hatten zudem stillschweigend angenommen, die kleinsten, unteilbaren Bausteine der Materie seien so etwas wie massive, winzige Kügelchen. Neue Experimente ließen jedoch erkennen, dass auch dies offenbar nicht der Fall war.

Brachte man nämlich am Ende der Kathodenstrahlröhre ein dünnes Aluminiumfenster an, so ließen sich die Elektronen auch außerhalb der Glasröhre nachweisen. Dazu hätten sie nach Abschätzungen über die Anzahl der Atome in einer Aluminiumfolie, die nur ein Tausendstel Millimeter dick war, etwa zehntausend Atomschichten passieren müssen. Die gedachten Atome konnten demnach nur Gebilde sein, die im Wesentlichen »leer« waren – eine schwer verständliche Vorstellung.

Wie sehen Atome aus?

Eine neue Entdeckung und neue Experimente brachten Licht ins Dunkel der Frage nach dem Aufbau von Atomen. 1896 hatte der französische Physiker Henri Becquerel eine ominöse Eigenschaft des Elements Uran entdeckt: Es sendete spontan Strahlung aus. Später zeigte sich dann noch, dass sich das Uran dabei gleichsam selbst zerstörte, indem es sich in ein anderes Element namens Radium umwandelte. Diese Eigenschaft bestimmter Atome, spontan zu strahlen, wurde als Radioaktivität bezeichnet. Neben elektrisch geladenen Partikeln, Beta- beziehungsweise Alphastrahlung genannt, verließ auch eine energiereiche Strahlung extrem kurzer Wellenlänge (Gammastrahlung) die zerfallenden, radioaktiven Atome. Die Betastrahlung erwies sich später (unter anderem) als aus elektrisch negativ geladenen Elektronen bestehend, die Alphastrahlung hingegen aus elektrisch positiv geladenen Atomkernen des Edelgases Helium.

Gerade diese Alphateilchen eigneten sich nun als ideale Sonden zur Aufklärung der Struktur der Atome (vgl. Abb. rechts). Der britische Physiker Ernest Rutherford verwendete sie als winzige Geschosse, die er auf unterschiedliche Materialien prallen ließ. Die weitaus meisten der Alphateilchen durchdrangen die von Rutherford verwendeten Folien, als gäbe es überhaupt kein Hindernis. Einige hingegen wurden extrem stark abgelenkt, in seltenen Fällen sogar um mehr als neunzig Grad.

Gegen Ende des Jahres 1910 war Rutherford klar, was das bedeuten musste: Der Sitz der elektrisch positiven Kräfte des Atoms ist im Verhältnis zu seinem Durchmesser sehr klein. Der Kern eines Atoms stellt somit offenbar ein fast punktförmiges, positiv geladenes Gebilde dar; beim einfachsten Atom – dem des Wasserstoffs – besteht er aus dem später so genannten Proton. Da dieses Proton im Verhältnis zum gesamten Atom sehr klein ist, besteht auch nur eine geringe Wahrscheinlichkeit, dass ein von außen eindringendes Alphateilchen ausgerechnet in seine Nähe gelangt. Lediglich, wenn das ebenfalls positiv geladene Alphateilchen den Kern des Atoms nahezu trifft, treten große Ablenkwinkel auf. Rutherfords Mitarbeiter Hans Geiger gelang es schließlich, die Wahrscheinlichkeit für solche Streuungen aus den elektrostatischen Gesetzen abzuleiten, und somit etablierten diese Erkenntnisse 1911 das Atom gleichsam als eine nicht mehr zu leugnende Realität.

Rutherford veränderte die beschossenen Materialien und stellte dabei fest, dass die positiven Alphateilchen umso häufiger und stärker abgelenkt wurden, je größer die Ordnungszahl des jeweiligen Elements im Periodensystem war (s. Exkurs S. 50). Die positiven Ladungen in den Atomkernen stiegen also offensichtlich mit der Ordnungszahl. Das führte schließlich fast zwangsläufig zu einem

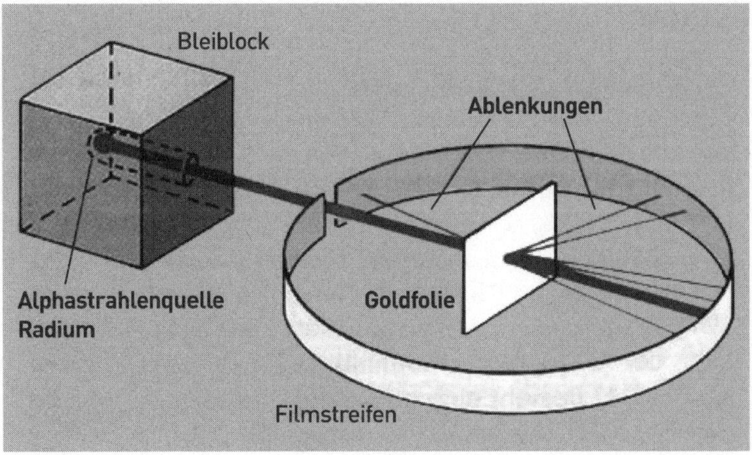

Rutherfords berühmtes Streuexperiment: Positiv geladene Alphateilchen werden auf eine dünne Goldfolie geschossen und die verschiedenen Ablenkwinkel registriert. Da der Atomkern im Verhältnis zum Atomdurchmesser extrem klein ist, durchdringen die meisten Alphateilchen die Folie fast ungehindert. Nur einige wenige werden stark abgelenkt.

ersten experimentell abgesicherten Atommodell: Das Atom musste aus einem positiv geladenen Kern bestehen, der umso mehr Ladungen aufweist, je höher die Ordnungszahl des jeweiligen Elements im Periodensystem ist. Da Atome jedoch nach außen elektrisch neutral sind, waren wohl auch kompensierende negative Ladungen (Elektronen) innerhalb des Atoms vorhanden, und zwar genauso viele wie positive im Kern.

Nun ziehen sich aber ungleichnamige Ladungen gegenseitig an! Deshalb sah sich Rutherford gezwungen, den Elektronen eine Bewegung zuzuschreiben, weil sie ja andernfalls zwangsläufig auf den Kern stürzen müssten. So entstand das »Planetenmodell« des Atoms. Was im Kosmos die Sonne ist, war hier in der Mikrowelt der Atomkern – auch er ist winzig wie die Sonne im Verhältnis zur Ausdehnung des Sonnensystems, vereint aber fast die gesamte Masse in

Exkurs

Die Ordnungszahl eines Elements

Die Ordnungszahl gibt die Anzahl der Protonen (der positiv geladenen Teilchen) im Atomkern eines chemischen Elements an. Mit der Ordnungszahl ist der Name des Elements im Periodensystem der Elemente festgelegt. Atome mit derselben Protonenzahl im Kern, jedoch mit unterschiedlicher Neutronenzahl, heißen Isotope desselben Elements. Die Ordnungszahl wird links unten vor das Symbol des Elements geschrieben, die Massenzahl (Ordnungszahl + Neutronenzahl) links oben. Für Helium mit zwei Protonen und zwei Neutronen im Kern lautet die Schreibweise daher zum Beispiel: ${}^{4}_{2}He$. Die Neutronenzahl ergibt sich aus der Differenz von Massenzahl und Ordnungszahl. Letztere ist identisch mit der Zahl der im Atom vorhandenen Elektronen, da das Atom nach außen elektrisch neutral in Erscheinung tritt und folglich die Zahl der Protonen im Kern der Zahl der Elektronen in der Hülle entsprechen muss.

sich. Die »Planeten« waren analog als negativ geladene Teilchen zu denken, die den Kern auf geschlossenen Bahnen umkreisen. Die Rolle der Gravitationskraft im Sonnensystem übernimmt im Atom die Anziehungskraft zwischen den verschiedenen elektrischen Ladungen.

Dieses so plausible »Mini-Sonnensystem« hatte jedoch zwei unübersehbare Makel. Wenn sich elektrisch negativ geladene Teilchen tatsächlich um einen elektrisch positiv geladenen Kern bewegen sollten, dann würden diese einen Dipol bilden und der muss nach den Gesetzen der klassischen Physik ständig elektromagnetische Strahlung aussenden. Die negativ geladenen Miniplaneten verlieren dadurch zwangsläufig andauernd Energie und würden schließlich trotz ihrer Bewegung in den Kern stürzen. Mit einer stabilen Welt, wie wir sie beobachten, ist das natürlich nicht vereinbar.

Eine zweite Diskrepanz zu dem scheinbar so wohl gefügten »Mini-Sonnensystem-Atom« ergab sich aus der altbekannten Beobachtung, dass in den Spektren der Gase stets diskrete Linien auftreten. Es werden also immer nur elektromagnetische Wellen ganz definierter Frequenzen und Wellenlängen abgestrahlt und keineswegs alle denkbaren. Doch zwischen den Umlauffrequenzen der Elektronen im Atommodell von Rutherford und den Frequenzen dieser Linien ließen sich keinerlei erkennbare Zusammenhänge feststellen. Schließlich hob Werner Heisenberg noch einen weiteren Einwand hervor, der deutlich machte, dass es mit dem »Sonnensystem-Atom« nicht so sehr weit her sein konnte:

> Kein Planetensystem, das den Gesetzen der Newton'schen Mechanik folgt, würde jemals nach dem Zusammenstoß mit einem anderen derartigen System in seine Ausgangskonfiguration zurückkehren. Aber ein Kohlenstoffatom zum Beispiel wird ein Kohlenstoffatom bleiben, auch nach dem Zusammenstoß mit anderen Atomen oder nachdem es in einer chemischen Bindung mit anderen Atomen in Wechselwirkung gestanden hat [4].

Die Geburtsstunde der Quantenphysik

Schon bald eröffneten sich neue Möglichkeiten, mit den Problemen des Sonnensystem-Atoms fertig zu werden. Im Jahr 1900 hatte Max Planck mit seiner Quantentheorie ein neues Tor zur Mikrophysik aufgestoßen. Eigentlich war es ihm nur um die Gesetze der Strahlung eines Schwarzen Körpers gegangen, einer idealisierten Strahlungsquelle mit dem Absorptions- und Emissionsvermögen »eins«. Dabei hatte er eine Formel gefunden, die mit den Labormessungen über die Abhängigkeit der Emission eines solchen Körpers von seiner Temperatur bestens übereinstimmte (s. Exkurs S. 52 und Abb. S. 53).

Exkurs

Das Planck'sche Strahlungsgesetz

Das Planck'sche Strahlungsgesetz, auch Gesetz der Schwarzen Strahlung genannt, beschreibt den Zusammenhang zwischen der Temperatur eines idealen (Schwarzen) Strahlers und der Intensitätsverteilung der von ihm abgestrahlten elektromagnetischen Energie. Unter einem Schwarzen Strahler versteht man einen strahlenden Körper mit dem Absorptions- und Emissionsvermögen eins. Er verschluckt sämtliche ankommende Strahlung vollständig und sendet die gesamte Strahlung auch wieder aus. In der Natur sind Schwarze Strahler nur angenähert realisiert. Mit Hilfe des Planck'schen Strahlungsgesetzes ist es möglich, die Temperaturen von Sternen anhand des Intensitätsverlaufs in ihrem Spektrum zu bestimmen.

Dieses Planck'sche Strahlungsgesetz enthielt aber eine merkwürdige Konstante, die heute als das Planck'sche Wirkungsquantum bezeichnet wird. Demnach konnte Energie nur in kleinsten, unteilbaren Portionen, den sogenannten Quanten, abgegeben werden. Während Planck selbst dies zunächst nur als eine nicht weiter wichtige Formalie betrachtete, zumal eine solche Vorstellung der klassischen Physik widersprach, erwies sich diese Entdeckung jedoch bald als eine bedeutende Revolutionierung der gesamten Physik – es war die Geburtsstunde der Quantenphysik!

Albert Einstein fügte diesen Erkenntnissen 1905 mit seiner Lichtquantenhypothese einen weiteren wichtigen Baustein hinzu. Er kam zu dem Ergebnis, dass Licht selbst aus solchen Portionen besteht, deren Energie durch die Frequenz des Lichts und das Planck'sche Wirkungsquantum bestimmt wird. Planck lehnte diese Hypothese prompt ab und sah darin sogar »[...] einen Rückfall in die längst vergangene Zeit von Christiaan Huygens, als dieser mit seiner Wellentheorie des Lichts den Kampf gegen Newtons Korpuskulartheorie aufnahm«.

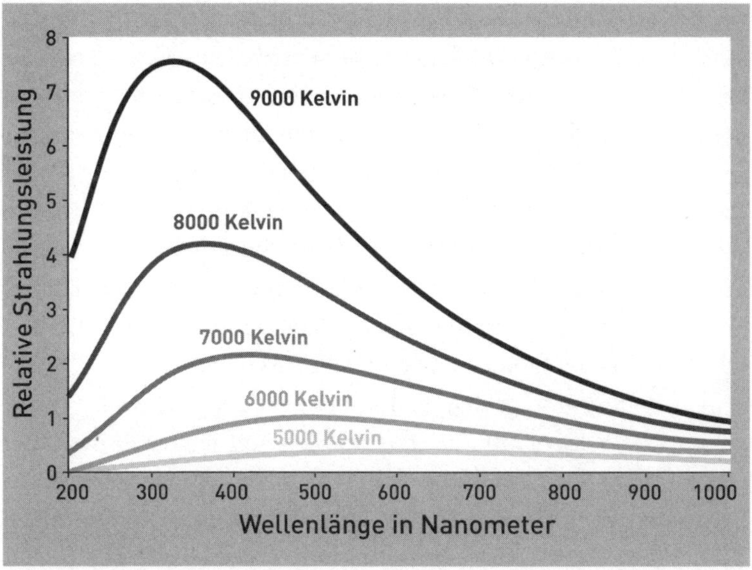

Die gemessene Energieverteilung der Strahlung eines Schwarzen Körpers als Funktion seiner Temperatur stimmte gut mit den theoretischen Vorhersagen von Max Planck überein. Diese Kurven repräsentieren das Planck'sche Strahlungsgesetz. In der Abbildung sind die unterschiedlichen Energieverteilungen für fünf verschiedene Temperaturen dargestellt.

Doch was hat dies alles mit dem Mini-Planetensytem zu tun, in dem Rutherford das Wesen des Atoms erblickte? Ein junger, hoch begabter dänischer Physiker, der damals erst 27-jährige Niels Bohr, schweißte die neuen Erkenntnisse zu einer Einheit zusammen und wies damit den Ausweg aus den Ungereimtheiten und Widersprüchen des Atommodells. Bohr arbeitete unter der Leitung des 14 Jahre älteren Rutherford in Manchester und kannte sich daher mit all den Problemen und Erkenntnissen bestens aus, die gerade in der Fachwelt diskutiert wurden. Aber niemand außer ihm besaß die unverfrorene Kühnheit, den »Gordischen Knoten« auf so radikale Weise zu durchschlagen.

So vereinigte er die Ideen Rutherfords mit den Erkenntnissen von Max Planck und Albert Einstein und schrieb den Elektronen innerhalb des Atoms einfach Bahnen zu, die sie – entgegen den Gesetzen der klassischen Physik – strahlungslos durchlaufen. Jeder Bahn entspricht eine bestimmte Energiestufe, die Bohr durch eine Quantenzahl charakterisierte. Die Elektronen können jedoch zwischen diesen strahlungslos durchlaufenen Bahnen »Sprünge« ausführen. Bei diesen spontanen Übergängen von einer Bahn auf die andere kommt es zu einer Energieabstrahlung, die gerade der Energiedifferenz zwischen den beiden Bahnen entspricht (vgl. Abb. rechts).

Auf diese Weise gelang es Bohr, ein widerspruchsfreies Atommodell des Wasserstoffs zu entwerfen, das zugleich die Existenz der Linien in den Spektren und deren Frequenzen erklärte. Obwohl die Bohr'sche Arbeit *Über die Konstitution von Atomen und Molekülen* heute als die eigentliche Geburtsstunde der Atomphysik gilt, so dauerte es doch geraume Zeit, bis sich die Gedanken des jungen Wissenschaftlers Akzeptanz verschaffen konnten. Viele namhafte Forscher nahmen diese Ideen damals kaum zur Kenntnis oder hielten sie sogar für Unsinn. Immerhin sorgte Rutherford dafür, dass der Text besonders rasch veröffentlicht wurde.

Obwohl das »Bohr'sche Atommodell« bis heute einen hohen Bekanntheitsgrad genießt und sehr anschaulich ist, gilt es dennoch inzwischen als veraltet. Schon bei seiner Entstehung musste man erkennen, dass es keineswegs alle Fragen beantworten konnte. Einerseits gab es bereits im Spektrum des einfachsten Elements Wasserstoff Linien, die sich auch mit dem neuen Modell nicht erklären ließen. Deshalb führte Arnold Sommerfeld neben den Hauptquantenzahlen schließlich noch Nebenquantenzahlen ein, womit nun auch die Feinstrukturen der Spektren gedeutet werden konnten. Dennoch funktionierte dies alles nur für das sehr einfach aufgebaute Wasserstoffatom mit einem Proton im Kern und einem Hüllenelektron. Wie nun aber ein Atomkern überhaupt stabil sein konnte, der aus mehr als einem

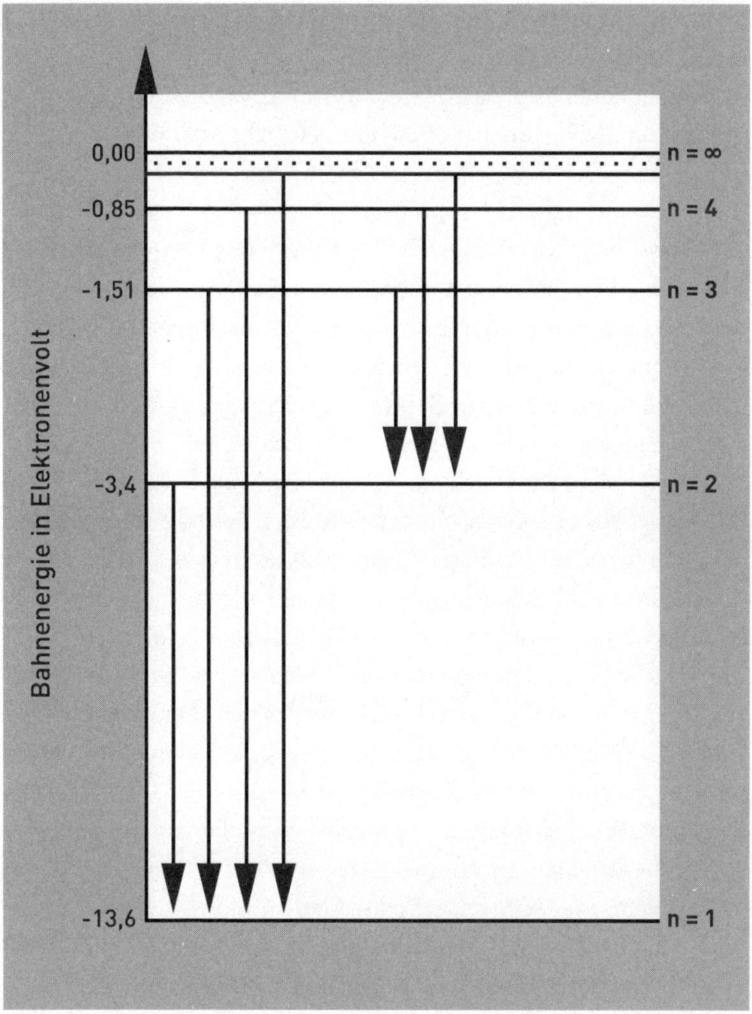

So kommt es nach Niels Bohr zur Emission der Spektrallinien des Wasserstoffatoms: Die Elektronen befinden sich auf Bahnen mit ganz bestimmten Energien (gekennzeichnet durch die Quantenzahl n), auf denen sie strahlungslos umlaufen. Wenn sie von diesen Bahnen in einen energetisch tiefer liegenden Zustand zurückfallen, wird die Energiedifferenz in Form einer elektromagnetischen Welle mit der entsprechenden Frequenz (beziehungsweise Wellenlänge) abgestrahlt.

Kernbaustein bestand, war immer noch völlig unerklärlich, da sich ja gleichnamige Ladungen abstoßen.

So zeigte sich bald, dass Bohrs kühne Idee zwar einen neuen Weg gewiesen hatte, dieser aber offenbar noch nicht zu Ende war. Immerhin, die Frage nach dem »Kitt« der Atomkerne verlor bald einen Teil ihres Geheimnisses, als James Chadwick 1932 ein weiteres Teilchen entdeckte, das (fast) die gleiche Masse wie das Proton, jedoch im Unterschied zu diesem keine elektrische Ladung aufwies. Es wurde Neutron genannt. Alle Atomkerne mit Ausnahme des einfachen Wasserstoffatoms enthalten Protonen und Neutronen im Kern, weshalb die beiden Teilchen auch unter dem Sammelbegriff Nukleonen zusammengefasst werden. Sie werden durch die starke Kernkraft zusammengehalten, die stärkste aller uns überhaupt bekannten Kräfte – allerdings auch diejenige mit der geringsten Reichweite. Außerhalb des Atomkerns ist von dieser Kraft nichts zu spüren.

Noch vor der Entdeckung des Neutrons hatte Werner Heisenberg seine berühmte »Unschärferelation« formuliert, nach der niemals der Impuls (die Geschwindigkeit) eines Teilchens und sein Ort gleichzeitig genau bestimmt seien. Dabei sollte es sich aber nicht um eine experimentelle Unzulänglichkeit des Menschen handeln, sondern um eine Eigenschaft der Teilchen in der Mikrowelt. Je genauer der Ort eines Teilchens definiert ist, umso »unschärfer« ist seine Geschwindigkeit. Das anschauliche Atommodell von Bohr kam damit zu Fall, denn für die Orte der Elektronen im Atom konnten nun nur noch Aufenthaltswahrscheinlichkeiten entsprechend einer von Ernst Schrödinger ausgearbeiteten Wellenfunktion angegeben werden.

Doch neue Ergebnisse der Forschung ließen bald erkennen, dass auch damit die Mikrowelt mit ihrem zentralen Objekt Atom noch keineswegs hinreichend charakterisiert war. Nicht genug, dass jenes »Unteilbare« sich nunmehr als aus kleineren Teilchen bestehend erwiesen hatte. Es kamen immer neue Teilchen hinzu, deren Bedeutung und Stellung im Ganzen zunächst völlig unklar blieben.

Ein Zoo von Teilchen

Den Anfang der vielen neuen Teilchen machte das Neutrino, es erschien jedoch zunächst nur als eine fast gekünstelt erscheinende Erklärung für einen merkwürdigen Befund. Als man die betastrahlenden radioaktiven Elemente untersuchte, fand man heraus, dass die spontan ausgesendeten Elektronen alle möglichen Energien besaßen. Das stand nun aber so gar nicht im Einklang mit der Quantentheorie, die ja für eine Energieausstrahlung stets genau definierte Portionen verlangte.

Der damals 31-jährige deutsche Physiker Wolfgang Pauli erklärte dieses »kontinuierliche Betaspektrum« 1930 durch die Behauptung, dass eigentlich jedes Betateilchen ein und dieselbe Maximalenergie hätte. Diese ginge aber nicht in jedem Fall vollständig auf das Elektron über, sondern würde statistisch auf dieses und ein weiteres Teilchen übertragen, das noch niemand kenne! Betateilchen mit der Maximalenergie hätten gar nichts von ihrer Energie abgegeben, während solche mit der Energie null dem hypothetischen Teilchen ihre gesamte Energie hätten überlassen müssen. Bei den anderen Energien zwischen null und der Maximalenergie hätte es eine mehr oder weniger »gerechte Teilung« gegeben.

Pauli hatte so den experimentell nachgewiesenen Tatsachen auf ungewöhnliche Weise Tribut gezollt: Er hatte einen »Ausweg der Verzweiflung« gewählt und ein neues Teilchen eingeführt, von dem man allerdings einstweilen nicht sagen konnte, ob es tatsächlich existierte. Enrico Fermi, sein italienischer Kollege, taufte das Phantom auf den Namen »Neutrino« (kleines Neutron), weil es offenbar elektrisch neutral war, andererseits aber eine viel geringere Masse haben musste als das Neutron. Es dauerte noch 25 Jahre, bis es gelang, die Existenz des Neutrinos tatsächlich nachzuweisen. Das anfänglich harmonische Bild von Proton, Neutron und Elektron als elementare Bestandteile des Atoms war damit zerstört.

Und das Neutrino bekam weitere Gesellschaft. Schon 1936 war in der kosmischen Höhenstrahlung – eine aus dem Weltraum kommende Strahlung, die in die Erdatmosphäre eindringt – ein Teilchen aufgetaucht, das die gleiche Ladung trug wie das Elektron, diesem aber an Masse um den Faktor zweihundert überlegen war. Es wurde Meson genannt. Dass es von diesen Teilchen zwei Sorten gab, das Myon und das Pion, wurde erst später festgestellt. Schließlich kamen immer neue Teilchen hinzu, die meisten von ihnen waren sehr kurzlebig. Vollends verwirrend wurde das ohnehin schon unübersichtliche Bild, als sich um 1974 zeigte, dass auch Protonen und Neutronen keine wirklich elementaren Teilchen sind.

Wieder waren es Experimente, die zu dieser neuen Erkenntnis führten – zudem ganz ähnliche, wie sie seinerzeit Rutherford unternommen hatte, als er Atomkerne mit Alphateilchen beschossen hatte. Dank der inzwischen zur Verfügung stehenden Teilchenbeschleuniger (s. S. 224ff) konnten 1970 Protonen mit sehr energiereichen Elektronen beschossen werden. Die beobachtete Streuung der Elektronen führte zu der Erkenntnis, dass sich im Inneren eines Protons punktförmige, geladene Objekte befinden mussten.

Auf diese Weise wurden die Quarks entdeckt – übrigens sehnlichst erwartet von den beiden US-amerikanischen theoretischen Physikern Murray Gell-Mann und George Zweig. Sie hatten, um Ordnung in den unübersehbar gewordenen »Partikelzoo« zu bringen, schon 1964 die Existenz dreier Sorten Quarks gefordert (s. Abb. rechts), und die Streuexperimente, die dann zu ihrer Entdeckung führten, waren deshalb systematisch geplant worden.

Der Name »Quark« gleicht nur zufällig dem deutschen Wort für »Weißkäse«. Hinter dem Begriff verbirgt sich aber keineswegs ein besonderer Tiefsinn, sondern eher eine Laune von Gell-Mann. Während die »klassischen« Elementarteilchen sachbezogen getauft wurden, war es hier anders: Gell-Mann ließ sich inspirieren von dem Satz »Three quarks for Muster Mark« aus dem Roman *Finnegans*

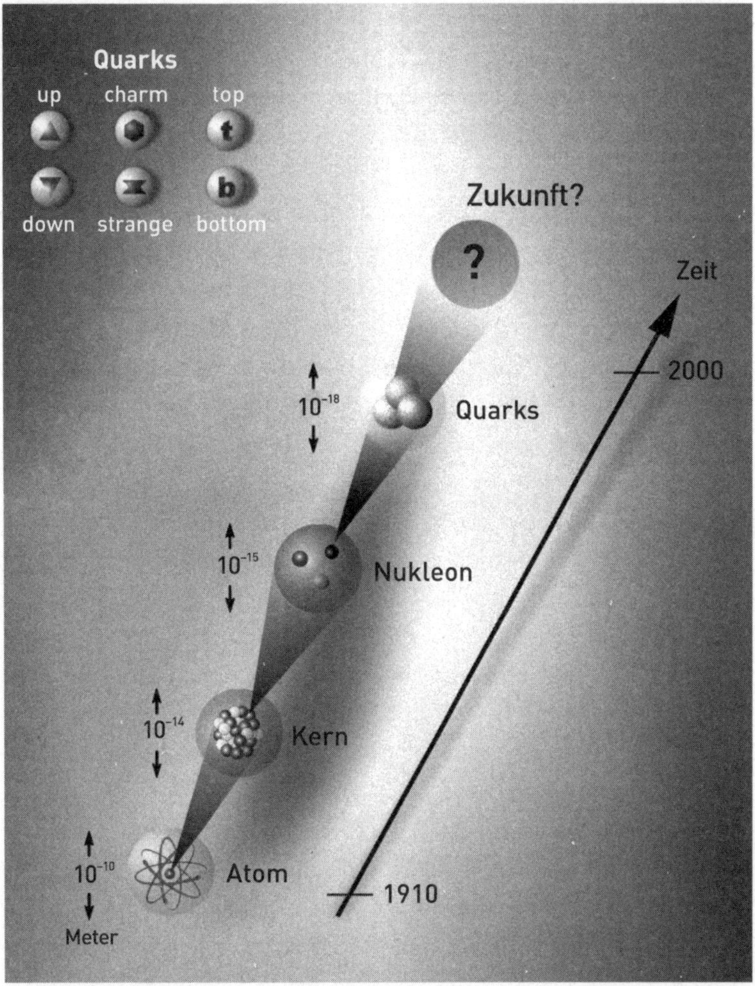

Wie einst Ernest Rutherford das Innere des Atoms durch Streuversuche entschlüsselte, so wurde die innere Struktur der Protonen und Neutronen durch Beschuss mit energiereichen Elektronen erschlossen. Binnen weniger Jahrzehnte war so aus dem vermuteten »kleinsten Baustein der Materie«, dem Atom, ein hochkomplexes Gebilde geworden. Ob die Quarks, die Bestandteile der Nukleonen, und das Elektron aber bereits das »Ende der Fahnenstange« darstellen oder ebenfalls eine wie auch immer geartete Substruktur aufweisen, ist bis dato noch eine offene Frage.

Wake von James Joyce, und da sich die von ihm postulierten Teilchen schließlich als existent erwiesen, blieb es auch bei diesem Namen.

Angesichts der für unsere Denkart recht seltsam erscheinenden Eigenschaften der Quarks ist der Name vielleicht sogar angemessen. Von den Quarks kennen wir heute sechs Arten, von denen zwei jeweils als ein Paar angesehen werden. Die sechs Arten werden auch »Flavours« (Geschmacksrichtungen) genannt. Mit »Geschmack« im lukullischen Sinn haben die Flavours natürlich nichts zu tun, sie dienen nur zur Unterscheidung. Die sechs Geschmacksrichtungen heißen »up«, »down«, »charme«, »strange«, »top« und »bottom« (s. Abb. S. 59). Die überraschenden Namensgebungen entsprechen aber durchaus ebenso ungewöhnlichen Eigenschaften.

Die Quarks zeichnen sich zum Beispiel durch drittelzahlige Ladungen aus, die sich aus den Streuexperimenten eindeutig ergaben. So trägt das up-Quark die Ladung plus zwei Drittel der Elementarladung, das down-Quark hingegen die Ladung minus ein Drittel, während das charm-Quark wieder die Ladung plus zwei Drittel trägt. Die Ladung des Protons von plus eins ergibt sich gerade, wenn man annimmt, dass es aus zwei up-Quarks und einem down-Quark besteht. Das Neutron (Ladung null) hingegen setzt sich aus einem up-Quark und zwei down-Quarks zusammen.

Jeder der sechs Arten von Quarks werden außerdem noch die »Farben« Blau, Rot und Grün zugeschrieben, die wiederum nichts mit jenen Farben zu tun haben, die wir mit unserem Auge erkennen. Sie charakterisieren vielmehr zusätzliche ladungsartige Eigenschaften – also Merkmale, die Wechselwirkungen ermöglichen und sich wie Ladungen verhalten, obwohl sie keine sind. Das top-Quark ist übrigens erst 1995 entdeckt worden, es wiegt so viel wie ein ganzes Goldatom!

Mit Hilfe der Quarks sind viele Eigenschaften von Teilchen erklärt worden, so auch die Spinzahlen (etwas Ähnliches wie in der klassischen Physik der Drehimpuls) der Protonen, Neutronen und Mesonen. Es bleiben jedoch viele Merkwürdigkeiten. Die gebroche-

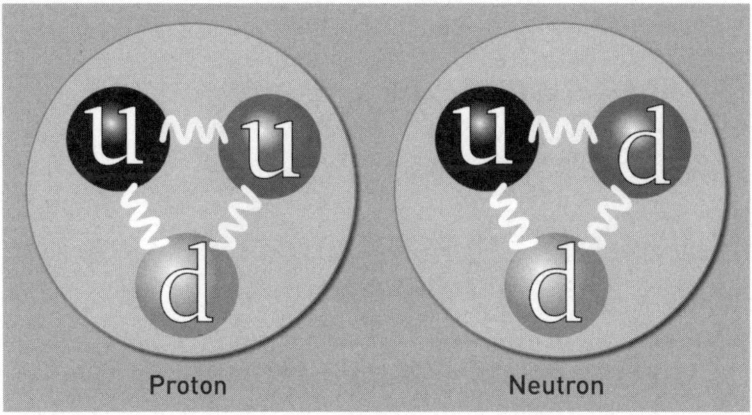

Die Ladungen von Proton (eins) und Neutron (null) ergeben sich, wenn man davon ausgeht, dass ein Proton aus zwei up-Quarks und einem down-Quark, ein Neutron hingegen aus einem up- und zwei down-Quarks besteht.

nen Ladungen der Quarks, die starken Bindungsenergien, die in der Größenordnung der Ruhemasse der Teilchen liegen, und nicht zuletzt die Tatsache, dass es keine freien Quarks gibt – das alles zeigt, wie stark sich die Quarks von den anderen Teilchen der Mikrophysik unterscheiden. Vielleicht handelt es sich bei ihnen doch eher um eine Art Hilfsmittel zur Beschreibung von komplizierten Tatsachen und Vorgängen in der Mikrowelt, die sich eigentlich jeder Anschaulichkeit entziehen.

Das Standardmodell der Teilchenphysik

Wir sprechen heute vom »Standardmodell« der Elementarteilchenphysik und meinen damit jene Theorie, die alle uns bekannten Eigenschaften der Elementarteilchen einschließlich der zwischen ihnen vorkommenden Wechselwirkungen beschreibt. Demnach besteht

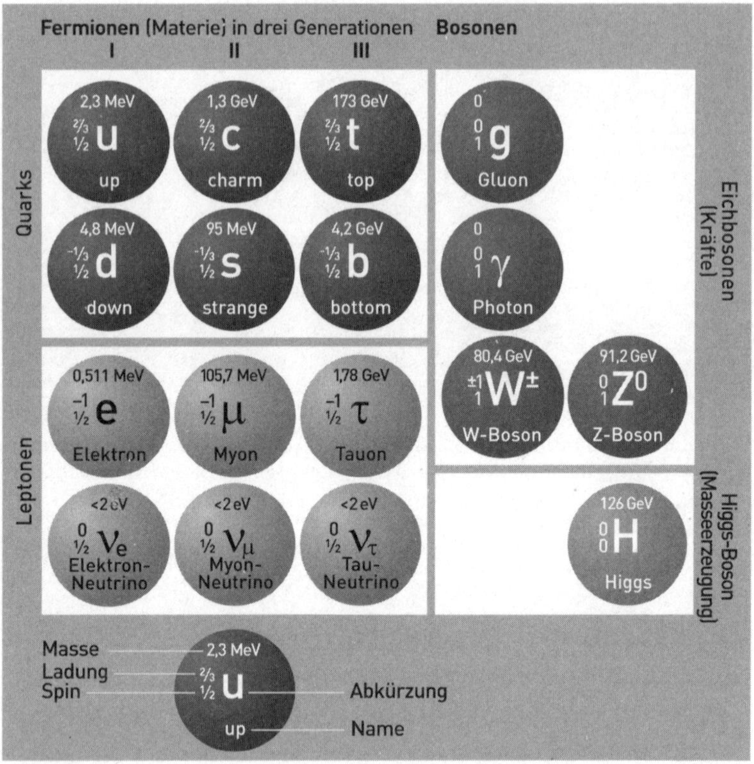

Das Standardmodell der Teilchenphysik ordnet die bekannten Elementarteilchen verschiedenen Gruppen zu: Dabei zählen die Quarks und Leptonen zu den Fermionen (links), sie haben einen halbzahligen Spin und werden nochmals in drei »Generationen« beziehungsweise »Familien« eingeteilt. Die uns bekannte Materie setzt sich aus up- und down-Quarks zusammen, aus denen die Protonen und Neutronen (und damit die Atomkerne) bestehen, sowie den Elektronen, die die Atomhülle bilden. Die Bosonen mit ganzzahligem Spin (rechts) übertragen die Kräfte zwischen den Teilchen. Zeigen die Teilchen eine Wechselwirkung mit dem Higgs-Teilchen (unten rechts), so erhalten sie auf diese Weise ihre Masse. Das Graviton, das hypothetische Austauschteilchen der Schwerkraft, konnte noch nicht nachgewiesen werden. Weitere Erläuterungen im Text.

das gesamte Universum aus einer vergleichsweise kleinen Zahl elementarer Bausteine, den Quarks und den Leptonen, die von vier fundamentalen Kräften regiert werden (vgl. Abb. links).

Von den Leptonen (übersetzt: leichte Teilchen; von gr.: leptos, dünn, fein), deren bekanntestes das Elektron ist, existieren sechs Arten, die sich hinsichtlich ihrer Ladungen, Ruhemassen und Lebensdauern voneinander unterscheiden. Auch die Neutrinos, von denen es drei »Sorten« gibt, gehören dazu. Bei den Kräften handelt es sich um die Gravitation (Schwerkraft), die schwache Kernkraft, die elektromagnetische Kraft und die starke Kernkraft. Mit ihnen beschreiben wir die Wechselwirkungen zwischen den Teilchen.

Die starke Kernkraft (mit ihrer extrem geringen Reichweite) bindet die Nukleonen in den Atomkernen sowie die Quarks untereinander. Die Wirkung der schwachen Kernkraft ist um einen Faktor 10^{14} geringer, sie ist für den radioaktiven Betazerfall der Atomkerne zuständig. Die elektromagnetische Kraft hingegen, die (nur) hundertmal schwächer wirkt als die starke Kernkraft, bestimmt die Anziehung beziehungsweise Abstoßung geladener Teilchen untereinander. Schließlich regiert die unendlich weit reichende, aber sehr schwache Gravitationskraft (Faktor 10^{40} geringer als die starke Kernkraft) die Welt im Großen.

Diese Kräfte werden von den Physikern durch den Feldbegriff definiert. Jede Masse ist demnach von einem Gravitationsfeld umgeben, jede Ladung von einem elektrischen Feld. Doch diese Felder wirken nicht unmittelbar in die Ferne, wie dies für die Schwerkraft von Isaac Newton noch angenommen wurde. Die Kräfte werden vielmehr durch »Austauschteilchen« vermittelt, die gleichsam die Quanten des jeweiligen Feldes darstellen.

Solche Austauschteilchen entsprechen durchaus der Erkenntnis von Louis de Broglie aus dem Jahr 1924, der feststellte, dass jedes Teilchen auch Welleneigenschaften aufweist und umgekehrt, die je nach Versuchsbedingungen wechselseitig in Erscheinung treten. Demnach

In diesem bildhaften Vergleich stellt der Ball, der zwischen zwei Personen in verschiedenen Booten hin- und hergeworfen wird, ein Austauschteilchen dar. Durch den Ball wird eine Kraft übertragen, die in diesem Fall dazu führt, dass sich die beiden Boote »abstoßen«, sich also voneinander entfernen.

sind zum Beispiel die »Lichtteilchen« (die Photonen) die Quanten des elektromagnetischen Feldes oder die Austauschteilchen der elektromagnetischen Kraft. Auch den anderen Grundkräften schreibt man solche Austausch- oder Bindeteilchen zu: der starken Kernkraft die Gluonen (von engl.: glue, Klebstoff), der schwachen Kernkraft die W- und Z-Teilchen und der Schwerkraft die (noch hypothetischen) Gravitonen. Sie alle werden unter dem Oberbegriff »Bosonen« zusammengefasst und als Eichbosonen der Grundkräfte bezeichnet. Benannt sind sie nach dem indischen Physiker Satyendranath Bose und weisen als gemeinsames Teilchenmerkmal einen ganzzahligen Spin auf.

Natürlich fragt man sich, wie Kräfte durch Teilchen übermittelt werden können. Will man sich das Wirken der Eichbosonen veranschaulichen, so mag die Vorstellung behilflich sein, dass sich zwei Personen in zwei Booten befinden und sich gegenseitig einen Ball zuwerfen (vgl. Abb. oben). Der Ball stellt gleichsam das Austauschteilchen (Feldquantum) dar. Werfen sich die beiden Personen den Ball wechselseitig zu, so entfernen sich die Boote voneinander, Wasserströmungen und Windeinwirkungen einmal beiseitegelassen. Durch den Ball kommt also eine auf die Boote wirkende Kraft zustande mit dem Ergebnis, dass diese sich gegenseitig »abstoßen«.

In analoger Weise »fliegen« zwischen den Quarks Gluonen hin und her und übertragen die starke Kernkraft und bei den anderen Kräften entsprechend. Natürlich dürfen wir nie vergessen, dass wir uns mit solchen aus dem Leben gegriffenen Beispielen nur ein Hilfsmittel verschaffen, um eine gewisse Anschaulichkeit herbeizuführen. In Wirklichkeit handelt es sich aber stets um Modelle, die nur bestimmte Seiten der Prozesse widerspiegeln und mit den ablaufenden Vorgängen keineswegs identisch sind.

Von den Bosonen abzugrenzen sind die Fermionen (benannt nach Enrico Fermi), die ausnahmslos einen halbzahligen Spin besitzen, wie zum Beispiel die Leptonen und die Quarks. Außerdem zählen dazu alle zusammengesetzten Teilchen, die aus einer ungeraden Zahl von Quarks bestehen, wie beispielsweise das Proton oder das Neutron. Jedes Teilchen ist entweder ein Fermion oder ein Boson. Bosonen sind außer den Eichbosonen auch alle Atomkerne mit einer geraden Nukleonenzahl (zum Beispiel der Kern des Deuteriums, der aus zwei Fermionen, einem Proton und einem Neutron besteht).

Doch eine wichtige Frage des Standardmodells war um 1960 noch offen geblieben. Die Elementarteilchen inklusive der Austauschteilchen waren nämlich in der Theorie masselos – im krassen Widerspruch zur Realität. Mit Ausnahme des Photons und der Gluonen weisen alle anderen Teilchen eine Masse auf, die man zwar kannte (oder nach und nach kennenlernte), ihnen im Rahmen der Theorie aber nicht einfach zuschreiben konnte. Eine höchst unbefriedigende Situation.

Der Nobelpreis für Physik 2013

Der Ausweg aus dem Massendilemma ergibt sich im Rahmen eines neuen Konzepts des Standardmodells. Das Zauberwort lautet »Higgs-Teilchen«. Es ist das Austauschteilchen des Higgs-Feldes, benannt

François Englert und Peter Higgs, die beiden Physik-Nobelpreisträger 2013, am 4. Juli 2012 beim CERN. An diesem Tag wurde dort der Nachweis des Higgs-Teilchens bekanntgegeben, dessen Existenz die beiden Wissenschaftler vorhergesagt hatten.

nach dem britischen Physiker Peter Higgs, der dieses den gesamten Kosmos durchziehende Feld und das entsprechende Austauschteilchen bereits 1964 postulierte. Im Einklang mit der Standardtheorie konnte auf diese Weise erklärt werden, wie die Teilchen in Wechselwirkung mit dem Higgs-Feld zu ihren Massen kommen. Das Higgs-Boson – zunächst ein rein theoretisches Konstrukt – wurde somit zum entscheidenden Schlussbaustein des Standardmodells, so es denn gefunden würde.

Peter Higgs war damals allerdings nicht der Einzige mit dieser Idee. Nachdem er im Jahr 2013 zusammen mit dem Belgier François Englert (s. Abb. oben) den Nobelpreis für Physik zuerkannt bekam, sollen hier auch die Namen der anderen Physiker genannt werden, die den Preis ebenso gut hätten gewinnen können: der US-amerikanisch-belgische Physiker Robert Brout, die US-Amerikaner Gerald Guralnik und Carl R. Hagen sowie der Brite Tom Kibble.

Sie alle hatten ihre Hypothese in derselben Ausgabe der *Physical Review Letters* publiziert, wenn auch Englert und Brout ihre Arbeiten etwas früher eingereicht hatten. Robert Brout ist ein Jahr vor der Entdeckung des Higgs-Bosons verstorben. Die anderen drei müssen damit leben, dass nach den Statuten des Nobelpreiskomitees höchstens drei Forscher für die gleiche Leistung ausgezeichnet werden dürfen. In Wirklichkeit waren aber an dem eigentlichen Entdeckungsvorgang Tausende Wissenschaftler beteiligt. Das war zu jener Zeit, als Peter Higgs seine Theorie entwickelte, noch völlig anders. »Auf der Liste meiner Veröffentlichungen gibt es nur eine einzige, bei der ich Mitautoren hatte«, berichtet Higgs selbst dazu [5].

Wer sich heute mit den Teilchen der Mikrowelt beschäftigt, mag mit Wehmut an jene Jahre zurückdenken, als profilierte Wissenschaftler das Vorhandensein von Atomen noch bestritten und sich dann allmählich – unter dem Druck überzeugender Experimente – die Gewissheit durchsetzte, dass Atome tatsächlich existieren. Auch wenn sie sich keineswegs als die kleinsten unteilbaren Partikel erwiesen, erschien der Mikrokosmos doch immer noch anschaulich und übersichtlich. Das kann man heute nicht mehr behaupten. Auf die Frage, wie man sich ein Atom vorstellen könne, soll Werner Heisenberg einmal geantwortet haben, man solle es erst gar nicht versuchen. Und die Experten unserer Tage bekräftigen diese Aussage sogar noch mit dem Eingeständnis, dass wir zwar alle möglichen Eigenschaften der Elementarteilchen kennen und messen, aber dennoch nicht wissen, was sie eigentlich sind.

Vielen Physikern ist das alles bei Weitem zu kompliziert. Sie sind davon überzeugt, dass auch die Quarks noch nicht die letzten Bausteine der Atomkerne darstellen. Schon allein, dass man immer noch zwei Sorten von Teilchen (Quarks und Leptonen) mit je sechs Elementen und vier Arten von Eichbosonen benötigt, um den Materieaufbau zu beschreiben, stört sie. Ihr Harmoniesinn verlangt nach einer »einfacheren« Welt. Dafür gibt es auch bereits theoretische Vorschläge.

Der Aufbau der Sterne

Die Entwicklung der Astrophysik

Was haben nun Atome mit Sternen zu tun? Sterne sind sehr groß und Atome sind sehr klein – so viel wusste man um den Beginn des 20. Jahrhunderts. Die Allianz von Atom-, Kern- und Teilchenphysik mit der Physik der Sterne vollzog sich jedoch erst nach und nach.

Woraus bestehen Sterne und wieso leuchten sie? Dies alles wurde erst verständlich, als man die Sterne unter die physikalische Lupe nahm.

Erste Allianz von Atom- und Astrophysik

Gegen Ende der 1920er-Jahre war der Zusammenhang zwischen Sternphysik und Atomphysik bereits so klar hervorgetreten, dass einer der großen Pioniere der Astrophysik jener Zeit, der Brite Arthur Stanley Eddington, über den wechselseitigen Zusammenhang von Makro- und Mikrophysik schreiben konnte:

> Der Weg zur Kenntnis der Sterne führte über das Atom, und wichtige Kenntnis vom Atom ist über die Sterne erzielt worden [6].

Was war inzwischen geschehen? Schon im 19. Jahrhundert hatten die Astrophysiker versucht, Aussagen über die Temperaturen der Sterne zu gewinnen. Eine wesentliche Erkenntnis hatte Gustav R. Kirchhoff bereits 1860 im Zusammenhang mit der Entdeckung der Spektralanalyse formuliert: Das Verhältnis von Absorptions- und Emissionsvermögen ist für alle Körper gleich und hängt lediglich von der Temperatur des Körpers und der Wellenlänge der Strahlung ab. Kirchhoff definierte in diesem Zusammenhang den idealen »Schwarzen Körper« (vgl. S. 51), der die auf ihn treffende elektromagnetische Strahlung vollständig verschluckt, also das Absorptionsvermögen eins besitzt. Die Strahlung wird weder reflektiert noch durchdringt sie den Körper. Ein Schwarzer Strahler ist auch eine ideale Strahlungsquelle, weil sie elektromagnetische Strahlung nur als Funktion ihrer Temperatur abgibt.

Für die Experimentalphysiker galt es nun, diese von der Wellenlänge und Temperatur abhängige Funktion zu finden, die das Ausstrahlungsvermögen eines Schwarzen Körpers beschreibt. Bei Kenntnis dieser Funktion ließe sich allein aus der Energieverteilung im Spektrum eines Körpers dessen Temperatur bestimmen. Die Schwierigkeiten waren aber doppelter Natur: Einerseits kam es darauf an, einen Strahler zu realisieren, der den von Kirchhoff definierten Eigenschaften möglichst nahekam. Zum anderen benötigte man Geräte zur Messung der Strahlungsintensität in den verschiedenen Wellenlängen.

Um 1893 gelang dem deutschen Physiker Wilhelm Wien ein erster beachtlicher Teilerfolg. Er fand das heute nach ihm benannte »Wien'sche Verschiebungsgesetz«. Es besagt, dass sich das Maximum der Energieausstrahlung mit wachsenden Temperaturen in gesetzmäßiger Weise zu kürzeren Wellenlängen verschiebt. Das war immerhin etwas, wenngleich auch noch nicht der gesuchte Zusammenhang. Als Wien dann schließlich 1896 ein Strahlungsgesetz entdeckte, erwies sich dieses nur für kurzwellige elektromagnetische Strahlung als zutreffend.

Um diese Zeit beschäftigte sich – wie schon erwähnt – auch der damals 28-jährige Max Planck mit dem Problem der Energieverteilung im Spektrum eines Schwarzen Körpers und fand zunächst immerhin eine Begründung für das Verschiebungsgesetz. Schließlich gelang es ihm auch, eine Formel zu finden, die das gesamte elektromagnetische Spektrum beschrieb. Im Oktober 1900 trug Planck dieses Forschungsergebnis in Berlin auf der Sitzung der Physikalischen Gesellschaft vor. Bereits in der darauffolgenden Nacht konnten Ferdinand Kurlbaum und Heinrich Rubens anhand ihrer experimentellen Resultate bestätigen, dass Planck das universelle Strahlungsgesetz des Schwarzen Körpers entdeckt hatte. Planck war damit jedoch keineswegs zufrieden. Selbst wenn man die absolute Gültigkeit dieser Formel voraussetze, vermerkte er selbstkritisch, »würde die Strahlungsformel lediglich wie ein glücklich erratenes Gesetz doch nur eine formale Bedeutung besitzen« [7].

Diese kritische Haltung zu seiner gelungenen Formel war ein Glück für die Physik: Bei seiner Suche nach dem wirklichen physikalischen Sinn der Strahlungsformel entwickelte Planck jene bereits erwähnten Vorstellungen, mit denen die Quantentheorie begründet wurde – eine der größten Revolutionen des physikalischen Denkens überhaupt. Die Strahlungsformel zwang Planck zu der völlig unerwarteten Einsicht, dass Energie bei Strahlungsvorgängen nur in bestimmten »Portionen«, den sogenannten »Quanten«, abgegeben werden kann und nicht – wie man denken sollte – in beliebigen Beträgen. Dabei ist die Energie dieser Portionen exakt gekennzeichnet: einerseits durch die Frequenz der Strahlung, andererseits durch eine universelle Naturkonstante, dem Planck'schen Wirkungsquantum h. Immerhin war es mit dem Planck'schen Strahlungsgesetz möglich geworden, die Temperaturen von Sternen zu bestimmen, allerdings unter der Voraussetzung, dass sich diese wenigstens annähernd wie Schwarze Strahler verhalten.

Der Begriff des Atoms jedoch kommt bis hierher überhaupt noch nicht vor! Planck hatte keine Überlegungen darüber angestellt, wie die Strahlung überhaupt zustande kommt. Erst Niels Bohr ist diesen Schritt einige Jahre später gegangen und hat damit den Zugang zum Verständnis der Spektren über die Eigenschaften der Atome geebnet. Arnold Sommerfeld entwickelte die Theorie weiter und veröffentlichte schließlich 1919 sein klassisches Werk *Atombau und Spektrallinien*. Das darin beschriebene Bohr-Sommerfeld'sche Atommodell gestattete es, nun auch die Feinstruktur der Wasserstoffspektren zu erklären. Auf dieser Grundlage schuf schließlich der indische Physiker Meghnad Saha eine Ionisationstheorie, deren Anwendung dann zum entscheidenden Hilfsmittel bei der Interpretation von Fixsternspektren wurde.

Extreme Bedingungen im Kosmos

Ursprünglich hatte man im Rausch der neu entdeckten Spektralanalyse angenommen, dass die unterschiedlichen Sternspektren einfach auf die verschiedenartige chemische Zusammensetzung jener

Schichten der Sonne und der Sterne zurückzuführen seien, von denen die beobachtete Strahlung ausgeht. Saha konnte jedoch zeigen, dass die Atome unter den konkreten Bedingungen in den äußeren Schichten der Sterne gar nicht in neutraler Form vorliegen, sondern weitgehend ionisiert sind. Den Hüllen der Atome werden mehr oder weniger Elektronen entrissen, so dass positiv geladene »Rumpfatome« und freie Elektronen übrig bleiben.

Die von diesen Rümpfen emittierte Strahlung unterscheidet sich zum Teil wesentlich von jener neutraler Atome. Saha leitete eine exakte Beziehung zwischen Temperatur, Druck und Ionisierungsgrad der verschiedenen Atome ab, so dass man nun in die Lage kam, die Spektren der Sonne und der Sterne zutreffend zu deuten und die physikalischen Zustände der Sterne zu beschreiben. Die amerikanische Astronomin Cecilia H. Payne schlug schließlich die Brücke zwischen den Beobachtungsdaten und Sahas theoretischen Überlegungen mit ihrer 1925 erschienenen Monografie *Stellar Atmospheres*.

Die erste große Überraschung, die sich aus der Anwendung dieser Erkenntnisse ergab, war die Feststellung, dass die scheinbar so verschiedenartigen Spektren der Sterne hauptsächlich eine Folge unterschiedlicher Druck- und Temperaturverhältnisse sind, nicht aber verschiedener chemischer Zusammensetzung. Diese erwies sich vielmehr als weitgehend gleichartig bei den verschiedenen Typen von Sternen.

In den mit großen lateinischen Buchstaben bezeichneten Spektralklassen der Sterne, die unter der Leitung von Edward C. Pickering am Harvard-Observatorium eingeführt wurden und noch heute in modifizierter Form verwendet werden, werden die Spektren von A bis G unter anderem durch die fortlaufend abnehmende Intensität der Wasserstofflinien beschrieben. Die Schlussfolgerung, der Wasserstoffanteil nehme in dieser Folge immer weiter ab, ist aber falsch. Vielmehr wächst mit steigender Temperatur der Ionisationsgrad des Wasserstoffs. Deshalb erfüllen immer mehr Atome die atomphysi-

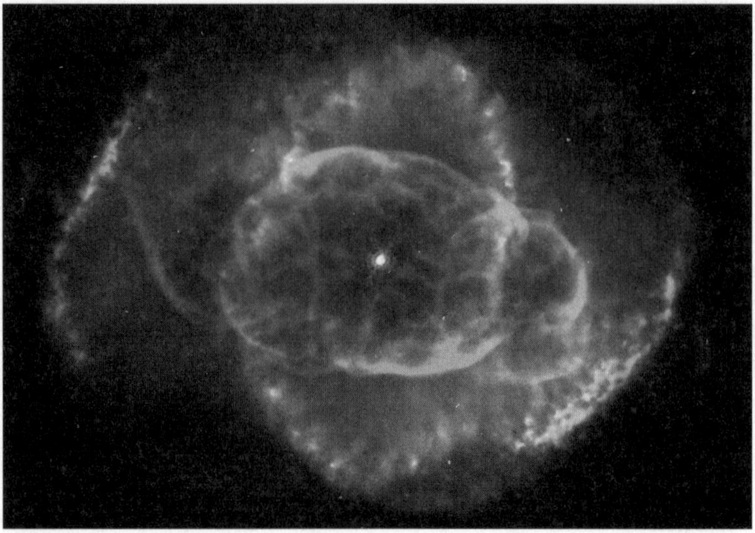

Der sogenannte Katzenaugennebel (NGC 6543) zeigt in seinem Spektrum auffällige grüne Linien. Auf modernen Farbfotos erscheinen seine äußeren Konturen grünlich gefärbt. Diese Farbe wird jedoch nicht durch das vermutete neue Element »Nebulium« verursacht, sondern durch gewöhnlichen Stickstoff unter extremen kosmischen Bedingungen.

kalische Bedingung für die Aussendung von Linien der sogenannten Balmer-Serie. Die Intensität dieser Linien ist daher bei den heißeren Sternen größer und bei den kühleren schwächer. Die Sternspektren sehen also unterschiedlich aus, obwohl die chemische Konstitution ihrer Atmosphären sehr ähnlich ist.

Auf diesem Weg gelang es, eine ganze Reihe zuvor fraglicher Spektrallinien zu identifizieren, die zu bekannten, aber hochgradig ionisierten Elementen gehörten. So konnten sich dank der Atomtheorie auch zwei äußerst rätselhafte Beobachtungen klären lassen, die den Forschern längere Zeit als »harte Nuss« erschienen waren. Bereits 1864 hatte der englische Astrophysiker William Huggins im sogenannten Katzenaugennebel (vgl. Abb. oben) drei Linien im grünen

Exkurs

Die Abkürzung NGC

Dieses Kürzel steht für »New General Catalogue«. In diesem 1888 von Johan Emil Dreyer veröffentlichten Nebelkatalog, der später noch erweitert wurde, sind 7840 »Nebelobjekte« aufgelistet, die hauptsächlich auf Beobachtungen von Friedrich Wilhelm Herschel zurückgehen. Dabei handelt es sich um Gasnebel, Sternhaufen und Galaxien.

Bereich des Spektrums entdeckt, die er keinem bekannten Element zuordnen konnte. William H. Wright fand 1918 auch in anderen leuchtenden Gasnebeln solche Linien.

Nachdem man bereits 1868 im Spektrum der Sonne ein auf der Erde bis dahin unbekanntes Element entdeckt und dieses »Helium« (Sonnengas) genannt hatte, lag die Vermutung nahe, dass sich auch in den Emissionsnebeln ein noch unbekanntes Element tummelte. Es erhielt den Namen »Nebulium«. Der US-amerikanische Astronom Henry Norris Russell vermutete jedoch gleich, dass die merkwürdigen Linien durch die extrem geringe Dichte des Nebels bewirkt würden und nicht einem neuen Element zuzuordnen seien.

Ira S. Bowen und Ralph H. Fowler lösten das Problem schließlich 1928 durch Anwendung der Theorie. Aus der Atomtheorie war bekannt, dass der Anregungszustand eines Atoms, bei dem ein Elektron auf eine höhere Bahn gehoben wird, nur sehr kurz andauert. Nach etwa einer Hundertmillionstel Sekunde springt das Elektron zurück und bewirkt die Aussendung einer entsprechenden elektromagnetischen Welle. Daneben gibt es jedoch auch Anregungsniveaus, in denen ein Übergang zu Zuständen geringerer Energie nach bestimmten Auswahlregeln »verboten« ist. Im Allgemeinen führen solche »metastabilen« Zustände auch gar nicht zur Lichtemission. Sie geben ihre Energie vielmehr bei Zusammenstößen mit anderen Atomen ab.

Ist die Dichte eines Gases jedoch sehr gering, so kommt es nur sehr selten zu solchen Begegnungen der Atome untereinander. Dann überdauern die Elektronen die Wartezeit und springen schließlich doch innerhalb des eigenen Atoms zurück, wobei sie »verbotene« Linien emittieren. Die rätselhaften »Nebulium«-Linien erwiesen sich als verbotene Linien des Elements Stickstoff! Dasselbe wiederholte sich noch einmal mit dem vermeintlichen Element »Coronium«, das um 1870 in Gestalt grüner Linien in der Sonnenkorona gesichtet worden war. Walter Grotrian und Bengt Edlén konnten diese Linien in den 1940er-Jahren als die verbotenen Übergänge hochionisierter Eisenatome identifizieren.

Experimente in irdischen Labors und Beobachtungen kosmischer Strahlungen waren hier Hand in Hand gegangen, um die Botschaften des Sternlichts zu entschlüsseln. Und es war auch klar geworden: Ohne die Kenntnis der Vorgänge in der Mikrowelt, die zur Abstrahlung von Energie führen, hätte man die beobachteten Daten überhaupt nicht verstehen können.

Der Einfluss von Magnetfeldern

Auch bei einer anderen Information, die in den Spektren der kosmischen Objekte enthalten ist, machte das Zusammenspiel von Experimenten im Kleinen und Beobachtungen im Großen das Beobachtete erklärbar. Es war die Information über kosmische Magnetfelder. Bereits um die Mitte der Sechzigerjahre des 19. Jahrhunderts hatte Norman Lockyer in den Spektren von Sonnenflecken deutlich verbreiterte Linien gefunden. Als Charles Augustus Young mit einem verbesserten, hochauflösenden Spektroskop diese Untersuchungen wiederholte, entdeckte er, dass einige der »spot lines« als Dubletten erschienen. Natürlich entzog sich diese Merkwürdigkeit zunächst jeder Erklärung.

Einige Jahrzehnte später experimentierte der niederländische Physiker Pieter Zeeman mit Licht und Magnetfeldern. Auf diese Fährte war man durch die Theorie von James Clerk Maxwell gekommen, nach der es sich bei Licht um eine elektromagnetische Welle handelt. Als Zeeman ein starkes Magnetfeld auf eine Natriumflamme einwirken ließ, zeigte sich im Spektrum eine deutliche Aufspaltung der D-Linien, der kräftigsten Linien im Natriumspektrum. Damit war es zwar recht naheliegend, dass auch die Aufspaltung der Linien von Sonnenflecken etwas mit Magnetfeldern zu tun hatte. Doch viel mehr wusste man zu diesem Zeitpunkt noch nicht.

Immerhin hatte Hendrik A. Lorentz diese Linienaufspaltung mit seiner Theorie des Elektromagnetismus vorhergesagt. Zeeman meinte sogar, dass die Experimente zusammen mit der Theorie die Existenz von frei beweglichen Elektronen in Atomen voraussetzten. Eine Erklärung wurde aber erst möglich, als man das Zustandekommen der Lichtemission auf der Basis der Planck'schen Quantentheorie verstand. Demnach wirkt das Magnetfeld auf die Hüllenelektronen des Atoms, die dadurch in ihrer Bewegung beeinflusst werden und sogenannte Präzessionsbewegungen ausführen. Die Frequenz dieser Bewegungen überlagert sich der normalen Strahlungsfrequenz und führt zur Aussendung zweier Linien anstelle einer einzigen, wie sie aus dem ungestörten Atom bekannt ist. Die Quantentheorie vermochte auch detailliert zu begründen, dass und in welcher Weise die Größe dieser Aufspaltung von der Magnetfeldstärke abhängt – ein Faktum, das Zeeman bereits experimentell ermittelt hatte.

Damit war man nun in der Lage, aus den Aufspaltungen der Spektrallinien begründete Aussagen über die Rolle der Magnetfelder im Kosmos zu gewinnen, was zunächst vor allem für die Sonne geschah. Rasch fand man mit Hilfe spezieller Sonnenteleskope, wie sie vor allem George Ellery Hale in den USA entwickelt hatte (vgl. Abb. S. 78), dass die Sonnenflecken mit starken Magnetfeldern verbunden sind, während die Sonne auch als Ganzes ein Magnetfeld aufweist, das

Das 46 Meter hohe Sonnenteleskop auf dem Mount Wilson in Kalifornien, USA, wurde im Jahr 1912 errichtet. Mit ihm wurde das Magnetfeld der Sonne sowie seine Schlüsselrolle bei der Sonnenaktivität entdeckt.

Exkurs

Das Gebiet der Magnetohydrodynamik

Die Magnetohydrodynamik beschreibt das Verhalten von elektrisch leitenden Flüssigkeiten unter dem Einfluss von magnetischen (und elektrischen) Feldern. Dabei werden unter Flüssigkeiten insbesondere auch Plasmen verstanden, also Gase, in denen Elektronen und Atomkerne voneinander getrennt sind. Zu den Anwendungsgebieten dieses Teilgebiets der Physik gehören auch unsere Sonne sowie die Atmosphären von Sternen. Hier treten magnetische Felder auf, die zu konkreten Konsequenzen führen, wie etwa dem periodischen Auftreten der Sonnenflecken. Auch das Verständnis des Erdmagnetfelds beruht auf magnetohydrodynamischen Untersuchungen.

---

jedoch von wesentlich geringerer Intensität ist als jenes im Bereich der Flecken.

Bei seinen langjährigen Beobachtungen entdeckte Hale auch den 22-jährigen magnetischen Zyklus der Sonnenflecken: In einem elfjährigen Zyklus weisen bipolare Fleckengruppen auf der Nordhalbkugel der Sonne die entgegengesetzte Polarität auf wie auf der Südhalbkugel. Im nachfolgenden elfjährigen Zyklus kehrt sich diese Polung jedoch um. Diese Entdeckungen wurden zu einer wesentlichen Grundlage der modernen Sonnentheorie, in der magnetohydrodynamische Effekte eine große Rolle spielen (s. Exkurs oben).

Da die Sonne den Prototyp eines Sterns darstellt, erwartete man auch bei Sternen das Auftreten von Magnetfeldern. Es bedurfte jedoch wesentlich leistungsstärkerer Teleskope, ehe man den Nachweis stellarer Magnetfelder führen konnte. So wurde der erste »magnetische Stern« erst 1946 mit Hilfe des 2,5-Meter-Hooker-Spiegels auf dem Mount Wilson in Kalifornien – damals immer noch das lichtstärkste Teleskop der Welt – in Verbindung mit einem hochauflösenden Spektrografen gefunden. Seit dieser Entdeckung durch Horace

W. Babcock hat sich das Phänomen der kosmischen Magnetfelder zu einem Forschungsgebiet entwickelt, das nahezu alle Gebiete der Astronomie durchdringt.

Nachdem der erste Vertreter magnetischer Sterne nun nachgewiesen war, entwickelte der schwedische Forscher Hannes Alfvén die Idee einer Beziehung zwischen kosmischer Strahlung und Magnetfeldern im interstellaren Raum, die dort durch ionisierte Teilchen der interstellaren Materie hervorgerufen werden sollten. In den Magnetfeldern sah Alfvén die Ursache für die Bewegung der Partikel der Strahlung. Nach einer persönlichen Begegnung mit Enrico Fermi entwickelte er schließlich seine Theorie über den Zusammenhang zwischen galaktischen Magnetfeldern und kosmischer Strahlung.

Heute sind die Erscheinungen des Magnetismus integraler Bestandteil der Erforschung des Universums. Ob Sonne oder Planeten, interplanetare oder interstellare Phänomene, ob Sterne oder Galaxien – Magnetfelder spielen allenthalben eine wichtige Rolle. Wieder war es die Allianz von Atomphysik und Astrophysik, die diese Erkenntnisse ermöglicht hatte.

Woher kommt die Sternenergie?

Ein weiteres Paradebeispiel für das immer inniger werdende Verhältnis von Mikro- und Makrowelt ist die Beantwortung der Frage nach der Herkunft der Sonnen- und Sternstrahlung. Gerade die Geschichte dieses Problems lässt erkennen, auf wie hoffnungslosem Posten sich die Forscher befanden, bevor Struktur und Gesetze der Mikrowelt bekannt gewesen sind. Sie rätselten lange vergebens, woher die Energie der Sterne stammt, wobei sie zeitweise und mit guten Gründen glaubten, die Lösung schon gefunden zu haben.

Anfangs versuchte man es mit der Überlegung, dass die Sterne riesige Verbrennungsöfen seien, weil man aus irdischen Alltagserfah-

Exkurs

Die Temperatureinheiten Celsius und Kelvin

Das Grad Celsius ist eine Maßeinheit für die Temperatur, die auf den schwedischen Naturforscher Anders Celsius im Jahr 1742 zurückgeht. Es handelt sich um eine hundertteilige Skala, als deren Fixpunkte der Gefrierpunkt des Wassers (null Grad) und der Siedepunkt des Wassers (hundert Grad) bei normalem Luftdruck (1013,25 Hektopascal) verwendet werden. Bei einem Quecksilberthermometer ist die Skala zwischen diesen Fixpunkten in hundert gleich lange Abschnitte geteilt, die jeweils einem Grad entsprechen. Die offizielle Bezeichnung »Grad Celsius« wurde erst 1948 zu Ehren von Celsius eingeführt.

Das Kelvin (die Einheit wird heute ohne das Wort »Grad« verwendet) ist die Standardeinheit für die thermodynamische Temperatur im Internationalen Einheitensystem (SI-System); es wird deshalb vor allem in wissenschaftlichen Zusammenhängen häufig verwendet. Der Begriff geht auf den britischen Physiker William Thomson (später Lord Kelvin) im Jahr 1848 zurück. Grundlage ist die Überlegung, dass ein nicht mehr zu unterschreitender »absoluter Nullpunkt« (null Kelvin) erreicht ist, wenn die Moleküle oder Atome eines Objekts keine Bewegungen mehr ausführen. Das ist bei –273,15 Grad Celsius der Fall. Die Skalenweite ist dieselbe wie bei der Celsius-Skala, so dass ein Körper mit einer um ein Grad Celsius höheren Temperatur als ein anderer auch eine um ein Kelvin höhere Temperatur besitzt.

rungen seit Jahrtausenden wusste, dass bei Verbrennungsprozessen Licht und Wärme freigesetzt werden. Schon einfache Berechnungen ließen aber bald erkennen, dass man mit dieser These nicht weit kommen würde. Angesichts der bekannten Strahlungsleistung der Sonne und ihrer ebenfalls bekannten Masse, würde dieser »Ofen« nur wenige tausend Jahre brennen – viel kürzer jedenfalls, als nötig war, um das Leben auf der Erde und dessen Entwicklung zu erklären. So setzte sich die Überzeugung durch, dass dem Licht- und Wärmespender Sonne dauernd Nachschub zugeführt werden müsse. Doch auch diese Idee erwies sich als nicht tragfähig. So viel »Brennmaterial«, wie dafür erforderlich gewesen wäre, steht im gesamten Sonnensystem nicht zur Verfügung.

Schließlich entwickelten Hermann von Helmholtz und Lord Kelvin (William Thomson) die Kontraktionshypothese: Die Energie der Sonne sollte demnach die Folge einer Energieumwandlung sein, die dadurch zustande kommt, dass sich die Sonne unablässig zusammenzieht und damit auch verkleinert. Aus der mechanischen Energie entstünden Licht und Wärme. Diese Erklärung ist sehr plausibel und steht durchaus im Einklang mit den Naturgesetzen. Für die Gesamtlebensdauer bei Aufrechterhaltung ihrer Energieabstrahlung ergab sich der unvorstellbare Zeitraum von mehreren Millionen Jahren.

Berechnungen zeigten, dass sich der Sonnendurchmesser bei diesem Prozess nur um etwa sechzig Meter pro Jahr verringern müsste. Das entspricht einer einzigen Bogensekunde, dem 3600-stel eines Winkelgrads, in zehntausend Jahren – zu wenig, um durch Messungen kurzfristig festgestellt werden zu können. Nunmehr glaubte man, das Rätsel der Sonnenenergie gelöst zu haben, und die Hypothese erfreute sich deshalb auch Jahrzehnte lang allgemeiner Anerkennung in wissenschaftlichen Kreisen.

Doch dann wurde im Jahr 1896 die natürliche Radioaktivität entdeckt, die Eigenschaft verschiedener Elemente, spontan in andere Elemente, ihre sogenannten Folgeprodukte, zu zerfallen. Das führte zu der Möglichkeit, aus dem gemessenen Verhältnis solcher Elemente zu ihren Zerfallsprodukten das Alter der jeweiligen Schichten der Erdkruste zu ermitteln, in denen sich diese Elemente befanden.

Das Ergebnis bot eine böse Überraschung für die Anhänger der Kontraktionshypothese: Die Erde war viel älter als die Sonne. Auch die Darwin'sche Evolutionstheorie forderte größere Zeiträume für die Entwicklung des Lebens, als sie die Sonne nach der vermeintlich so gesicherten Theorie zur Verfügung stellen konnte. Die Idee der

Kontraktion als Quelle der Sonnenenergie musste wohl oder übel aufgegeben werden. Doch was sollte an ihre Stelle treten? Man musste wieder neu beginnen. Da erschien es geradezu beruhigend, dass mit Einsteins Spezieller Relativitätstheorie zumindest eine qualitative Möglichkeit sichtbar wurde.

Astrophysik trifft Kernphysik

Einstein hatte erkannt, dass Masse und Energie einander äquivalent sind und jeder Masse m eine Energie E des Betrags $E = mc^2$ entspricht, wobei c die Lichtgeschwindigkeit ist. Die Sonne hatte genügend Masse, um durch deren Umwandlung in Energie nach dieser Äquivalenzbeziehung mehr als zehn Billionen Jahre als konstante Energiequelle zu existieren. Doch auf welche Weise sollte sich der Prozess der Umwandlung vollziehen? Niemand vermochte es zu sagen.

In dieser Situation war wieder einmal kreative Fantasie gefragt. Arthur Eddington wies auf nahezu prophetische Weise die Richtung, in die die Forschung nunmehr gehen müsse. Er meinte, die Sonne strahle ihre Energie nicht aus, weil ihre äußere Schicht sechstausend Grad heiß sei, sondern die Sonnenphotosphäre (s. Exkurs S. 84) werde umgekehrt auf sechstausend Grad gehalten, weil durch das Temperaturgefälle des Sonnenkörpers ein Strahlungsstrom von innen nach außen entstehe, der diese Temperatur bewirke. Mit anderen Worten: Die Frage nach der Energiequelle würde sich erst klären lassen, wenn man verlässliche Vorstellungen über den inneren Aufbau der Sonne habe.

Deshalb beschäftigte sich Eddington auch intensiv mit diesem Problem und kam schließlich in seinem 1926 veröffentlichten Buch *The Internal Constitution of Stars* zu dem Schluss, dass alle Mühe vergebens sei, solange man nicht die Gesetze der subatomaren Welt, der Welt im ganz Kleinen, kenne. Was geschieht bei sehr hohen Tem-

Exkurs

Die Photosphäre der Sonne

Wir empfangen das Licht der Sonne lediglich aus einer im Vergleich zu ihrem Durchmesser von rund 1,4 Millionen Kilometern sehr schmalen äußeren Schicht. Ihre Dicke beträgt etwa vierhundert Kilometer, sie wird als Photosphäre bezeichnet. Die Temperatur der Photosphäre liegt bei knapp 5800 Kelvin. Nach dem Planck'schen Strahlungsgesetz befindet sich deshalb das Maximum ihrer Abstrahlung im optischen Bereich des elektromagnetischen Spektrums.

---

peraturen und entsprechend hohem Druck tief im Inneren der Sonne (und der Sterne) mit den Atomen?

Damit hatte Eddington den Ball an die Kernphysiker weitergegeben und diese entwickelten auch sehr rasch neue Ideen über mögliche Vorgänge unter Bedingungen, wie sie damals in keinem irdischen Labor zu erzielen waren. Der schwedische Astrophysiker Bengt Strömgren hatte gerade gezeigt, dass die Sterne im Wesentlichen aus Wasserstoff bestehen. Robert E. Atkinson und Friedrich G. Houtermans folgerten 1929, dass Protonen bei den extremen Temperaturen und der damit verbundenen hohen Bewegungsenergie durchaus die gegenseitigen Abstoßungskräfte überwinden und über Kernfusion miteinander sogar verschmelzen könnten. Dabei werde Energie freigesetzt und es bildeten sich schwerere Atomkerne als die ursprünglich vorhandenen.

George Gamow gelang es dann auf der Grundlage der Quantentheorie abzuschätzen, wie hoch die Anzahl der im Sonneninneren vorhandenen Protonen war, die für solche Verschmelzungen zur Verfügung stehen, und in welcher Weise die Fusionsrate von der Temperatur abhängt. Dann kam Gamow auf eine sehr fruchtbare Idee: Er berief 1938 eine Konferenz nach Washington ein, zu der alle mit dem Problem beschäftigten Astrophysiker und Kernphysiker eingeladen wurden.

Doch auf dem Treffen herrschte eine gewisse Hilflosigkeit. Jeder sprach über seine Forschungen, doch man verstand einander nicht. Der Physiker Hans Bethe, einer der Protagonisten dieses Forschungsgebiets, wunderte sich nicht wenig »über die totale Ahnungslosigkeit, die auf der Tagung herrschte«, und warf den Astronomen vor, auf ihren »Sachen zu sitzen« und von Kernphysik nichts zu verstehen [8]. Bethe selbst gehörte übrigens damals nach eigenem Eingeständnis zu der umgekehrten Gruppe von jungen Kernphysikern, die von Astrophysik noch wenig gehört hatten.

Dennoch war der Austausch der Erkenntnisse der beiden Gruppen von Wissenschaftlern wichtig und motivierend. Zumindest Bethe kam hochangeregt von der Konferenz zurück und arbeitete wie ein Besessener Tag und Nacht an der Lösung des Problems. Bereits sechs Monate später war er am Ziel und schrieb seine heute klassische Arbeit *Energy Production of Stars*.

Kernverschmelzung in Sternen

Die Theorie der Vorgänge im Inneren von Sternen ist bedeutend komplizierter, als man zunächst annehmen könnte. Damit ein Proton in ein anderes eindringen kann, muss es diesem bis auf 10^{-13} Zentimeter nahekommen. Dazu müssen aber die Abstoßungskräfte überwunden werden, was wiederum voraussetzt, dass ein Proton mindestens eine kinetische Energie von tausend Kiloelektronenvolt besitzen muss (s. Exkurs S. 86).

Die Rechnungen zeigten nun aber, dass die Protonen im Sonneninneren nur einen Bruchteil des erforderlichen Energiewerts aufweisen und somit Verschmelzungen eigentlich ausgeschlossen sind. Die »mysteriösen« Gesetze der Quantenphysik machen es dennoch

Exkurs

Die Energieeinheit Elektronenvolt

Die Energie eines Teilchens wird in der Atomphysik meist in »Elektronenvolt« (eV) angegeben. Ein Teilchen mit der Elementarladung (wie der eines Elektrons oder Protons) nimmt die kinetische Energie von einem Elektronenvolt auf, wenn es in einem elektrischen Feld die Spannungsdifferenz von einem Volt durchläuft. Diese Energie kann man problemlos in die üblichen Einheiten des SI-Systems umrechnen, aber gemäß der Einstein'schen Äquivalenzbeziehung zwischen Masse und Energie $E = mc^2$ ebenso auch in Masse.

So entspricht ein Elektronenvolt zum Beispiel 1,602-mal 10^{-19} Joule und ein Elektronenvolt geteilt durch das Quadrat der Lichtgeschwindigkeit etwa 1,8-mal 10^{-36} Kilogramm. Die Ruhemasse eines Elektrons entspricht demnach etwa 0,51 Megaelektronenvolt (Millionen Elektronenvolt) und die eines Protons rund 0,94 Gigaelektronenvolt (Milliarden Elektronenvolt), jeweils geteilt durch das Quadrat der Lichtgeschwindigkeit – ein Zusatz, den man der Einfachheit halber manchmal weglässt.

möglich, dass auch niederenergetischere Protonen mit einer berechenbaren Wahrscheinlichkeit in andere eindringen.

Gerade, wenn die Protonen über eine Energie von zwanzig Kiloelektronenvolt verfügen, gleicht sich die bei dieser Energie geringe Eindringwahrscheinlichkeit mit der gewaltigen Anzahl solcher Protonen aus – obwohl insgesamt gesehen nur ein winziger Bruchteil der Protonen über diese Energie verfügt. Die Vorgänge verlaufen dann genau mit jener Geschwindigkeit, die erforderlich ist, um die von außen beobachtete Leuchtkraft der Sterne zu erklären. Das ist eine sehr wichtige Feststellung. Würde im Inneren des Sterns nämlich mehr Energie »erzeugt« (freigesetzt), als nach außen abgestrahlt wird, müsste der Stern explodieren. Wäre es deutlich weniger, würde er unter der Last seiner Masse zusammenbrechen.

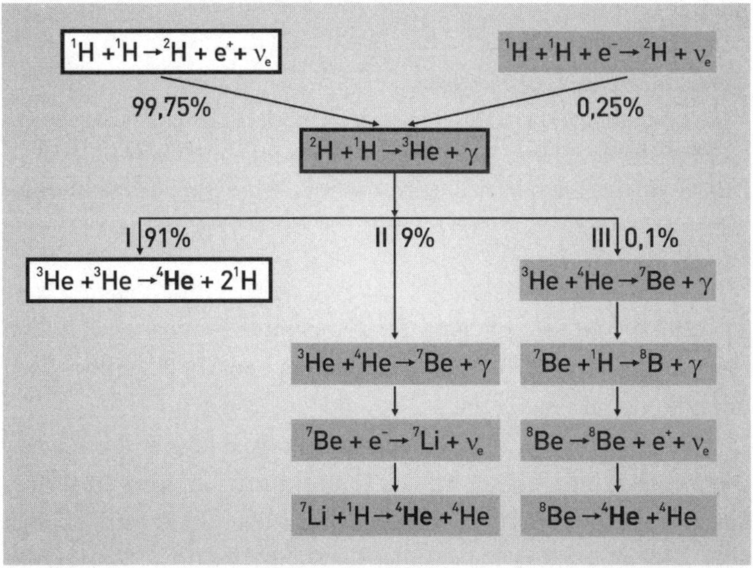

Beim Proton-Proton-Prozess fusionieren jeweils vier Wasserstoffatomkerne zu einem Heliumatomkern. Der Prozess liefert den Hauptanteil der Energie im Inneren von sonnenähnlichen Sternen. Überwiegend läuft er so ab, wie in den fett umrandeten Kästen dargestellt. Die selteneren Vorgänge verlaufen über eine ganze Reihe von Zwischenstufen, ein schon fertiger Helium-4-Kern dient dabei als Katalysator, das heißt, er wird am Schluss der Reaktionskette wiederhergestellt. Die Masse des entstehenden Heliumkerns ist jeweils etwas geringer als die Summe der Massen der Ausgangskerne des Wasserstoffs, wobei die Massendifferenz entsprechend der Einstein'schen Äquivalenzbeziehung ($E = mc^2$) in Energie umgewandelt wird. Es bedeuten: e^+ – Positron (das »Antiteilchen« des Elektrons, vgl. S. 184), e^- – Elektron, γ – Photon, ν_e – Elektronneutrino (das dem Elektron zugehörige Neutrino, vgl. S. 62), H – Wasserstoff, He – Helium, Be – Beryllium, B – Bor, Li – Lithium.

Zunächst konnte Bethe aber nur für Sterne mit etwa der Masse unserer Sonne zeigen, dass die Energie durch die Verschmelzung von Kernen des Wasserstoffs zu Kernen des Heliums über mehrere Zwischenstufen erfolgt (s. Abb. oben). Diesen Vorgang nennt man heute den »Proton-Proton-Prozess« (pp-Prozess). Die Energieproduktion

Exkurs

Die Leuchtkraft eines Sterns
Die Leuchtkraft ist ein Maß für die tatsächliche (sogenannte absolute) Helligkeit eines Sterns. Sie entspricht der pro Zeiteinheit über alle Spektralbereiche abgestrahlten Energie, das heißt, seiner Strahlungsleistung.

ist dabei der sechsten Potenz der Temperatur proportional. Schon eine fünfprozentige Temperaturerhöhung bewirkt ein Anwachsen der Energiefreisetzung um 35 Prozent!

Doch welche Vorgänge laufen in den massereicheren Sternen ab? Dazu musste man wissen, welche Temperaturen im Inneren solcher leuchtkräftiger Sterne herrschen und ob die Rate der Kernreaktionen auch auf das »richtige Lebensalter« der Objekte führte. Man vermutete bereits, dass die massereichen sehr hellen Sterne eine deutlich kürzere Lebenserwartung haben als die Sonne. Bethe suchte nun nach Elementen, die unter den angenommenen Bedingungen das leisteten, was man aus Beobachtungen kannte.

Es war eine aufwendige Puzzle-Arbeit. Denn es genügte ja nicht, die verschiedenen möglichen Wechselwirkungen und die dabei entstehenden Zwischenprodukte abzuleiten, es war auch erforderlich, die Lebensdauer der verschiedenen Atomkerne in Rechnung zu stellen. Sonst war es unmöglich, die Wahrscheinlichkeiten für weitere Wechselwirkungen zu berechnen.

Schon bei der Proton-Proton-Reaktion hatte sich gezeigt, dass sich zwei Protonen im Sonneninneren nur etwa alle zehn Milliarden Jahre in einen Deuteriumkern umwandeln (s. Exkurs S. 89). Allein die große Zahl an Protonen sorgt dafür, dass dergleichen dennoch hinreichend häufig geschieht. Um solche und ähnliche Fragen sinnvoll zu beantworten, bedurfte es des gesamten Arsenals theoretischer und experimenteller Kernphysik. Kein Astrophysiker hätte diese Leistung

Exkurs

Das Wasserstoffisotop Deuterium

Deuterium ist eines der drei bekannten Wasserstoffisotope, es enthält wie gewöhnlicher Wasserstoff ein Proton im Kern, aber zusätzlich noch ein Neutron. Bei dem ebenfalls natürlich vorkommenden Isotop Tritium befinden sich neben dem Proton noch zwei Neutronen im Kern. Deuterium wird auch als »schwerer Wasserstoff« bezeichnet und ist am Gesamtvorkommen des Wasserstoffs im Universum nur mit 0,015 Prozent beteiligt.

Das heute im Kosmos vorhandene Deuterium dürfte unmittelbar nach dem Urknall entstanden sein. Im Inneren der bestehenden Sterne kennen wir keine Vorgänge, die zur dauerhaften Synthese von Deuterium führen – das dort gebildete Deuterium fusioniert nach kurzer Zeit weiter zu Helium. Insofern ist die Deuteriumhäufigkeit ein wichtiges Testkriterium für kosmologische Modelle.

damals vollbringen können. Doch Bethes Kompetenz, Begeisterung und Arbeitsintensität führte dazu, dass er auch dieses Problem löste.

Schließlich entdeckte Bethe eine zweite Reaktion, die man heute als den »Kohlenstoff-Stickstoff-Sauerstoff-Zyklus« (CNO-Zyklus) bezeichnet (s. Abb. S. 90). Auch dieser Prozess führt zum Aufbau von Helium aus Wasserstoff und spielt für Sterne mit wesentlich höheren Zentraltemperaturen eine Rolle, das heißt, für massereichere Sterne als unsere Sonne. Der Zyklus läuft erst bei Temperaturen über 14 Millionen Kelvin ab und herrscht bei Temperaturen von dreißig Millionen Kelvin gegenüber der pp-Reaktion sogar vor. Die Energiefreisetzungsrate ist hierbei der 15. Potenz der Temperatur proportional. Eine geringfügige Temperaturerhöhung von nur fünf Prozent bewirkt hier bereits eine Steigerung der Energiefreisetzung um 108 Prozent!

Große Sorgfalt verwendete Bethe deshalb darauf, seine Ergebnisse mit den Beobachtungsergebnissen der Astrophysiker zu vergleichen,

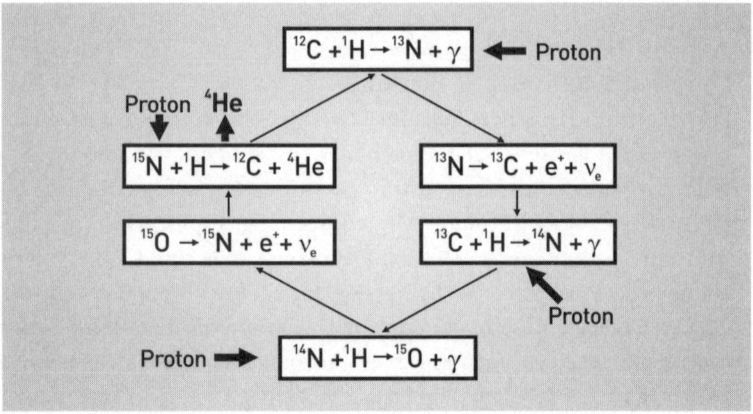

Der Kohlenstoff-Stickstoff-Sauerstoff-Zyklus (CNO-Zyklus) ist die vorherrschende Quelle der Energiefreisetzung im Inneren von massereichen Sternen. Auch hier wird Wasserstoff zu Helium »verbrannt«. Die Fusion vollzieht sich jedoch über mehrere Zwischenstufen mit Kohlenstoff- und Stickstoffkernen, wobei Kohlenstoff lediglich als Katalysator dient. An der Energiefreisetzung im Inneren unserer Sonne ist der CNO-Zyklus aufgrund ihrer vergleichsweise niedrigen Zentraltemperatur nur zu etwa 1,6 Prozent beteiligt.

weil er nur dadurch sicher sein konnte, dass er keinen Hirngespinsten nachjagte. Um dieselbe Zeit hatte sich auch der deutsche Physiker Carl Friedrich von Weizsäcker mit diesem Problem beschäftigt und war zum gleichen Ergebnis gelangt, weshalb der CNO-Zyklus heute auch als Bethe-Weizsäcker-Zyklus bezeichnet wird.

Diese neuen Erkenntnisse waren nun von weitreichender Bedeutung für die künftige Erforschung der Lebensgeschichte der Sterne. Bethe hatte seiner Arbeit von 1939 bereits ein Kapitel namens *Stellar Evolution (Sternentwicklung)* hinzugefügt, denn ihm war klar, dass der fortlaufende Prozess der Umwandlung von Wasserstoff zu Helium mit der Zeit zwangsläufig eine unablässige Veränderung der chemischen Zusammensetzung im Inneren eines Sterns nach sich ziehen müsste.

Gleichzeitig sah er aber auch bereits, dass sehr schwere Elemente im Inneren eines Sterns nicht synthetisiert werden konnten. Was würde mit einem Stern geschehen, der seinen Wasserstoffvorrat aufgebraucht hat? Diese und andere Fragen waren als Folge der bisherigen Erkenntnisse neu aufgetaucht und verlangten nach Antworten.

Simulation von Sternenleben

Historisch war die Erkenntnis von der Herkunft der Sternenergie ein entscheidender Schritt der »Eintagsfliege Mensch«, um die in viel größeren Zeiträumen ablaufenden Lebensgeschichten der Sterne verstehen zu lernen. Tatsächlich befindet sich der kurzlebige Mensch gegenüber den langlebigen Sternen in einer scheinbar aussichtslosen Situation. Er erblickt gleichsam nur Momentaufnahmen aus dem Leben der Sterne. Dabei begegnen ihm Sterne unterschiedlichster Massen, Oberflächentemperaturen und anderer Eigenschaften, ohne dass sich zunächst sagen ließe, ob es sich um verschiedene »Sorten« von Sternen oder um ein und dieselbe Art, jedoch unterschiedlichen Alters handelt.

Mit der Klärung der atomaren Vorgänge tief im Inneren der Sterne bestand jedoch nunmehr die Möglichkeit, die Veränderungen sukzessive zu berechnen und die Folgerungen für das äußere Erscheinungsbild des jeweiligen Objekts daraus abzuleiten. Der dazu erforderliche Rechenaufwand ist im Hinblick auf die unzähligen erforderlichen Rechenschritte derartig groß, dass erst die Entwicklung schneller elektronischer Rechner und geeigneter Methoden die Voraussetzungen schuf, solche Arbeiten in Angriff zu nehmen. Im Jahr 1961 entwickelte der Bethe-Schüler Louis Henyey in den USA ein neues numerisches Verfahren für solche Rechnungen.

Wenn man einem Computer alles sagt, was wir wissen, ist er auch in der Lage, Sternmodelle zu simulieren. Sie sind allerdings nicht besser als das Wissen, mit dem wir ihn gefüttert haben. Man teilt dem Computer also die Gesetze der Kernfusion, den Druck des Sterngases für alle Dichten und Temperaturen, die Wege der Energie durch den Stern (durch Konvektion oder Strahlung), die chemische Zusammensetzung und die Masse des Sterns mit und lässt den Computer berechnen, was dann passiert.

Nach beispielsweise einer Million Jahren haben wir einen geringfügig veränderten Stern mit einer geringfügig veränderten chemischen Zusammensetzung, einer geringfügig veränderten Zentraltemperatur und so fort vor uns, der dann den Ausgangspunkt für die nächste Rechenaktion darstellt. So reiht man ein Modell an das andere und erhält als Resultat die »Bewegung« des Sterns in einem zweidimensionalen Diagramm aus den beiden Zustandsgrößen Temperatur und absolute Helligkeit beziehungsweise Leuchtkraft. Man verfolgt auf diese Weise die Entwicklung des Sterns im sogenannten Hertzsprung-Russell-Diagramm (s. Exkurs S. 93 und Abb. S. 95).

Der deutsche Astronom Rudolf Kippenhahn, der in den Fünfzigerjahren des 20. Jahrhunderts selbst maßgeblich an solchen Modellrechnungen beteiligt war, hat diese Vorgehensweise anschaulich in seinem Buch *100 Millarden Sonnen* beschrieben. Natürlich müssen die Ergebnisse stets sorgfältig mit den Beobachtungsdaten verglichen werden, ehe man davon ausgehen kann, dass die Rechnungen die Realität beschreiben. In die Interpretation der Resultate fließen außerdem die Erkenntnisse der Theoretiker mit ein, besonders, was die Endstadien der Sternentwicklung als Funktionen der Sternmasse betrifft.

Heute verfügen wir über ein im Großen und Ganzen mit den Beobachtungsbefunden übereinstimmendes Bild von der Entwicklung der Sterne. Wir können ihren Lebensweg von der »Geburt« bis zum »Tod« hinreichend zuverlässig überblicken und wollen ihre Evolution hier kurz skizzieren, ohne zu verschweigen, dass es auch auf diesem Gebiet noch offene Fragen gibt.

Exkurs

Das Hertzsprung-Russell-Diagramm (HRD)

Das HRD ist ein zweidimensionales Zustandsdiagramm der Astrophysik, das zu Beginn des 20. Jahrhunderts unabhängig voneinander von Ejnar Hertzsprung und Henry Norris Russell entwickelt wurde. In dem Diagramm werden die Leuchtkräfte (absoluten Helligkeiten) der Sterne gegen ihre Temperaturen aufgetragen. Dabei zeigt sich, dass keine beliebigen Kombinationen dieser beiden Zustandsgrößen vorkommen. Das HRD ist von grundlegender Bedeutung für die Beschreibung und das Verständnis der Entwicklung von Sternen.

Die Bildpunkte der meisten Sterne befinden sich auf der Hauptreihe (s. Abb. S. 95). Während ihres Aufenthalts dort schöpfen die Sterne ihre Energie aus der Fusion von Wasserstoff zu Helium in ihrem Kern und befinden sich in einem (je nach Masse) mehr oder weniger lang andauernden Gleichgewichtszustand aus Strahlungsgleichgewicht und mechanischem Gleichgewicht.

Die Entwicklung von Sternen

Am Anfang stehen interstellare Wolken aus Gas und Staub mit der sehr geringen Dichte von nur etwa zehn Wasserstoffatomen pro Kubikzentimeter.[1] Von einem künftigen Stern sind solche Wolken auch hinsichtlich ihrer Dimensionen noch sehr weit entfernt – sie weisen den mehrmillionenfachen Durchmesser unserer Sonne auf. Doch das bleibt nicht so. Geringfügige zufällige Dichteschwankungen führen dazu, dass sich ein Dichtezentrum ausbildet, das immer mehr Atome auf sich zieht. Dies setzt sich fort, bis die anfangs für

1 – Die erste Generation von Sternen bildete sich lediglich aus Gas. Der Staubanteil, einer der wichtigsten »Baustoffe« für die Entstehung von Planeten, kam erst als Folge von Kernreaktionen im Inneren von Sternen zustande.

Strahlung völlig durchsichtige Wolke infolge ihrer größeren Dichte strahlungsundurchlässig wird.

Die beim Kollabieren der Wolke frei werdende Energie kann nun nicht mehr vollständig abgestrahlt werden und es kommt zu einer Erwärmung in ihrem Inneren, wobei gleichzeitig der Druck ansteigt. Im Zentrum des Geschehens bildet sich ein kleiner Kern. Die aus der Wolke nachfallenden Gasmassen werden nun stark abgebremst, aus ihrer Bewegungsenergie wird weitere Wärme. Es bilden sich Staubkörner heraus, die eine optische Durchsicht auf den Kern verhindern. Da die Staubpartikel selbst aufgeheizt sind, »leuchtet« die Hülle im Infraroten, während der Kern im Bereich der Radiostrahlung »sichtbar« wird. Wenn das Zentralgebiet eine Temperatur von etwa zehn Millionen Grad erreicht hat, sind die Bedingungen für den Beginn der Kernverschmelzung von Wasserstoffatomkernen gegeben. Damit ist gleichsam ein neuer Stern geboren, das Gebilde erwacht zum »Leben« und beginnt seine Entwicklung!

Der tatsächliche Vorgang verläuft jedoch komplizierter. Einerseits befindet sich die ursprüngliche Wolke in Rotation. Da der Drehimpulserhaltungssatz der klassischen Physik gilt, bleibt diese Rotation erhalten. In der äußeren Wolke beginnen sich Planeten zu formieren, die schließlich den größten Teil des ursprünglichen Drehimpulses der Wolke auf sich vereinen.

Ein anderer Umstand bewirkt das Zerbrechen großer kollabierender Wolken in zahlreiche einzelne Zentren, so dass bei einem solchen Prozess niemals nur ein einziger Stern, sondern immer ein ganzes Rudel entsteht, dessen Mitglieder sehr unterschiedliche Massen haben. Im Weltall finden wir solche »Schulklassen« von Sternen in Gestalt der Offenen Sternhaufen wie beispielsweise die Plejaden im Sternbild Stier. Die Metapher der Schulklassen von Sternen hat ihren wohlbegründeten Sinn: Wie bei einer Schulklasse haben wir es bei den Sternrudeln mit »Objekten« unterschiedlicher individueller Eigenschaften, jedoch gleichen Alters zu tun.

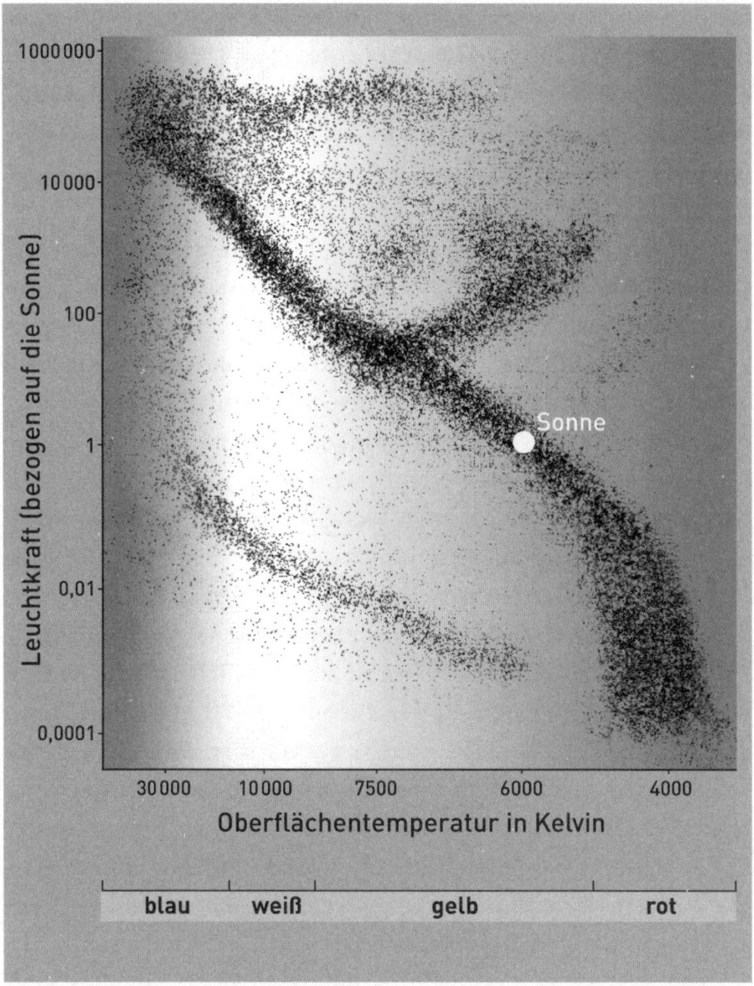

Im Hertzsprung-Russell-Diagramm (HRD) sind die Leuchtkräfte der Sterne über ihren Temperaturen aufgetragen. Jedem Stern entspricht ein Bildpunkt im Diagramm. Die Lage dieses Bildpunkts hängt mit dem Entwicklungsstadium des jeweiligen Sterns zusammen. So befinden sich die Sterne während der längsten Phase ihrer Existenz auf dem von links oben nach rechts unten verlaufenden diagonalen Balken, der sogenannten Hauptreihe des Diagramms. Das hier wiedergegebene HRD beruht auf den bisher genauesten Messdaten, die mit dem astrometrischen Satelliten Hipparcos gewonnen wurden.

Solange ein Stern nun im Kern Wasserstoff zu Helium verbrennt, befindet er sich auf der Hauptreihe des Hertzsprung-Russell-Diagramms (s. Abb. rechts). Mehr noch: Der Stern behält die einmal erreichte Position auf der Hauptreihe dieses Diagramms sogar bei, das heißt, für lange Zeit charakterisieren seine gleichbleibende Temperatur und seine ebenfalls konstante absolute Helligkeit den von außen wahrnehmbaren Gesamtzustand. Dennoch verändert sich tief im Inneren unablässig seine chemische Zusammensetzung: Der Wasserstoffgehalt wird geringer, während der Heliumanteil zunimmt.

Wenn schließlich im zentralen Gebiet der gesamte Wasserstoff verbraucht ist, findet die Wasserstoffverschmelzung nur noch an der Grenzfläche zwischen dem Heliumkern und der Hülle des Sterns statt, die noch immer im Wesentlichen aus Wasserstoff besteht. Man spricht dann vom sogenannten Wasserstoffschalenbrennen, wobei sich die »Schale« allmählich immer weiter nach außen vorarbeitet. Das Schalenbrennen treibt die Sternhülle nach außen und so beginnt der Stern – den Modellrechnungen entsprechend –, seinen Durchmesser zu vergrößern. Dabei kühlt sich seine Oberfläche ab und der Stern wird zu einem Roten Riesen. Sein Bildpunkt im Hertzsprung-Russell-Diagramm wandert nun von der Hauptreihe in das Gebiet rechts darüber. Führt man solche Rechnungen für Sterne unterschiedlicher Massen durch, so zeigt sich, dass der Übergang zum Roten Riesen umso eher stattfindet, je größer die Masse des Sterns ist. Die riesigen Wasserstoffvorräte massereicher Sterne werden gleichsam besonders großzügig »verpulvert«.

Kommen wir nun noch einmal auf die zuvor erwähnten »Schulklassen« von Sternen zurück, die Offenen Sternhaufen. Da sie Sterne sehr unterschiedlicher Massen enthalten, sollte man erwarten, dass – ein bestimmtes Mindestalter der Haufen vorausgesetzt – die massereichsten Sterne, die anfangs links oben auf der Hauptreihe standen, bereits »abgewandert« sind, während masseärmere Sterne sich noch auf der Hauptreihe befinden. Je älter ein Sternhaufen ist, umso wei-

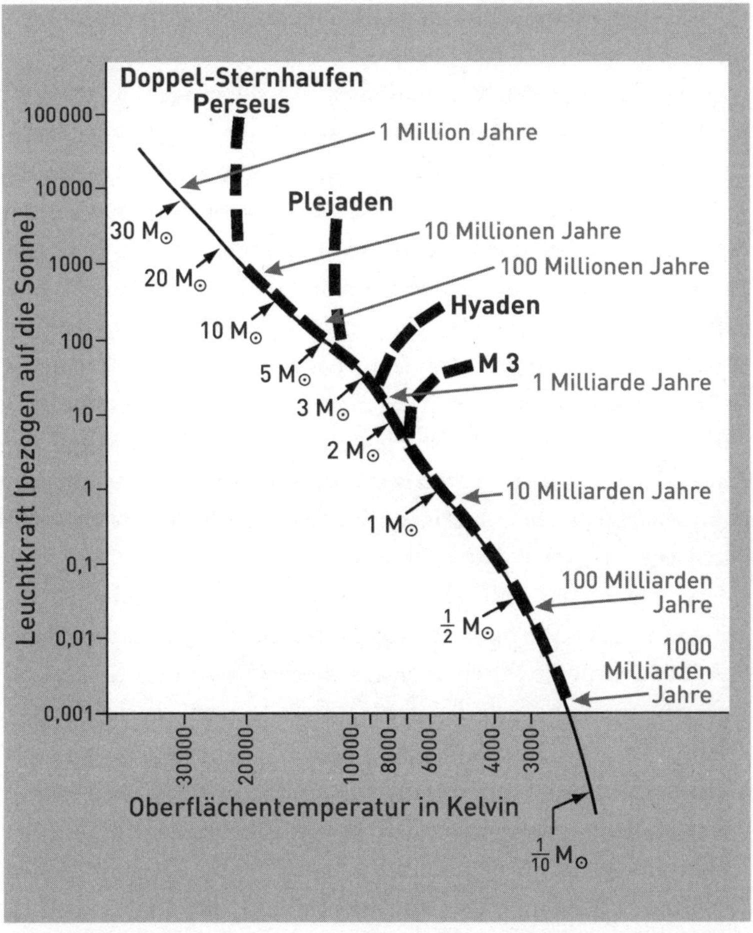

Schematische Darstellung des Hertzsprung-Russell-Diagramms basierend auf Daten dreier Offener Sternhaufen (Hyaden, Plejaden, Doppel-Sternhaufen im Perseus) und des Kugelsternhaufens M 3 mit Angaben zu Massen und Aufenthaltsdauern auf der Hauptreihe. Dort finden wir oben links die massereichsten Objekte, unten rechts hingegen die masseärmsten. Die Masse ist jeweils in Einheiten der Sonnenmasse angegeben. Die massereichsten Sterne verlassen die Hauptreihe bereits nach rund einer Million Jahren, die masseärmsten erst nach etlichen Milliarden Jahren. Aus dem Abknickpunkt der Hauptreihe eines Sternhaufens im HRD lässt sich daher das Alter des jeweiligen Haufens ablesen.

ter sollte der »Abknickpunkt« seiner Hauptreihe nach rechts unten verschoben sein (vgl. Abb. S. 97).

Genau dies beobachtet man auch. Aus der Lage der Abknickpunkte können wir nun ohne Weiteres das Alter der jeweiligen Sternansammlung ablesen. So wissen wir, dass die Plejaden beispielsweise vor etwa achtzig Millionen Jahren entstanden sind, während der Doppel-Sternhaufen im Sternbild Perseus erst wenige Millionen Jahre alt ist. Meist verwendet man dazu aber – anders als hier dargestellt – ein sogenanntes »Farben-Helligkeitsdiagramm« (FHD): Anstelle der Temperaturen trägt man dann der Einfachheit halber die Farben (genauer gesagt: einen sogenannten Farbindex) auf und statt der absoluten die scheinbaren Helligkeiten. Da sich alle Mitglieder eines solchen Haufens in annähernd derselben Entfernung von uns befinden, entsprechen die Unterschiede der absoluten Helligkeiten auch denen der scheinbaren Helligkeiten.

Auch auf diesem Gebiet haben Rudolf Kippenhahn und seine Mitarbeiter Pionierarbeit geleistet. So gingen sie von einem gedachten Sternhaufen mit 190 Mitgliedern aus, deren Massen zwischen 23 und 0,5 Sonnenmassen lagen. Bei der Häufigkeitsverteilung der Massen orientierten sie sich an realen Sternhaufen und begannen dann mit Modellrechnungen für jeden einzelnen Stern. Auf diese Weise wurde die Entwicklung des gesamten Sternhaufens über einen Zeitraum von 4,24 Milliarden Jahren simuliert. Die Verteilung der Zustandsgrößen der Sterne stimmte bestens mit Beobachtungsdaten offensichtlich sehr alter Sternhaufen überein.

Doch wie verläuft die Entwicklung eines Sterns nun weiter, wenn sich im Zentrum eine größere Menge an Helium angesammelt hat? Die immer schwerer werdende »Asche« im Zentralgebiet eines nicht mehr jungen Sterns führt zu ständig wachsenden Temperaturen. Hat diese etwa hundert Millionen Grad erreicht, setzt ein neuer Fusionsprozess ein, bei dem aus Helium Kohlenstoff (und in der Folge auch Sauerstoff) entsteht. Die Sternenergie stammt jetzt aus verschiedenen

Prozessen: der Wasserstofffusion in den äußeren Regionen und der Heliumfusion in den Kerngebieten. Extrapolieren wir diesen Vorgang weiter in die Zukunft, haben wir es schließlich mit einem Stern zu tun, der in seiner Zentralregion nur noch aus Kohlenstoff und Sauerstoff besteht. Die Dichte des Kerns nimmt dabei immer weiter zu. Allerdings sind dem Aufbau schwerer Elemente in einem Stern Grenzen gesetzt: Wenn sich nämlich Eisenatome gebildet haben, kann durch weitere Fusion keine Energie mehr freigesetzt werden. Deshalb endet die Kernsynthese im Inneren von Sternen mit diesem Element. Die im Weltall vorhandenen noch schwereren Elemente entstehen auf andere Weise – sie bilden sich in sogenannten Supernovaexplosionen, gigantischen »Feuerwerken«, am Ende des Lebenswegs massereicher oder exotischer Sterne.

Endstadien der Sternentwicklung

Wir wissen heute, dass Sterne ihr Leben als extrem verdichtete Gebilde beenden, die Prozesse sind jedoch sehr unterschiedlich, je nach ihrer Ausgangsmasse. Am »harmlosesten« verlaufen dabei noch die späten Jahre von Sternen wie unserer Sonne. Sie wird – nach den Berechnungen – in gut fünf Milliarden Jahren als ein weißer Zwergstern enden. Ein großer Teil ihrer Hülle wird in den Raum abgestoßen und einem fernen Beobachter als ein sogenannter Planetarischer Nebel erscheinen. Im Vergleich zu den ursprünglichen Sternen sind Weiße Zwerge winzig: Ihre typischen Durchmesser liegen im Bereich einiger zigtausend Kilometer.

Ein Weißer Zwerg weist einen sehr kompakten Kern aus Kohlenstoff und Sauerstoff auf, dessen Dichte bei einigen tausend Kilogramm pro Kubikzentimeter liegt. Die Materie befindet sich unter diesen extremen Umständen in einem Zustand, den man als »entartet« bezeichnet. Der Durchmesser des Zwergsterns ergibt sich aus einem Gleichgewichtszustand zwischen dem ungeheuren Schweredruck und dem Gegendruck des entarteten Gases.

Damit sich ein solches Gleichgewicht einstellen kann, darf der Stern eine bestimmte Obergrenze an Masse, die sogenannte Chandrasekhar-Grenze, nicht überschreiten. Nur solche Sterne können als Weiße Zwerge enden, deren Masse am Ende ihres Lebensweges höchstens 1,44 Sonnenmassen beträgt. Die Berechnungen von Subrahmanyan Chandrasekhar auf der Grundlage der statistischen Quantenmechanik zeigen einen interessanten Zusammenhang: Der Durchmesser eines Weißen Zwergs wird unmittelbar durch die Ruhemasse des Elektrons bestimmt. Das bedeutet, ein kosmisch exotisches Makroobjekt unterliegt direkt dem Einfluss einer Naturkonstanten aus der Mikrowelt!

Bei massereicheren Objekten schreiten die Fusionsprozesse bis zur Synthese von Eisen- und Nickelatomen fort. Dann brechen sie ab und die mechanische Stabilität des Gebildes ist nicht mehr gegeben. Wegen der großen Masse des Sternkerns (bis zu drei Sonnenmassen) reicht der Druck eines entarteten Elektronengases aber nicht mehr aus, um den Kollaps zu stoppen. Solche Objekte enden deshalb als Neutronensterne.

Der »ausgebrannte« Kern bricht dabei bis auf ein winziges Objekt von etwa zwanzig Kilometer Durchmesser zusammen. Die Dichte nimmt Werte an, die sonst nur in Atomkernen selbst vorkommen. Ein Kubikzentimeter Materie hat die unvorstellbare Masse von bis zu 2,5-mal 10^{12} Kilogramm! Der enorme Schweredruck nach dem Ende der Fusionsprozesse bewirkt, dass Elektronen in das Innere von Atomkernen hineingepresst werden und sich dort mit Protonen in Neutronen verwandeln. Der Sternkern kollabiert aber noch weiter. Dieser Prozess wird schließlich gestoppt, wenn die Neutronen (ähnlich wie bei den Weißen Zwergen die Elektronen) einen Entartungsdruck aufbauen, der das Objekt dann schlagartig wieder mechanisch stabilisiert. Solche Objekte nehmen wir als rasch rotierende »Pulsare«

Die Supernova 1987A (das helle Objekt nahe der Bildmitte) in der Großen Magellanschen Wolke, einer kleinen Nachbargalaxie der Milchstraße. Dieser am 24. Februar 1987 entdeckte Supernovaausbruch war der nächste seit dem Jahr 1604 und zugleich der erste, bei dem auch der Vorläuferstern identifiziert werden konnte. Das führte dazu, dass unter Anwendung modernster astrophysikalischer Hilfsmittel eine Fülle neuer Erkenntnisse über die Entwicklung massereicher Sterne gewonnen werden konnte. Ein Pulsar konnte am Ort des explodierten Sterns bisher aber noch nicht nachgewiesen werden.

wahr, Sterne, die regelmäßig wie Leuchttürme Strahlungspulse in verschiedenen Wellenlängen aussenden.

Der gesamte Vorgang der Entstehung eines solchen Pulsars ist mit einem spektakulären Ereignis verbunden, das selbst aus gewaltigen kosmischen Distanzen noch beobachtet werden kann: einem sogenannten Supernovaausbruch. Für einen fernen Beobachter ohne Fernrohr entsteht der Eindruck, dass vor seinen Augen buchstäblich ein neuer Stern entsteht. Befindet sich der Stern in dieser Phase seines Lebens sehr weit von der Erde entfernt, ist er natürlich äußerst lichtschwach. Doch der Supernovaausbruch lässt seine Helligkeit binnen kurzer Zeit auf das Mehrmillionenfache des früheren Werts ansteigen, so dass der Stern nun plötzlich auch auf große Distanz sichtbar wird (vgl. Abb. S. 101).

Deshalb haben unsere astronomischen Ahnen wie etwa Tycho Brahe oder Johannes Kepler, die ähnliche Ereignisse 1572 beziehungsweise 1604 beobachten konnten, auch mit gutem Recht angenommen, Zeuge der Geburt eines Sterns geworden zu sein. *De stella nova (Über den neuen Stern)* überschrieb Kepler seine Abhandlung über das hellstrahlende Objekt, das er anno 1604 im Sternbild Schlangenträger aufleuchten sah. In Wirklichkeit war der »neue Stern« eigentlich uralt, aber so weit entfernt, dass man ihn vor seinem gewaltigen Helligkeitsausbruch mit dem bloßen Auge überhaupt nicht hatte wahrnehmen können.

Was geschieht nun aber, wenn der Stern am Ende der in seinem Inneren ablaufenden Fusionsprozesse noch mehr als drei Sonnenmassen in sich vereinigt? Dann kommt es zur Entstehung eines der geheimnisvollsten Objekte, die wir überhaupt kennen: Es bildet sich ein »Schwarzes Loch«. Das Objekt bricht zusammen und keine Kraft kann diesen Zusammenbruch mehr aufhalten. Dabei erreicht es eine so große Dichte, dass keinerlei Materie dem gewaltigen Kraftfeld des kompakten Objekts mehr entkommen kann. Ein Lichtstrahl fällt sofort wieder auf seinen Herkunftsort zurück. Die Dichte eines Schwarzen Lochs nimmt den Wert »unendlich« an.

Doch bereits bevor das zusammenbrechende Objekt zu einem ausdehnungslosen Punkt unendlicher Dichte geworden ist, einer sogenannten Singularität, können wir es von außen nicht mehr wahrnehmen. Schon beim Erreichen des nach dem deutschen Astrophysiker Karl Schwarzschild benannten »Schwarzschild-Radius« ist es für elektromagnetische Wellen nicht mehr möglich, dem Schwerefeld des Objekts zu entkommen. Unsere Sonne mit ihrem Durchmesser von rund 1,5 Millionen Kilometern müsste bis auf sechs Kilometer zusammenschrumpfen, um ihren Schwarzschild-Radius zu erreichen. Die viel masseärmere Erde hingegen würde erst zu einem Schwarzen Loch, wenn sich ihr Durchmesser auf 18 Millimeter verkleinerte.

Schwarze Löcher haben viele absonderliche Eigenschaften und verformen die sogenannte »Raumzeitstruktur« in ihrer unmittelbaren Umgebung extrem. Neben jenen Schwarzen Löchern, die als Endstadien der Entwicklung massereicher Sterne entstehen, gibt es auch noch andere Arten solcher Gebilde. Darunter befinden sich die supermassiven Schwarzen Löcher in den Kernen von Galaxien und darüber hinaus aus der Frühphase des Universums vielleicht auch sehr massearme sogenannte »primordiale« Schwarze Löcher.

Sonnenfeuer als Energiequelle?

Da wir uns in diesem Buch mit Problemen im Verständnis kosmischer Prozesse und ihrer Nachahmung unter definierten Bedingungen im Labor befassen, wollen wir auch kurz auf eines der großen Vorhaben der physikalischen und technischen Forschung eingehen, das für die künftige Versorgung der Menschheit mit Energie von außerordentlicher Bedeutung werden könnte. Es geht um die »Imitation« jener gerade geschilderten Vorgänge, die im Inneren von Sternen unvergleichlich gewaltige Energiemengen freisetzen.

Schon bald nachdem die Kernfusion als Quelle der Sonnen- und Sternenergie erkannt worden war, kamen auch die ersten Ideen auf, diese Prozesse zur Energiegewinnung in technischen Systemen zu nutzen. An erster Stelle standen – wie schon bei der Nutzung der Kernenergie durch Spaltung – militärische Anwendungen. Das führte in den USA zur Entwicklung der Wasserstoffbombe durch Edward Teller und Stanislaw Ulam. Sie wurde erstmals im November 1952 gezündet. Die Sowjetunion folgte 1953, später entwickelten auch

Großbritannien, die Volksrepublik China und Frankreich eigene Wasserstoffbomben.

Diesen Waffen liegt eine ungesteuerte Kernfusion zugrunde, bei der die gesamte Energie explosionsartig freigesetzt wird. Für die zivile Nutzung kommt es jedoch darauf an, den Prozess gesteuert ablaufen zu lassen. Zwei entscheidende Vorteile der Kernfusion haben dazu geführt, dass dieses Ziel auch heute noch hartnäckig verfolgt wird: Zum einen wären die erforderlichen »Brennstoffe« – Deuterium und Tritium – in unerschöpflichem Ausmaß vorhanden oder produzierbar – anders als bei Kohle, Erdöl oder Erdgas. Die gegenwärtig viel diskutierten Alternativenergien von der Solarenergie bis zu Windkraftanlagen, Gezeitenkraftwerken und biologischen Reaktoren sind nach Meinung von Experten bei Weitem nicht in der Lage, den wachsenden Gesamtbedarf an Energie in der Welt auch künftig zu decken.

Zum anderen könnte man durch Fusionskraftwerke große Mengen an Energie gewinnen, ohne die Umwelt nennenswert zu belasten, weil kaum radioaktive Abfälle entstehen und auch keinerlei Treibhausgase ausgestoßen werden. Die Effizienz ist optimal: Während ein Kilogramm Rohöl nur 1,4 sogenannte Steinkohleeinheiten (SKE) an Energie liefert, sind es beim Kernspaltungskraftwerk unter Verwendung eines Kilogramms Uran-235 schon gewaltige 2,7 Millionen SKE. Doch ein Fusionskraftwerk könnte je Kilogramm Tritium und Deuterium mit 14 Millionen SKE gut das Fünffache produzieren.

Die technische Beherrschung der Kernfusion hat sich jedoch leider allen bisherigen Bemühungen recht nachhaltig widersetzt. Zu Beginn der Arbeiten in den Sechzigerjahren des 20. Jahrhunderts schätzten Experten den Zeitrahmen bis zur Verwirklichung von Fusionskraftwerken auf dreißig Jahre. Heute – ein halbes Jahrhundert später – sind die Prognosen immer noch dieselben. Manche Experten sprechen daher mit ironischem Unterton von der »Fusionskonstanten«. Gegenwärtig erwartet man um die Mitte des 21. Jahrhunderts erste praktische Ergebnisse.

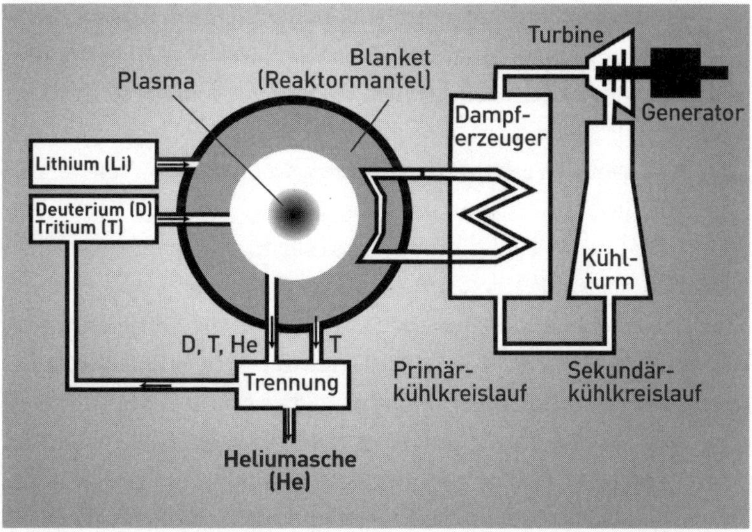

Prinzip der Arbeitsweise eines Fusionskraftwerks. Aus einem Deuterium-Tritium-Plasma wird Helium fusioniert (vgl. auch Abb. S. 107). Die dabei entstehenden schnellen Neutronen geben ihre Energie durch Stöße im Reaktormantel ab, dem sogenannten Blanket. Dort wird aus Lithium auch das für die Fusionsreaktion notwendige Tritium »erbrütet«, das in der Natur nicht in genügenden Mengen zur Verfügung steht. Die bei der Kernverschmelzung im Plasma freigesetzte Energie wird einem Dampferzeuger zugeführt, der seinerseits eine Turbine betreibt. Diese ist an einen Generator angeschlossen, der aus mechanischer Energie Strom erzeugt.

Um eine Kernfusion herbeizuführen, müssen die beteiligten Teilchen mit derart großer Energie aufeinandertreffen, dass die atomaren Abstoßungskräfte überwunden werden. Die Voraussetzung dafür ist eine entsprechend hohe Bewegungsenergie (Temperatur) der Partikel. Unter diesen extremen Bedingungen gibt es keine elektrisch neutralen Atome mehr, wie wir sie aus unserer Alltagswelt gewohnt sind. Die Atome sind vielmehr sämtlich ionisiert, das heißt, die Elektronen eines Atoms sind von den Kernbausteinen getrennt. Dieses Gemisch aus Atomkernen und Elektronen nennt man »Plasma«, ein elektrisch leitendes Gas mit besonderen Eigenschaften. Da ein Plasma durch elektrische und magnetische Felder beeinflusst werden kann, lässt es sich grundsätzlich auch in einen »Magnetfeldkäfig« einschließen. Dadurch wird verhindert, dass die Bestandteile des Plasmas mit den Gefäßwänden in Verbindung kommen, wodurch ihre Temperatur (und Energie) sich verringern würde.

Um die Energie der Kernbindungskräfte zu gewinnen, suchte man natürlich nach solchen Reaktionen, bei denen das Verhältnis von Energieausbeute und Plasmatemperatur optimale Werte annimmt, das heißt, bei denen bei möglichst geringer Temperatur möglichst große Energien frei werden. Dafür eignet sich die Reaktion zwischen den beiden schweren Isotopen des Wasserstoffs, Deuterium und Tritium (vgl. Abb. rechts). Der Kern des »schweren Wasserstoffs« Deuterium besteht aus einem Proton und einem Neutron, jener des »überschweren Wasserstoffs« Tritium aus einem Proton und zwei Neutronen. Bei der Verschmelzung dieser beiden Kerne zu einem Heliumkern entsteht ein Neutron, das den weitaus größten Teil der freiwerdenden Energie auf sich vereinigt.

Da Deuterium praktisch in unbegrenzter Menge in den Weltmeeren zur Verfügung steht (ein Kubikmeter Meerwasser enthält rund 18 Gramm Deuterium) und Tritium leicht erzeugt werden kann, sieht man darin die ideale Reaktion, obwohl Tritium radioaktiv ist. Seine Halbwertszeit beträgt aber nur 12,3 Jahre und die radioaktive Strahlung von Tritium ist sehr weich, so dass sie schnell absorbiert wird und sich gut abschirmen lässt.

Eines der Probleme bei der Verwirklichung des »irdischen Sonnenfeuers« ist der Einschluss des heißen Plasmas in einem Magnetfeld. Die dazu verwendeten Magnetfelder sind ringförmig (toroidal) geschlossen. Dennoch kommt es durch Feldstärkeveränderungen zu Verwirbelungen, die zu einem Abdriften der Teilchen nach außen führen. Um das zu vermeiden, werden die Feldlinien schraubenförmig um die toroidale Achse geführt. In den vergangenen Jahrzehnten

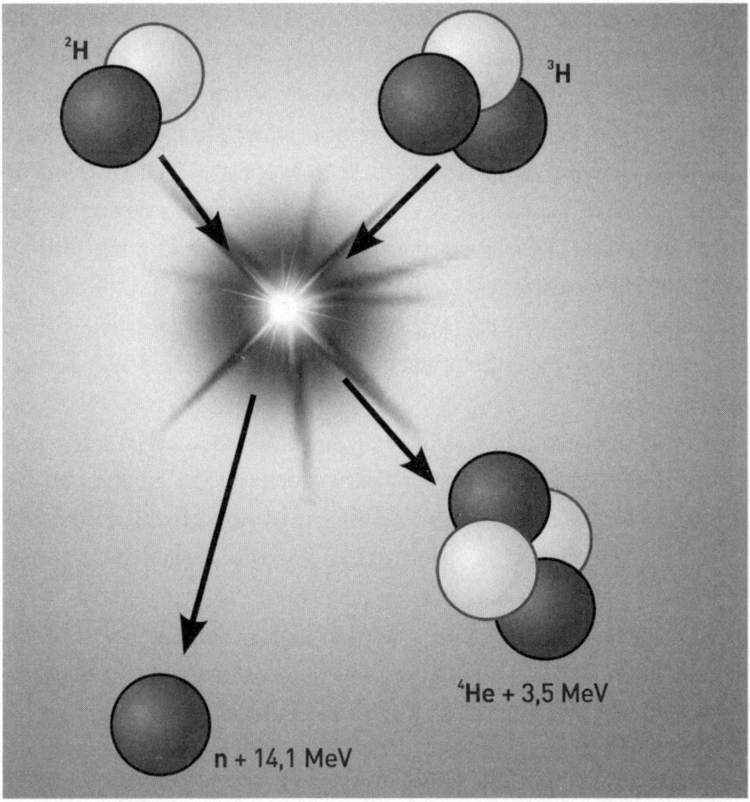

Durch die Fusion von Deuterium (^2H) und Tritium (^3H) zu Helium (^4He) könnte zukünftig in irdischen Fusionsreaktoren Energie erzeugt werden. Bei der Reaktion kommt es zur Freisetzung eines schnellen Neutrons (n). Die Energieangabe in Megaelektronenvolt (MeV) gibt jeweils die resultierende Bewegungsenergie des entstehenden Heliumkerns und Neutrons an.

wurden von internationalen Forschergruppen verschiedene Konzepte für den Einschluss des Plasmas entwickelt und verfolgt. Die beiden wichtigsten sind das Tokamak-Prinzip und das Stellarator-Prinzip.

Die Idee zum Tokamak stammt bereits aus dem Jahr 1952 und wurde von den Physikern Andrej Sacharow und Igor J. Tamm vom

Moskauer Kurtschatow-Institut vorgeschlagen, worauf bald die ersten Experimente folgten. Das Plasma wird dort in einem Torus von Magnetfeldspulen eingeschlossen. Um die Verdrillung der Magnetfeldlinien zu erreichen, wird im Plasma selbst ein Strom induziert. Das Plasma wirkt dann wie die Sekundärwicklung eines Transformators, dessen Primärspule eine zentrale Spule im Zentrum des Torus ist. Weitere ringförmig angeordnete Spulen kommen hinzu, und dies alles zusammen verhindert das Abdriften des Plasmas in Richtung auf die Gefäßwände. Beim Stellarator wird das verdrillte Magnetfeld ausschließlich durch kompliziert geformte Magnetfeldspulen erzeugt.

Für die Gewinnung von Energie durch Kernfusion ist noch eine Fülle schwieriger Probleme zu überwinden. Deshalb haben einige führende Industrienationen Versuchsanlagen in Betrieb oder Planung, die dazu beitragen sollen, das angestrebte Ziel noch in diesem Jahrhundert zu erreichen. Die als aussichtsreich eingeschätzte Tokamak-Technik wird in entsprechenden Anlagen in Großbritannien, China, Japan, der Schweiz und Frankreich erprobt. Auch in Deutschland wird mit Hochdruck an Tokamak-Anlagen gearbeitet, so zum Beispiel am Max-Planck-Institut für Plasmaphysik in Garching (vgl. Abb. rechts) und am Institut für Plasmaphysik des Forschungszentrums Jülich. In Greifswald entsteht die Stellarator-Anlage Wendelstein 7-X, die im Jahr 2015 mit praktischen Experimenten beginnen soll. In Südfrankreich wird der Forschungsreaktor »International Thermonuclear Experimental Reactor« (ITER) vorbereitet, der ebenfalls nach dem Tokamak-Prinzip arbeitet und 2020 in Betrieb gehen soll. Die Europäische Union sowie Japan, Russland, China, Südkorea, die USA und Indien sind daran beteiligt. Die Kosten liegen mit etwa zehn Milliarden Euro nur knapp unter denen, die für die Beteiligung Europas an der Raumstation ISS aufgebracht werden.

Die USA halten sich mit eigenen Tokamak- und Stellarator-Anlagen allerdings zurück und setzen stattdessen hauptsächlich auf vom

Blick in das Plasmagefäß der in Entwicklung befindlichen Kernfusionsanlage ASDEX Upgrade im Max-Planck-Institut für Plasmaphysik in Garching bei München. Dieses Tokamak-Experiment ist die größte deutsche Versuchsanlage für Fusionsprozesse unter kraftwerksähnlichen Bedingungen.

Militär finanzierte Experimente zur »Inertial Confinement Fusion« (Trägheitsfusion). Dabei werden gigantische kurze Laserblitze auf eine winzige Kugel geschossen, in der sich eine nur millimetergroße Probe befindet. Diese soll dabei derartig erhitzt werden, dass sich auf kleinstem Raum eine Wasserstofffusion zu Helium ereignet. Das Plasma wird durch seine eigene Trägheit zusammengehalten und es bedarf keiner komplizierten und kostspieligen Großanlage wie bei der Tokamak-Technik. Mit diesen Experimenten lassen sich ebenfalls Simulationen von Kernwaffenexplosionen verbessern, einschließlich solcher für die Wasserstoffbombe. Auch Frankreich, eine der Wasserstoffbombenmächte, führt Experimente zur Trägheitsfusion durch. Ob sich daraus auch Perspektiven für die Kernfusion als Energiequelle ergeben, gilt derzeit jedoch als umstritten.

Das Universum

Hypothesen zum Aufbau des Kosmos

Heute erforschen wir das Weltall mit riesigen Teleskopen, Satelliten und Raumsonden, um zu neuen Erkenntnissen zu gelangen. Früher standen den Menschen jedoch nur sehr viel einfachere Hilfsmittel zur Erforschung des Kosmos zur Verfügung.

Die Raumsonde GAIA soll die Struktur und Zusammensetzung unserer Milchstraße mit bisher unerreichter Genauigkeit untersuchen.

Die antike Kunst der Beobachtung

Wir befinden uns heute in einer neuen Etappe der Forschung und versuchen sogar, gigantische kosmische Prozesse in technischen Anlagen nachzuahmen. In sehr viel früherer Zeit haben die Menschen aber schon unmittelbaren Nutzen aus der reinen Beobachtung des Himmels gezogen. Zwar wussten sie damals nicht, was Sterne sind, konnten sich die Bewegungen der Planeten nicht erklären und ahnten nicht im Geringsten, aus welchem Grund die Sonne unablässig Licht und Wärme ausstrahlt. Dennoch bedienten sie sich ihrer wenigen Kenntnisse bereits auf sinnreiche Weise.

Bei systematischen Himmelsbeobachtungen war ihnen aufgefallen, dass die verschiedenen Bilder, zu denen sie die Sterne in ihrer Fantasie zusammengefügt hatten, nicht zu jeder Zeit in gleicher Weise am Firmament zu beobachten sind. Gleichzeitig war ihnen auch nicht entgangen, dass die Sternbilder wie in einem ewigen Kreislauf immer wieder erscheinen und dass diese Perioden unmittelbar mit dem Wechsel der Jahreszeiten zu tun haben.

> Wenn das Gestirn der Plejaden, der Atlasgeborenen, aufsteigt, dann fang an mit dem Mähen, und pflüge, wenn sie versinken. Diese halten sich dir durch vierzig Tage und Nächte im Verborgenen, dann im Laufe des kreisenden Jahres treten sie wieder ans Licht, sobald das Eisen geschärft wird [9].

So hatte der griechische Dichter und Bauer Hesiod bereits um siebenhundert vor Christus in seinem Lehrgedicht *Werke und Tage* geschrieben. In diesen Zeilen kommt die Erkenntnis des Zusammenhangs zwischen der »Himmelsuhr« und den irdischen Jahreszeiten, dem Landwirtschaftsjahr, klar zum Ausdruck. Auch andere Kulturen haben vergleichbare Erkenntnisse gesammelt, sogar die nomadenähn-

Exkurs

Synodische Umlaufzeit

Die synodische Umlaufzeit (von gr.: synodos, Versammlung) eines Himmelskörpers ist die Zeitspanne zwischen zwei von der Erde aus gesehen aufeinanderfolgenden gleichen Winkelabständen dieses Körpers von der Sonne. Im Allgemeinen wird zur Bestimmung der synodischen Umlaufzeit der Zeitabstand von einer Gegenstellung (Opposition) des Himmelskörpers zur nächstfolgenden verwendet.

Im Unterschied zur synodischen definiert man noch die siderische Umlaufzeit. Darunter versteht man die Zeitspanne zwischen zwei aufeinanderfolgenden gleichen Stellungen des Himmelskörpers bezogen auf den Fixsternhintergrund. Die synodische Umlaufzeit des Mondes (von einer Phase zur nächsten gleichen Phase, zum Beispiel von Vollmond zu Vollmond) beträgt 29,53 Tage. Seine siderische Umlaufzeit hingegen ist mit 27,32 Tagen deutlich kürzer.

---

lich lebenden australischen Ureinwohner, die Aboriginals, oder später auch die Inkas in Peru.

Bei jenen Völkern jedoch, die zu Ackerbau und Viehzucht übergegangen waren, wurden detailliertere Kenntnisse erforderlich – sie benötigten ein präzises Kalendersystem. Dazu waren sorgfältigere Beobachtungen des Laufs der Sonne und des Mondes notwendig. Einfache, aber klug erdachte Beobachtungsinstrumente und langjährige Beobachtungsreihen, die schon von den Babyloniern durchgeführt wurden, förderten auf diese Weise eine Fülle erstaunlicher Kenntnisse zutage. So kannte man bereits im alten Babylonien die synodischen Umlaufzeiten der Planeten (s. Exkurs oben und Tabelle S. 114) mit hoher Genauigkeit, die von den Griechen noch verbessert wurde.

Der große Astronom Hipparch entdeckte bereits im zweiten Jahrhundert vor Christus die sogenannte Präzession der Ekliptik (s. Exkurse S. 115). Mithilfe von Mondfinsternissen, deren Zeitpunkte sehr

Planet	Synodische Umlaufzeit in Tagen		
	Babylonier	Griechen	Heute
Merkur	115,877672	115,878161	115,877484
Venus	583,9097	583,9333	583,9214
Mars	779,9951	779,9428	779,9362
Jupiter	398,8896	398,8864	398,8841
Saturn	378,1018	378,0930	378,0919

Die synodischen Umlaufzeiten der Planeten bei den Babyloniern und Griechen (gemäß Ptolemäus) im Vergleich zu den heute geltenden Werten.

genau bekannt waren, erfasste er die Örter (die Positionen) verschiedener Sterne, darunter auch die des hellen Sterns Spica im Sternbild Jungfrau. Dabei stellte er fest, dass dieser Stern im Vergleich zu älteren überlieferten Beobachtungen seine Stellung gegenüber jenem Punkt am Himmel, in dem die Sonne zum Herbstanfang steht, um etwa zwei Grad verändert hatte. Hipparch zog daraus den Schluss, dass sich der Schnittpunkt zwischen dem Himmelsäquator und der Ekliptik um mindestens ein Grad pro Jahrhundert verschiebt.

Damit hatte Hipparch ein Phänomen entdeckt, das durch die Präzession der Erdachse hervorgerufen wird. Der genaue Verschiebungsbetrag ergibt sich gegenwärtig zu 50,5 Bogensekunden pro Jahr und daher zu rund 1,4 Grad pro Jahrhundert. Die Angabe von Hipparch mit »mindestens ein Grad pro Jahrhundert« war also vorsichtig formuliert, aber völlig richtig, wenn auch zahlenmäßig noch ungenau. Das lag sicher auch an den weniger präzisen älteren Ortsangaben, auf die Hipparch zurückgreifen musste.

Auch die Dauer der Jahreszeiten war von Hipparch bereits recht genau ermittelt worden: Der Frühling dauerte nach seinen Beobachtungen 94 Tage, zwölf Stunden (heute: 94 Tage, 19 Stunden), der Sommer 92 Tage, zwölf Stunden (heute: 93 Tage, 15 Stunden), der

Exkurs

Die Ekliptik

Die Ekliptik ist ein fiktiver Großkreis am Himmel, in dessen Mittelpunkt wir uns zu befinden scheinen. Er stellt die Projektion der Sonnenbahn auf den Fixsternhintergrund dar. Da die scheinbare jährliche Bewegung der Sonne durch die Bewegung der Erde um die Sonne zustande kommt, ist die Ekliptik letztlich die auf das Firmament projizierte Erdbahnebene. In dieser Ebene liegt sowohl der Sonnen- als auch der Erdmittelpunkt.

Die Ekliptik ist gegen den Himmelsäquator, den auf die Himmelskugel projizierten Erdäquator, um rund 23,5 Grad geneigt. Da sich die Sonne am Himmel stets auf der Ekliptik befindet, hält sie sich etwa ein halbes Jahr nördlich des Himmelsäquators auf (Sommerhalbjahr für Orte auf der nördlichen Erdhalbkugel) und etwa ein halbes Jahr südlich davon (Winterhalbjahr für Orte auf der nördlichen Erdhalbkugel, zugleich Sommerhalbjahr für Orte auf der südlichen Erdhalbkugel).

Die Präzession der Erdachse

Unter Präzession versteht man die Änderung der Richtung der Rotationsachse eines rotierenden Körpers. Sie kommt durch äußere Kräfte zustande, die auf den Körper ein Drehmoment ausüben. Ein anschauliches Beispiel für Präzession ist die »Taumelbewegung« eines rotierenden Kreisels.

Auch die Erdachse führt unter dem Einfluss der Anziehungskräfte von Sonne und Mond und wegen ihrer Abweichung von der exakten Kugelgestalt eine solche Präzessionsbewegung aus (Lunisolarpräzession). Für einen vollen Umlauf benötigt sie etwa 25 800 Jahre. Die Folge ist eine ständige Verschiebung der beiden Schnittpunkte zwischen Himmelsäquator und Ekliptik (Frühlings- und Herbstpunkt). Da die Koordinaten der Himmelskörper auf den Frühlingspunkt bezogen werden, verändern sich auch diese um etwa 50,5 Bogensekunden pro Jahr.

Herbst 88 Tage (heute: 89 Tage, 20 Stunden) und der Winter 90 Tage (heute: 89 Tage). Die tatsächlichen Werte wurden von Hipparch also nur in der Größenordnung von etwa einem Prozent verfehlt! Im Unterschied zu anderen haben die Griechen jedoch noch eine weit über ihre genauen Beobachtungen hinausgehende Leistung vollbracht: Sie schufen das erste Weltbild der Astronomie, das unmittelbar auf ihren wissenschaftlichen Beobachtungen beruhte.

Das geozentrische Weltbild

Die Wissenschaft im antiken Griechenland verfolgte einen synthetischen Denkansatz, in dem mathematisches und astronomisches Wissen ebenso wie philosophisches Denken zu einer Gesamtschau zusammengeführt wurden, die der Frage galt, was die Welt eigentlich sei. Das Resultat bestand im geozentrischen Weltbild (vgl. Abb. rechts), das Claudius Ptolemäus in seinem Meisterwerk *Mathematike Syntaxis* (*Mathematische Zusammenstellung*, heute meist *Almagest* genannt) auf das Sorgfältigste ausgearbeitet hat. In diesem Werk sind alle Erkenntnisse der babylonischen und griechischen Astronomie zu einer großen Synthese vereinigt worden. Die Erde steht in der Mitte der Welt und ist das Zentrum des Universums, um das sich alle Himmelskörper bewegen. Die Sphäre der Fixsterne bildet die äußere Grenze und befindet sich offenbar im Unendlichen.

> Dass die Erde zu der Entfernung bis zu der Sphäre der sogenannten Fixsterne für die sinnliche Wahrnehmung wirklich nur in dem Verhältnis eines Punktes steht, dafür ist ein zwingender Beweis, dass von allen ihren Teilen aus die scheinbaren Größen und gegenseitigen Abstände der Sterne zu denselben Zeiten allenthalben gleich [...] sind [10].

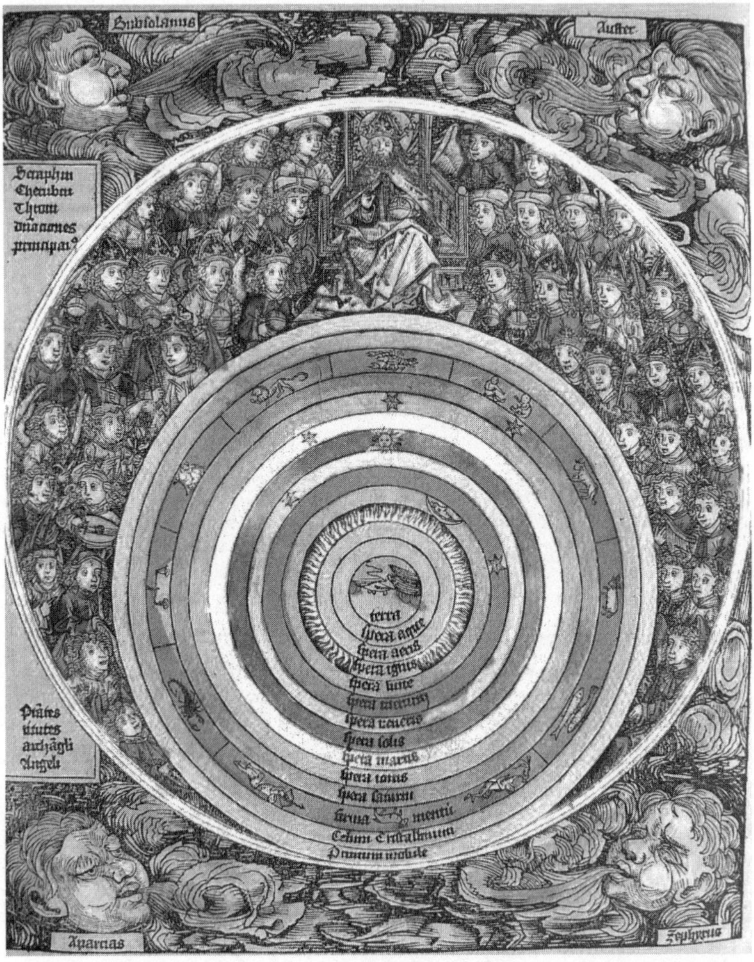

Das geozentrische Weltsystem in einer mittelalterlichen Darstellung aus der Weltchronik von Hartmann Schedel (1493). Im Zentrum der Welt steht die Erde mit den Elementen Wasser, Luft und Feuer, an der Peripherie befindet sich die Fixsternsphäre. Auch Mond, Sonne und die damals bekannten Planeten bewegen sich um die Erde.

So schreibt Ptolemäus in seinem Werk. Interessant ist seine Einschränkung »für die sinnliche Wahrnehmung« – man könnte sie auch übersetzen mit »es scheint so, als ob …«. Das Buch von Ptolemäus ist aber alles andere als eine allgemeine Darstellung von Erde und Himmel – es ist vielmehr eine mathematisch bis ins Detail bewundernswert durchgearbeitete Abhandlung. Jeder Planet, die Sonne und der Mond haben ihre eigene Theorie, aus der auf kunstvolle Weise ihre Bewegung abgeleitet wird.

Die Genauigkeit war so groß, dass zuverlässige Vorhersagen der Positionen über Jahrzehnte möglich wurden. Ptolemäus bediente sich dabei äußerst raffinierter kinematischer Konstruktionen, ohne jedoch nach deren Entsprechung in der Wirklichkeit zu fragen. So bewegen sich die Planeten bei ihm auf Kreisen (den Epizykeln, s. Abb. rechts), deren Mittelpunkte wiederum auf größeren Kreisen um die Erde laufen (den Deferenten). Die Durchmesser dieser Kreise und die Winkelgeschwindigkeiten der Umläufe wurden genau so abgestimmt, dass die am Himmel beobachteten Bewegungen damit recht genau wiedergegeben werden konnten. In der Mitte dieses Systems (nicht *genau* in der Mitte, sondern etwas davon entfernt) steht die Erde. Damit erfüllte Ptolemäus die philosophische Forderung von Plato, dass die »göttlichen Gestirne« sich nur auf der vollkommensten aller denkbaren geometrischen Bahnen, auf einem Kreis, bewegen konnten (und durften!).

Aus Beobachtungen wusste man natürlich, dass die Planeten sich weder gleichförmig noch auf Kreisbahnen bewegen. Sie laufen unterschiedlich schnell und auch nicht stets in die gleiche Richtung. Vielmehr vollführen die Planeten von der Erde aus gesehen Schleifenbewegungen, so dass sie bald von West nach Ost laufen, um sich dann – nach einem kurzen »Stillstand« – von Ost nach West zu bewegen. Das entsprach nun überhaupt nicht der Plato'schen Forderung nach reinen Kreisbewegungen. Durch die Einführung der Epizykel aber, jener Kreise, die auf Kreisen (den Deferenten) laufen, gelang es, die

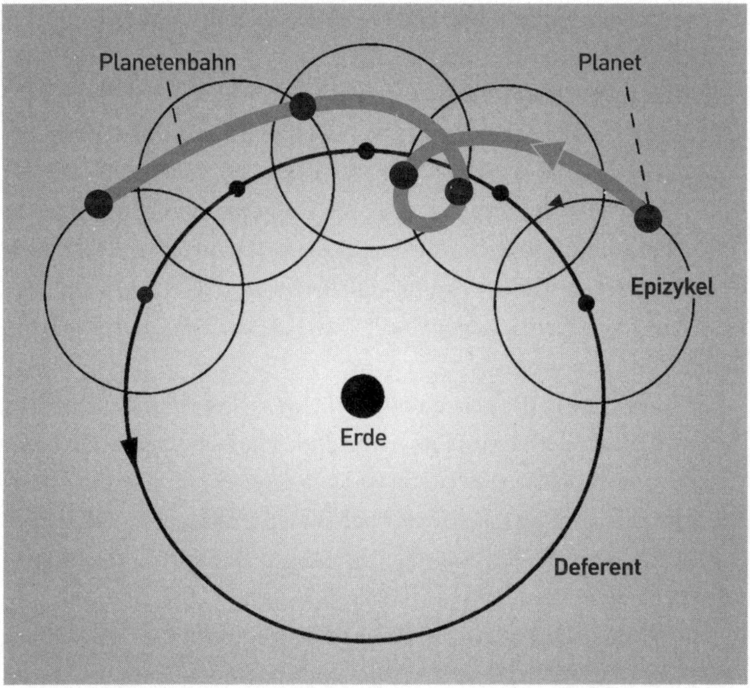

Beschreibung der Planetenbewegung nach Ptolemäus mit Hilfe von Epizykel und Deferent: Der jeweilige Planet bewegt sich auf einem Epizykel (einem kleineren Kreis) mit konstanter Winkelgeschwindigkeit, während der Mittelpunkt dieses Epizykels – ebenfalls mit konstanter Winkelgeschwindigkeit – auf dem Deferenten (einem größeren Kreis) umläuft. Bei geeigneter Wahl der Durchmesser von Epizykel und Deferent sowie der Winkelgeschwindigkeiten kommt die von der Erde aus beobachtete Bewegung des Planeten mit Recht- und Rückläufigkeit zustande.

tatsächlich beobachteten Abläufe auf reine Kreisbewegungen zurückzuführen und so die »Erscheinungen zu retten«. Eine Glanzleistung!

Erst über anderthalb Jahrtausende später erkannte der französische Wissenschaftler Jean Baptiste Fourier, dass man jede periodische Funktion (also auch die der Planetenbewegung) in eine Summe von Sinus- oder Kosinusfunktionen zerlegen kann, und entlarvte damit das eigentliche Geheimnis, warum die Ptolemäus-Konstruktionen überhaupt funktioniert hatten.

Höchst unbefriedigend an dem System war aus heutiger Sicht allerdings die Tatsache, dass es keine einheitliche Theorie für die Bewegung aller Planeten gab. Für jeden Planeten musste ein eigenes Konstrukt gefunden werden, um eine einigermaßen befriedigende Übereinstimmung mit den Beobachtungen herzustellen. Nach dem Grund für den so merkwürdig komplizierten Lauf der Planeten wurde jedoch in jenen Zeiten nicht gefragt – das lag gleichsam außerhalb der damaligen Denkweise.

So überdauerte die geozentrische Lehre – obwohl die Erde nicht im Mittelpunkt der Welt steht – rund anderthalb Jahrtausende. Kein Wunder, entsprach sie doch dem, was jeder mit seinen eigenen Augen sehen konnte, und vermochte sie doch die zukünftigen Positionen der Himmelskörper im Rahmen der damaligen Beobachtungsgenauigkeit anzugeben. Vor allem befand sie sich auch in Übereinstimmung mit der Physik des Aristoteles, einem der größten Denker der Antike. Dieser hatte gelehrt, dass alle Körper auf geradem Weg ihrem »natürlichen Ort« zustreben. Den »natürlichen Ort« schwerer Körper sah Aristoteles in der Mitte der Welt, jenen der leichten Körper an deren Peripherie, dem Rand, dem Gegensatz zum Zentrum. Da sich nun aber alle schweren Körper, wenn man sie fallen lässt, in Richtung auf den Erdmittelpunkt bewegen, war dessen Lage im Zentrum der Welt die geradezu logische Folgerung.

Die Lehre des Aristoteles hatte aber noch eine andere bedeutsame Konsequenz: Da sich die Himmelskörper weder geradlinig noch in Richtung auf die Weltmitte oder die Peripherie bewegten, konnten sie keine schweren, aber auch keine leichten Körper sein. So wurde durch Aristoteles ein prinzipieller Unterschied zwischen Himmel und Erde etabliert. Die Welt »unter dem Monde«, die sublunare Sphäre, war das Domizil des sich ewig Wandelnden und Vergänglichen. Hingegen war die supralunare Welt die des ewig Gleichbleibenden. Himmel und

Erde waren zwei Weltsphären von grundlegend verschiedener Art und nicht miteinander zu vergleichen.

Das heliozentrische Weltbild

Von der Trennung zwischen Himmel und Erde ist im modernen Weltbild der Astronomie nichts mehr vorhanden. Doch der Weg dahin war lang und dornenreich. Allein der erste große Umbruch des Weltbilds durch den Übergang zur Mittelpunktsstellung der Sonne benötigte Jahrhunderte, zuerst der Vorbereitung und dann der Durchsetzung dieser Erkenntnis.

Dennoch gab es auch schon in der Antike bemerkenswerte Ansätze für ein heliozentrisches Weltbild, bei dem statt der Erde die Sonne in der Mitte der Welt steht. Besonders bekannt ist das heliozentrische System des Aristarch von Samos. Er hatte aus der Messung der Entfernungsverhältnisse von Erde–Mond zu Erde–Sonne die Überzeugung gewonnen, dass die Sonne ungleich viel größer sein müsse als der Mond. Daraus entwickelte er die Vorstellung, die Sonne sei das Zentrum der Welt und nicht die Erde. Auch andere bedeutende Mathematiker haben diese Meinung vertreten, so zum Beispiel die Pythagoreer, Erathostenes von Kyrene oder Apollonius von Perge [11]. Sie führten sogar konkrete Rechnungen durch, die aber von Ptolemäus nicht nur ignoriert, sondern sogar strikt abgelehnt wurden.

Selbst als sehr viel später – im Jahr 1543 – das berühmte Buch *De revolutionibus orbium coelestium* (*Über die Umschwünge der himmlischen Kreise*) von Nikolaus Kopernikus erschienen war, mit der Idee, die Sonne ins Zentrum der Welt zu stellen, war der Inhalt dieses Werkes noch keineswegs Bestandteil der Wissenschaft, geschweige denn des Weltbilds (s. Abb. S. 123). Im Vordergrund der Diskussionen um dieses Buch stand vielmehr zunächst hauptsächlich die Frage, ob man die beobachteten Positionen der Planeten unter der von Kopernikus gemachten Annahme besser beschreiben könne als mit dem alten geozentrischen Bild der Welt.

Die inzwischen merklichen Unzulänglichkeiten der Positionsbestimmungen nach Ptolemäus waren nämlich der eigentliche Auslöser für ein neues Weltsystem gewesen. Diese zur Zeit von Ptolemäus noch nicht feststellbaren Ungenauigkeiten hatten sich im Laufe der Jahrhunderte aufsummiert und somit zu deutlichen Abweichungen zwischen den zu erwartenden und den tatsächlich beobachteten Positionen der Planeten geführt. Deshalb beauftragte beispielsweise Alfons der Zehnte von Kastilien um 1250 ein ganzes Konsortium von Gelehrten mit einer Reform des Weltsystems. Sie sollten dessen »Schönheitsfehler« beseitigen – erfolglos übrigens.

Kopernikus hingegen versuchte es mit einer Vertauschung der Stellung von Erde und Sonne. Doch dieser in der Tat revolutionäre Akt wurde anfangs kaum beachtet – getreu der antiken Tradition, dass es genügte, wenn eine Beschreibung Übereinstimmung mit den Beobachtungen lieferte. So brachte denn auch Erasmus Reinhold bereits acht Jahre nach dem Tod von Kopernikus neue Berechnungstafeln für die Positionen der Himmelskörper heraus, mit denen er die ungenügenden Alfonsinischen ablösen wollte. Reinholds *Prutenische Tafeln* waren allerdings auch nicht viel besser als die früheren.

Wir kennen heute auch den Grund dafür: Kopernikus hatte in Ermangelung besseren Wissens an den kreisförmigen Planetenbahnen festgehalten und musste deshalb zwangsläufig auch wieder vom sonstigen Arsenal antiker Beschreibungstechniken Gebrauch machen. Die Zahl der Epizykel bei Kopernikus war nicht wesentlich geringer als schon bei Ptolemäus.

Die wenigen Zeitgenossen übrigens, die das Werk des Kopernikus substanziell gelesen hatten, waren entweder strikt gegen die neue Hypothese oder ihre glühenden Verfechter. Zu den Letzteren zählte Thomas Digges in England. Er brachte bereits 1576 ein Büchlein mit dem Titel *A Perfit Description of the Caelestial Orbes* heraus, in dem

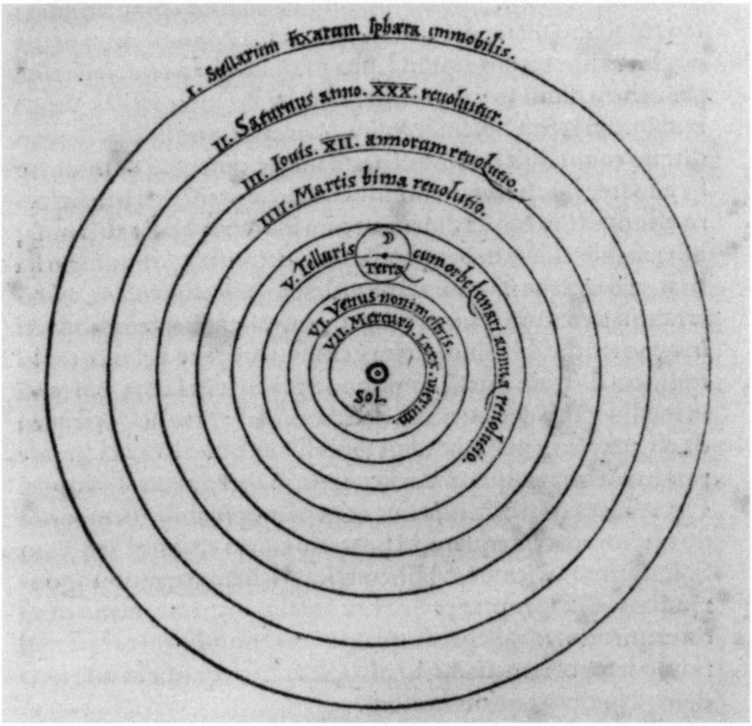

Das heliozentrische Weltsystem von Nikolaus Kopernikus in der Darstellung aus seinem Hauptwerk *De revolutionibus orbium coelestium* (1543). Im Zentrum der Welt befindet sich die Sonne. Alle anderen Himmelskörper (mit Ausnahme des Mondes) bewegen sich um sie. Die Fixsternsphäre bildet die äußere Begrenzung der Welt.

er Teile des Buchs von Kopernikus in englischer Übersetzung vorstellte und sich in seinen Kommentaren als erster Kopernikaner erwies. Anders Philipp Melanchthon und Martin Luther in Deutschland. Sie lehnten die heliozentrische Lehre ab. Luther argumentierte mit einer Bibelstelle aus dem Alten Testament, wo es im zehnten Kapitel des Buches Josua heißt, dass Josua der Sonne geboten habe stillzustehen. Daraus schloss Luther, dass sie sich zuvor bewegt haben müsse.

In dieser Zeit dämmerte ein ernster und langwährender Konflikt herauf: der Widerspruch zwischen wörtlich ausgelegten Bibelzitaten und den Erkenntnissen der Wissenschaft. Unter den Anhängern des heliozentrischen Weltbilds machte vor allem Galileo Galilei nachhaltig Bekanntschaft mit diesem Dissens, der ihn vor der Inquisition der katholischen Kirche 1633 zum Abschwören von seinen Überzeugungen zwang und ihm einen lebenslangen Hausarrest einbrachte. Das Werk des Kopernikus landete bereits 1616 unter Papst Urban dem Achten auf dem »Index der verbotenen Bücher« – und blieb dort bis zum Jahr 1822!

Die Forschungen von Galilei und von Johannes Kepler, der 1609 die Ellipsengestalt der Planetenbahnen erkannte, und schließlich die Entdeckung des Gesetzes der allgemeinen Massenanziehung (Gravitationsgesetz) durch Isaac Newton 1686 zeigten jedoch, dass Kopernikus gegenüber dem alten Weltbild der Wahrheit einen großen Schritt nähergekommen war. Die aristotelische grundsätzliche Trennung von Himmel und Erde war dahin. Die Erde erwies sich als ein Planet unter Planeten, war also selbst ein Stück Himmel, und dieselben Gesetze, die auf der Erde für Fall und Wurf galten, bestimmten gleichermaßen auch die Bewegung der Himmelskörper. Jetzt beschrieb ein *einziges* Gesetz das Verhalten aller Planeten. Es war gelungen, aus einem einfachen Prinzip die Bewegungen der Himmelskörper abzuleiten. Das war ein großer Schritt zur Vereinfachung des Systems, als dessen Voraussetzung sich jedoch zunächst erst einmal sein radikaler Wandel erwiesen hatte.

Die Anfänge des modernen Weltbilds

Die Quintessenz des kopernikanischen Weltbilds war jedoch von der Wirklichkeit noch weit entfernt, denn die Sonne steht nicht in der Mitte der Welt und das Universum wird auch nicht abgeschlossen durch eine Sphäre gleich weit entfernt stehender Fixsterne. Bereits im 18. Jahrhundert wurde durch den Einsatz neuartiger und leistungsfähigerer Beobachtungsinstrumente klar, dass die Sterne in ganz unterschiedlichen Entfernungen des Raums stehen und von einer Sphäre keine Rede sein konnte. Die Sonne wiederum wurde durch die Forschung zu einem Stern unter vielen. Die konkreten Untersuchungen bestätigten mehr und mehr die früheren visionären Spekulationen des Dominikanermönches Giordano Bruno, der für diese und andere »Ketzereien« dereinst im 17. Jahrhundert bei lebendigem Leibe in Rom auf dem Scheiterhaufen verbrannt worden war, weil er sich strikt geweigert hatte, seine Lehrmeinung zu widerrufen.

Im 19. Jahrhundert schließlich gelang es erstmals, die Entfernung eines Fixsterns durch Messungen zu bestimmen. Und obwohl der ausgewählte Kandidat zu den näherstehenden Objekten gehörte, taten sich mit dem Messergebnis des deutschen Astronomen Friedrich Wilhelm Bessel schwindelerregende Tiefen des Raums auf. Der lichtschwache Stern Nummer 61 im Sternbild Schwan (61 Cygni) war nämlich mit rund zehn Lichtjahren etwa 700 000-mal weiter von der Erde entfernt als die Sonne.

Schon anno 1755 hatte Immanuel Kant im Anschluss an Ideen von Thomas Wright ein geniales Buch geschrieben. Es erschien unter dem Titel *Allgemeine Naturgeschichte und Theorie des Himmels* und ging unter anderem der Frage nach, warum wir am Himmel das Band der Milchstraße sehen. Seine Antwort war: Die Sterne sind im Raum nicht gleichmäßig verteilt, sondern wir befinden uns mit der Sonne in einem abgeplatteten System. Schauen wir von der Erde aus in Richtung der Hauptebene des Systems, so erblicken wir sehr viele und weit entfernte Sterne, die sich zum Band der Milchstraße vereinen. Schauen wir aber schräg oder gar senkrecht zu dieser Richtung, so sehen wir sehr viel weniger Sterne, die zufällig verteilt erscheinen.

Kant entwickelte in seinem Buch noch andere bahnbrechende Ideen. So hielt er es beispielsweise für denkbar, dass zahlreiche der

Exkurs

Die Milchstraße

Der Begriff »Milchstraße« wird häufig in doppelter Bedeutung verwendet. Hauptsächlich ist damit das unregelmäßig geformte Sternband gemeint, von dem das gesamte Firmament umgeben ist und das entlang eines Großkreises am Himmel verläuft. Es resultiert aus der Struktur unserer Galaxie, eines abgeflachten, spiralförmigen Systems von rund zweihundert Milliarden Sternen. Aus der Perspektive unserer Erde, die im Außenbereich eines seiner Spiralarme liegt, erscheinen uns die weit entfernten Sterne in der Hauptebene des Sternsystems als jenes dunstig schimmernde Lichtband, das wir als Milchstraße bezeichnen.

Mitunter wird in der Literatur aber auch die gesamte Galaxie, zu der auch unsere Sonne gehört, verkürzt Milchstraße genannt. Gemeint ist dann unser heimatliches Stern- oder Milchstraßensystem, das auch als »die Galaxis« bezeichnet wird.

---

schwachen Nebelflecke am Himmel ebensolche Systeme von Sternen seien wie die Milchstraße (s. Exkurs oben), zu der wir selbst gehören. Doch diese Ansichten entzogen sich zunächst der exakten naturwissenschaftlichen Überprüfung.

Friedrich Wilhelm Herschel machte es sich gegen Ende des 18. Jahrhunderts zur Aufgabe, diesen Ideen durch planvoll angelegte Beobachtungsprogramme nachzugehen und die Struktur der Welt jenseits unseres Planetensystems aufzuklären. Das lief auf die Frage hinaus: Wie sind die Sterne im Raum verteilt? Dazu hätte man eigentlich die jährliche Parallaxe jedes einzelnen Sterns bestimmen müssen (s. Exkurs S. 127). Doch ein solches Programm war illusionär. Zu Herschels Zeit kannte man noch keine einzige auf Messungen beruhende Sterndistanz.

Viel später – nach Bessels und Wilhelm Struves ersten Parallaxenbestimmungen – zeigte sich darüber hinaus, dass die Ermittlung der

Exkurs

Die jährliche Parallaxe

Die Parallaxe eines Sterns ist der Winkel, unter dem der Radius der Erdbahn von dem Stern aus erscheint. Von der Erde aus gesehen beschreibt ein Stern wegen des jährlichen Erdumlaufs um die Sonne eine Ellipse vor dem Himmelshintergrund, das heißt, er verändert seine scheinbare Position. Durch die Messung der Positionen des Sterns im Abstand von sechs Monaten lässt sich seine Parallaxe bestimmen. Daraus kann dann der Abstand des Sterns trigonometrisch berechnet werden (s. Abb. S. 40).

Die Parallaxen selbst der sonnennächsten Sterne sind jedoch derartig klein, dass solche Messungen lange Zeit nicht möglich waren. Erst im 19. Jahrhundert gelang es erstmals, Sternparallaxen zu bestimmen. Friedrich Wilhelm Bessel fand im Jahr 1838 für die Parallaxe des Sterns Nummer 61 im Sternbild Schwan (61 Cygni) 0,3136 Bogensekunden, woraus sich eine Entfernung von rund 10,4 Lichtjahren ergab (moderner Wert: 11,4 Lichtjahre).

Distanzen werden in der Astronomie aufgrund dieser Messtechnik oft auch in »Parsec« angegeben (Abkürzung von Parallaxensekunde, Einheitenzeichen: pc). Die Entfernung eines Sterns in Parsec ergibt sich einfach als Kehrwert der gemessenen Parallaxe. Ein Parsec entspricht 3,26 Lichtjahren.

Entfernung jedes einzelnen Sterns mit einem immensen Beobachtungs- und Auswerteumfang verbunden ist. Eine dritte prinzipielle Schwierigkeit kommt hinzu: Je weiter die Sterne entfernt sind, desto ungenauer werden die bestimmten Entfernungen, und schon bei etwa dreihundert Lichtjahren lassen sich Distanzen durch trigonometrische Messungen gar nicht mehr ermitteln. Erst in neuerer Zeit sind durch den astrometrischen Satelliten HIPPARCOS deutlich größere Entfernungen direkt und mit bis dahin nicht gekannter Genauigkeit bestimmt worden. Die im Dezember 2013 gestartete, ebenfalls europäische Raumsonde GAIA wird eine noch weitaus umfassendere wissenschaftliche Ernte einbringen und unser Sternsystem – so hofft man – nahezu perfekt kartieren.

Als Herschel jedoch 1784 als Erster mit systematischen empirischen Studien zum »Bau des Himmels« begann, musste er ganz anders vorgehen und gänzlich neue Wege beschreiten. Um eine Materialgrundlage zu erhalten, begann er zunächst mit einer »Inventarisierung« der Sterne am Himmel. In 3400 ausgewählten Feldern zählte er stichprobenartig die Anzahl der Sterne. Unter Verwendung eines von ihm gebauten großen Teleskops mit 47 Zentimeter Spiegeldurchmesser registrierte er Zehntausende von Sternen, die binnen etwa einer Stunde durch das Gesichtsfeld seines feststehenden Teleskops wanderten.

Indem er die Helligkeiten der beobachteten Sterne in diese Zählungen mit einbezog, ordnete er den Sternen durchschnittliche Entfernungen zu. »Der Grundsatz [...], dass die lichtschwächsten Sterne im Durchschnitt am weitesten von uns entfernt sind, scheint mir so zwingend«, schrieb er in diesem Zusammenhang, »dass er als Grundlage einer experimentierenden Untersuchung dienen kann« [12] – was sich jedoch später als falsch erwies. Herschel begründete aber auf diese Weise die neue Disziplin der Stellarstatistik (vgl. Exkurs rechts).

Das Resultat dieser mühseligen und langwierigen Beobachtungsreihen entsprach weitgehend den qualitativen Aussagen von Kant: Unsere Sonne befindet sich gemeinsam mit vielen anderen Sonnen (Fixsternen) in einem abgeflachten System, dessen Durchmesser etwas mehr als fünfmal so groß ist wie seine Dicke. Merkwürdig war das Ergebnis jedoch insofern, als dass die Sonne einen zentralen Platz innerhalb des Sternsystems einnahm.

Herschel war sich durchaus darüber im Klaren, dass er vieles vorausgesetzt hatte, was möglicherweise unzutreffend war und das Bild verfälschte. Doch er hoffte auf zukünftige Forschungen mit verbesserten Instrumenten. Der Hauptmangel seiner Art von Stellarstatistik blieb ihm allerdings unbekannt: die innerhalb des Sternsystems

Exkurs

Die Methode der Stellarstatistik

Die Stellarstatistik ist eine von Friedrich Wilhelm Herschel entwickelte Disziplin der Astronomie, deren Ziel die Bestimmung des Aufbaus und der Bewegungsverhältnisse unseres Sternsystems ist. Da es nicht möglich ist, die entsprechenden Kenngrößen für jeden einzelnen Stern zu ermitteln, ging man zu statistischen Methoden über, mit denen größere Ensembles von Objekten mittels statistischer Verfahren untersucht werden. Als Basis dieser Untersuchungen dienen Sternkataloge, in denen die Örter (Positionen) und Helligkeiten der Sterne verzeichnet sind.

Die geringe Reichweite des Beobachtungsmaterials und das Vorkommen von Materie zwischen den Sternen führten jedoch nur zu begründeten Aussagen über die Sternverteilung in der Sonnenumgebung. Die Klärung der großräumigen Struktur und der Bewegungen innerhalb des Milchstraßensystems bedurften daher des Einsatzes andersartiger Methoden und Hilfsmittel.

vorhandene gas- und staubförmige sogenannte interstellare Materie. Sie verfälschte alle (relativen) Helligkeiten in einer unkalkulierbaren Weise und erwies sich später sogar als derart hinderlich, dass stellarstatistische Methoden zur Erforschung der Struktur des Sternsystems gänzlich aufgegeben werden mussten.

Um die Mitte des 19. Jahrhunderts war das Weltbild also immer noch kopernikanisch, was die Stellung der Sonne anbelangt. Auch der Neubeginn stellarstatistischer Untersuchungen mit ausgeklügelteren Methoden im 20. Jahrhundert und die Bemühungen so herausragender Astronomen wie Jacobus Cornelius Kapteyn und Karl Schwarzschild vermochten keine durchgreifenden Fortschritte zu erbringen. Das änderte sich erst, als die Astronomie ganz neue Erkenntnisse, weitaus detailliertere Forschungsmethoden und ungleich bessere Instrumente mit neuen Denkansätzen verbinden konnte.

Die Struktur der Milchstraße

Der entscheidende Durchbruch zu weiteren Erkenntnissen wurde 1918 von dem US-amerikanischen Astronomen Harlow Shapley eingeleitet. Seit Längerem war damals eine bestimmte Gruppe von Objekten diskutiert worden, von denen man mit den immer leistungsfähigeren Teleskopen nach und nach eine beachtliche Anzahl entdeckt hatte: die Kugelsternhaufen (s. Exkurs unten). Besondere Aufmerksamkeit hatten diese Haufen durch ihre scheinbar sehr unregelmäßige Verteilung am Firmament erregt. Etwa ein Drittel all dieser Objekte befindet sich merkwürdigerweise im Sternbild Schütze. Das Interesse der Forschung galt natürlich ihrer tatsächlichen Verteilung im Raum, doch dazu hätte man die Entfernung jedes einzelnen Haufens kennen müssen.

Exkurs

Kugelförmige Sternhaufen

Kugelsternhaufen sind Ansammlungen von Sternen in einem kugelsymmetrischen Raumgebiet mit starker Konzentration der Sterne zum Zentrum des Haufens. Sie bestehen aus etlichen Zehntausenden bis zu Millionen von Sternen. Ihre Durchmesser liegen zwischen 15 und 350 Lichtjahren. Die Kugelsternhaufen zählen zu den ältesten Objekten unseres Sternsystems.

Am nördlichen Sternhimmel kann man den rund 24 000 Lichtjahre entfernten Kugelhaufen M 13 (benannt nach Charles Messier, dem Autor des entsprechenden Objektekatalogs) im Sternbild Herkules mit Hilfe eines Fernglases oder kleinen Fernrohrs als verwaschenes Lichtfleckchen erkennen. Am südlichen Sternhimmel ist der gigantische Kugelsternhaufen Omega Centauri (NGC 5139), der aus etwa zehn Millionen Sternen besteht, bereits mit dem bloßen Auge zu erkennen. Nach neuesten Forschungen handelt es sich bei ihm jedoch eher um eine Zwerggalaxie mit einem etwa 40 000 Sonnenmassen schweren Schwarzen Loch im Zentrum.

Exkurs

Die Lichtwechselperiode eines Veränderlichen Sterns
Sogenannte Veränderliche Sterne (oder Variable) verändern in mehr oder weniger regelmäßigen Abständen ihre Helligkeit. Bei Sternen mit regelmäßigem Helligkeitswechsel bezeichnet man die Zeit zwischen zwei benachbarten Helligkeitsmaxima (größten Helligkeiten) als die Lichtwechselperiode.

Der Lichtwechsel kommt bei den physisch Veränderlichen durch periodisches Aufblähen und Zusammenziehen des Sternkörpers zustande. Im Unterschied dazu entsteht der Lichtwechsel von sogenannten Bedeckungsveränderlichen durch die gegenseitige Bedeckung zweier Komponenten eines Doppelsternsystems. Darüber hinaus gibt es auch unregelmäßig Veränderliche (ohne feste Lichtwechselperiode), die ihre Helligkeit zum Beispiel durch Eruptionen an der Sternoberfläche kurzfristig steigern.

Das war zu Beginn des 20. Jahrhunderts durch eine besondere Entdeckung möglich geworden: Henrietta Swan Leavitt vom Harvard-Observatorium in den USA hatte im Jahr 1908 einen Katalog von knapp zweitausend Veränderlichen Sternen in der Kleinen Magellanschen Wolke veröffentlicht. Die Große und die Kleine Magellansche Wolke sind zwei kleine Begleitgalaxien unserer Milchstraße, die am südlichen Sternhimmel mit bloßem Auge zu erkennen sind.

Bei genaueren Nachforschungen ergab sich der verblüffende Befund, dass zwischen den Logarithmen der Lichtwechselperioden (s. Exkurs oben) dieser Sterne und ihren Helligkeiten ein etwa linearer Zusammenhang besteht nach dem Muster: hellere Sterne – längere Lichtwechselperioden (vgl. Abb. S. 132). Damit konnte man nun überall, wo man solche Veränderlichen Sterne entdeckte, unmittelbar aus der fotometrisch bestimmten Lichtwechselperiode auf ihre tatsächliche Helligkeit schließen. So ergab sich eine fundamental neue und

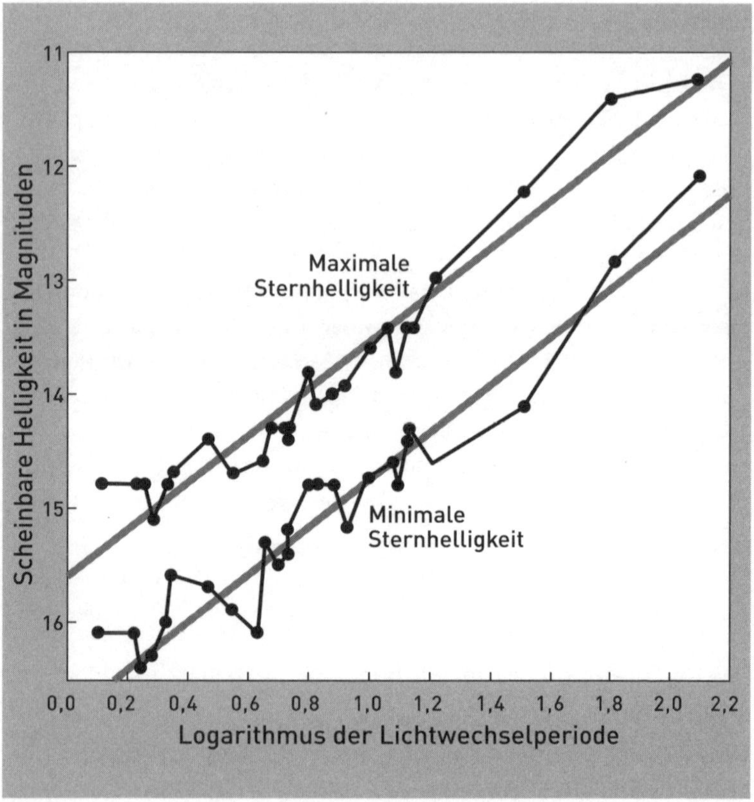

Zwischen den Logarithmen der Lichtwechselperioden und den scheinbaren Helligkeiten von sogenannten Delta-Cephei-Sternen besteht eine lineare Beziehung, die 1912 von Henrietta Swan Leavitt anhand dieser Sterne in der Kleinen Magellanschen Wolke entdeckt wurde. In der Abbildung gilt die obere Kurve für die maximalen Sternhelligkeiten, die untere für die minimalen.

sogar recht einfache Möglichkeit zur Entfernungsbestimmung bis in große Tiefen des Raums hinein!

Diese Methode basiert darauf, dass uns gleich helle Sterne am Himmel unterschiedlich hell erscheinen, wenn sie in verschiedenen Distanzen stehen. Ein sehr heller Stern kann uns sehr schwach erscheinen, wenn er weit entfernt ist, und umgekehrt ein schwacher Stern sehr hell, nur weil er uns näher steht. Vergleicht man nun die aus der Lichtwechselperiode bestimmte tatsächliche Helligkeit (die absolute Helligkeit) eines solchen Sterns mit seiner beobachteten (scheinbaren) Helligkeit, so kann man die Entfernung des Objekts berechnen. Die Intensität einer Lichtquelle nimmt nämlich nach einem fotometrischen Elementargesetz umgekehrt proportional mit dem Quadrat der Entfernung vom Beobachter ab. Das heißt: Ein Stern erscheint uns bei zweifacher Entfernung nur noch ein Viertel so hell, bei dreifacher Distanz nur noch ein Neuntel so hell und so fort wie ein gleich heller Stern in der Entfernung eins.

Harlow Shapley nutzte nun diese fotometrische Methode, indem er die Lichtwechselperioden geeigneter Veränderlicher Sterne in 69 Kugelsternhaufen bestimmte. Das Ergebnis war höchst überraschend: Die Kugelhaufen waren annähernd gleichmäßig über einen gewaltigen kugelförmigen Raum verteilt, in dessen Zentrum zugleich das Zentrum der Milchstraße lag. Der Durchmesser dieses »Kugelraums der Kugelhaufen« lag bei rund 300 000 Lichtjahren!

Shapley schloss daraus, dass unser Sternsystem – verglichen mit den früheren Ergebnissen der Stellarstatistiker – ungleich viel größer sein müsse, eingebettet in jenen gigantischen kugelförmigen Raum, der die Kugelsternhaufen beherbergt und der das System symmetrisch umgibt. Die tatsächliche Größe des Sternsystems war offenbar mindestens zehnmal größer als zuvor angenommen. Die Stellarstatistik hatte wohl lediglich einen kleinen Teil des Gesamtsystems erfasst, gewissermaßen ein »lokales Sternsystem«. Die von Shapley ermittelte Dimension der Galaxis musste später zwar infolge weiterer Erkenntnisse, zum Beispiel über die Existenz der interstellaren Materie, noch des Öfteren korrigiert werden. An der Größenordnung des Resultats änderte dies jedoch nichts mehr.

Wie nun die Sterne genau in diesem Raumgebiet verteilt waren, das stellte sich erst heraus, als die Radioastronomie nach dem Zweiten

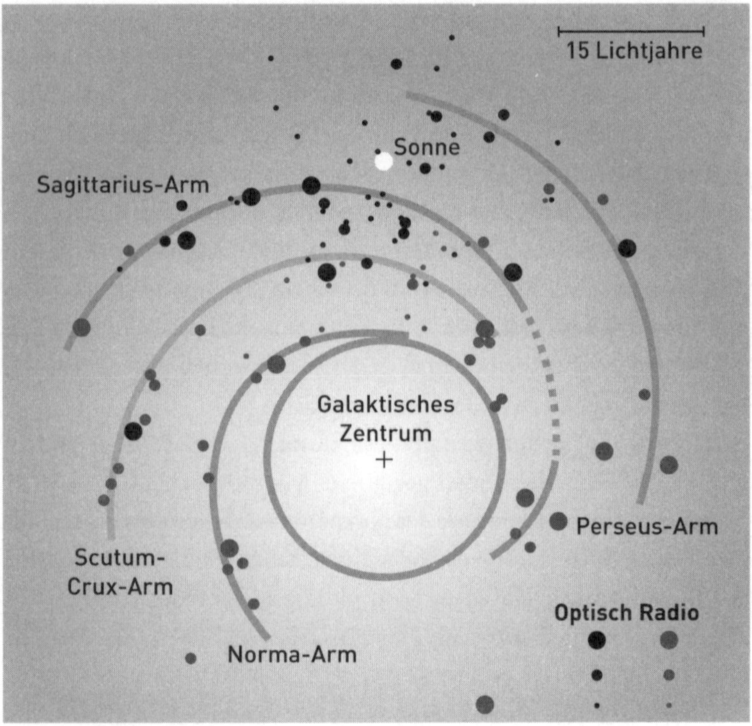

Die wichtigsten Spiralarme des Milchstraßensystems, die anhand von optischen und radioastronomischen Beobachtungen identifiziert werden konnten. Je weiter ein Beobachtungsgebiet von der Sonne entfernt liegt, umso mehr ist man auf radioastronomische Messungen angewiesen.

Weltkrieg die historische Bühne betrat. Mit Hilfe der großen, parabolischen Metallreflektoren vermochte man, großräumige Strukturen bis in wesentlich größere Distanzen zu verfolgen, als mit optischen Mitteln. Das liegt an dem Umstand, dass der neutrale Wasserstoff, das häufigste Element im Universum, die Struktur des Systems gleichermaßen markiert. Neutraler Wasserstoff aber sendet eine elektromagnetische Strahlung mit einer Wellenlänge von 21 Zentimetern aus, die weitgehend unbeeinflusst durch alle Hindernisse vom Rand des

Systems bis in unsere Empfänger gelangt. Diese Strahlung war übrigens von dem Russen Iossif Schklowski und dem Holländer Hendrik van de Hulst aufgrund atomtheoretischer Überlegungen bereits vorhergesagt worden, ehe man sie 1951 tatsächlich entdeckte. Mit Hilfe von Durchmusterungen des Himmels im »Licht« der Wasserstofflinie wurde schließlich auch die großräumige, spiralförmige Struktur des Milchstraßensystems weitgehend aufgeklärt (vgl. Abb. links).

Wie groß ist das Universum?

Für das Weltbild war die Frage entscheidend, ob mit der Milchstraße nun die Struktur des Universums enthüllt war oder wieder nur ein Teil davon wie dereinst bei Kopernikus mit dem Planetensystem. Darum entbrannte jetzt ein heftiger Streit unter den Experten. Shapley war entschieden davon überzeugt, dass mit der Erkenntnis der riesigen Dimension der »Big Galaxy« des Rätsels Lösung gefunden war. Doch worum handelte es sich dann bei den zahlreichen »Nebeln«, die in den großen Teleskopen sichtbar waren?

Nach Shapley waren es einfach Nebel innerhalb unserer Galaxis und nichts weiter. Sein Kollege Heber Curtis hingegen vertrat eine andere Meinung. Wie schon Immanuel Kant mehr als 150 Jahre zuvor hielt er die Nebel für entfernte Sternsysteme von ähnlichem Aufbau wie die Galaxis, nur dass diese sich weit jenseits davon in den Tiefen des Raums befänden. Die beiden Kontrahenten stritten erbittert gegeneinander. Doch dann kam der 6. Oktober 1923.

In dieser Nacht fotografierte der damals 34-jährige Edwin Hubble mit dem seinerzeit neuen größten Spiegelteleskop der Welt, dem 2,5-Meter-Hooker-Spiegel (vgl. Abb. S. 136) auf dem Mount Wilson, den großen Nebel im Sternbild Andromeda. Als er die Platten entwickelte, traten nicht nur neblige Strukturen, sondern auch einzelne Sterne hervor. Umgehend suchte Hubble nach älteren Aufnahmen

Das Hooker-Teleskop auf dem Mount Wilson in Kalifornien, USA. Mit einem Spiegeldurchmesser von 2,5 Metern war es dreißig Jahre lang das größte Teleskop der Welt.

Edwin Hubble bewies mit seinen Beobachtungen des Andromeda-Nebels, dass dieser »Nebel« eine eigenständige Galaxie außerhalb unseres Milchstraßensystems ist. Damit war klar, dass das Universum größer ist als die Milchstraße.

des Nebels und entdeckte zu seiner großen Freude, dass auch dort schon diese Sterne zu sehen waren. Sie hatten aber offensichtlich ihre Helligkeit verändert. Sollte es sich vielleicht um Veränderliche jenes Typs handeln, die zur Entfernungsbestimmung geeignet waren?

Dazu war es notwendig, die Lichtwechselperiode der verdächtigen Sterne genau zu bestimmen und den Nebel folglich in möglichst kurzen Zeitintervallen immer wieder zu fotografieren. Doch gerade jetzt zog eine Schlechtwetterperiode auf, die Hubbles Geduld auf eine schwere Probe stellte. Endlich, im Februar 1924, war das Werk vollbracht und Hubble konnte aus der gemessenen Periode einen Wert für die Distanz des Andromeda-Nebels ableiten. Mit 900 000 Lichtjahren (heutiger Wert: 2,8 Millionen Lichtjahre) stand nun fest: Es handelte sich tatsächlich um eine Galaxie außerhalb unseres eigenen Milchstraßensystems. Shapleys »Glaubenssatz«, die Milchstraße sei *das Universum,* war schlagend widerlegt, zumal Hubble bald noch weitere Galaxien aufspürte. Damit war das Tor in die Welt der extragalaktischen Sternsysteme aufgestoßen.

Einsteins Relativitätstheorie

Wir kommen gleich wieder auf Hubble zurück. Doch zuvor müssen wir eine in jenen Jahren vollbrachte theoretische Leistung ins Blickfeld nehmen, die für Hubbles erst noch folgende Entdeckungen allergrößte Bedeutung gewinnen sollte. Weder Hubble selbst noch der Schöpfer dieser Theorie konnten diese wahrhaft atemberaubenden Konsequenzen zunächst überblicken.

Am 4. November 1915 überreichte Albert Einstein auf der Gesamtsitzung der Königlich Preußischen Akademie der Wissenschaften zu Berlin eine Mitteilung mit dem bescheidenen Titel *Zur allgemeinen Relativitätstheorie.* Die Abhandlung war die Frucht einer langjährigen gedanklichen Arbeit, mit der Einstein schon unmittelbar nach dem Erscheinen seiner *Speziellen Relativitätstheorie* im Jahr 1905 begonnen hatte. Nun lag die Theorie nach mehreren Ansätzen abgeschlossen vor. Nur wenige der Zuhörer dürften damals geahnt, geschweige denn verstanden haben, in welch tiefgreifender Weise Einsteins Theorie unsere gesamten Vorstellungen von Raum und Zeit dramatisch verändern würde. Sie bewirkte für unser Verständnis der Welt im Großen einen ähnlich revolutionären Wandel wie Plancks Quantentheorie aus dem Jahr 1900 für den Mikrokosmos.

Die Allgemeine Relativitätstheorie ist die Theorie der Gravitation, der universellen Massenanziehung. Sie beseitigte mit einem Schlag die

Newton'schen Fernwirkungskräfte, die seit den Tagen Isaac Newtons stets rätselhaft erschienen waren. Bereits im 19. Jahrhundert waren die Fernkräfte durch die Forschungen von Michael Faraday, James Clerk Maxwell und Heinrich Hertz nach und nach aus den Phänomenen des Elektromagnetismus verschwunden. Ein Magnet oder eine elektrische Ladung wirken demnach anziehend oder abstoßend, weil sie dem zwischen ihnen liegenden Raum eine Eigenschaft verleihen, die wir als magnetisches oder elektrisches Feld bezeichnen. Auch Einsteins Relativitätstheorie war eine Feldtheorie – diejenige der Gravitation. Aber der Zusammenhang zwischen dem Raum und dem Gravitationsfeld war dennoch bei Einstein ein ganz anderer als in der elektromagnetischen Feldtheorie.

Der Raum, der als vierdimensionales, raumzeitliches Kontinuum (mit der Zeit als vierter Dimension) verstanden wird, hat eine Struktur, die ihm unmittelbar von den Massen verliehen wird, die sich in ihm befinden. Umgekehrt bestimmt diese Raumstruktur die Bewegung der Massen. Die Planeten bewegen sich zum Beispiel infolge ihrer Trägheit entsprechend der Raumstruktur, die durch die gewaltige Masse der Sonne bestimmt wird. Die physikalische Struktur des Gravitationsfelds ist mit der lokalen geometrischen (metrischen) Struktur der Raumzeitwelt identisch. Dabei handelt es sich im Allgemeinen um einen gekrümmten (Riemann'schen) Raum, das heißt, die Struktur des Raums entspricht nicht mehr jener unserer anschaulichen, euklidisch geprägten Vorstellungen.

Das alles klingt extrem abstrakt, zumal wir dreidimensionalen Wesen uns ja eine vierdimensionale Welt so wenig vorzustellen vermögen, wie ein zweidimensionales Geschöpf den Körper einer Kugel. Einstein wusste das und bemerkte in diesem Zusammenhang später:

> Die Ausgangshypothesen werden immer abstrakter, erlebnisferner. Dafür aber kommt man dem vornehmsten wissenschaftlichen Ziele näher, mit einem Mindestmaß von

Hypothesen oder Axiomen ein Maximum von Erlebnisinhalten durch logische Deduktion zu umspannen [13].

Doch wer ist der Richter über diese Axiome (s. Exkurs rechts) und Deduktionen? Wie kann entschieden werden, ob die nach Einstein »freien Schöpfungen des Denkens« [14], die aus unseren Sinneserlebnissen keineswegs deduktiv gewonnen werden können, zutreffend sind und somit der »Wahrheit« entsprechen? Dies ist nur durch das Experiment möglich, in der Astronomie weitgehend durch Beobachtungen. Und vor diesem »Richter«, dem Experiment, hat Einsteins »unanschauliche« Theorie glänzend bestanden!

Die wohl spektakulärste Prognose, die sich aus der Allgemeinen Relativitätstheorie ergab, war die Lichtablenkung im Schwerefeld der Sonne. Ein Lichtstrahl muss nach Einstein bei seiner Ausbreitung im Raum wohl oder übel der Raumstruktur folgen und wenn diese in der Nähe großer Massen »verbogen« ist, muss auch der Lichtstrahl auf einer gekrümmten Bahn laufen. Der Nachweis dieser Ablenkung ist möglich, wenn man bei einer totalen Sonnenfinsternis die Positionen von Sternen vermisst, die unweit des abgedunkelten Sonnenrandes stehen. Ein halbes Jahr später (oder früher), wenn sich die Sonne infolge ihrer scheinbaren Bewegung auf der gegenüberliegenden Seite des Himmels befindet, werden die Messungen wiederholt und die Positionen miteinander verglichen. Diese messtechnisch nicht einfach zu bewältigende Aufgabe – die Lichtablenkung unmittelbar am Sonnenrand beträgt nach der Theorie nur 1,75 Bogensekunden – gelang erstmals im Jahr 1919.

Unter der Leitung von Arthur Eddington, Andrew Crommelin und Charles Davidson rüsteten die Briten damals zwei Expeditionen auf die Insel Principe (Westafrika) und nach Sobral (Brasilien) aus, um Einsteins Vorhersage zu überprüfen. Aus zahlreichen fotografischen Aufnahmen leiteten sie einen Wert von 1,98 Bogensekunden, bezogen auf den Sonnenrand, ab, – eine hinreichend gute Bestätigung

Exkurs

Axiome

Unter einem klassischen Axiom (einer Ausgangshypothese) verstehen wir einen evidenten Grundsatz, der unmittelbar einleuchtend ist, ohne dass er aus allgemeineren Sätzen hergeleitet werden könnte. Ein bekanntes Beispiel ist der Satz vom Widerspruch. Er besagt, dass ein Ding nicht gleichzeitig es selbst und das Gegenteil dessen sein kann. Wer behauptet, die Erde sei eine Scheibe, kann nicht gleichzeitig recht haben mit jemandem, der sie als Kugel bezeichnet.

Axiome spielen in der Mathematik, Physik und Philosophie eine bedeutende Rolle. So bilden die Axiome der Newton'schen Mechanik (als allgemeine Naturgesetze) die Grundlage der gesamten klassischen Bewegungslehre einschließlich der Himmelsmechanik. Sie gelten allerdings heute nicht mehr als Axiome, da es inzwischen gelungen ist, sie aus anderen Grundaussagen der modernen Physik abzuleiten. Hieran wird ersichtlich, dass der Axiomcharakter auch eine relative Eigenschaft von Sätzen sein kann.

In der Mathematik sind Axiome von großer Wichtigkeit. Jeder mathematische Beweis besteht darin, aus einem Axiom durch logische Schlüsse andere Sätze herzuleiten. David Hilbert führte den formalen Axiombegriff ein und vertrat die Ansicht, dass aus unbewiesenen Axiomen, die Bestandteile eines formalisierten Systems von Sätzen sind, alle anderen Sätze des Systems (Lehrsätze oder Theoreme) logisch abgeleitet werden können. Zu den von Hilbert im Jahr 1900 formulierten berühmten 23 Problemen der Mathematik seiner Zeit zählte auch die Forderung, die Widerspruchsfreiheit der Axiome der Arithmetik zu beweisen. Kurt Gödel konnte jedoch zeigen, dass dieser Beweis nicht erbracht werden kann.

---

der Theorie. Das Ergebnis erregte weltweit öffentliches Aufsehen, zierte die Titelseiten der Illustrierten und machte Einstein schlagartig zum »Popstar der Physik«.

Albert Einstein während einer Vorlesung in Wien im Jahr 1921. Mit seiner Allgemeinen Relativitätstheorie hatte er eine Theorie der Gravitation formuliert, deren Vorhersagen experimentell glänzend bestätigt werden konnten.

Neben der Lichtablenkung hatte Einsteins Theorie noch zwei weitere überprüfbare Konsequenzen: Zum einen sollten sich die sonnennächsten Punkte (Perihele) der Planetenbahnen langsam drehen und zwar um einen Betrag, der etwas größer war, als es die klassische Newton'sche Theorie verlangte. Wegen der großen Sonnennähe von Merkur musste sich dieser Effekt bei diesem Planeten besonders stark bemerkbar machen. Als man nun die Perihelbewegung des Merkur unter die Lupe nahm, zeigte sich, dass bereits Kollegen im 19. Jahrhundert die unerwartete Größe längst bemerkt hatten. Damals hatte man eher an einen Messfehler oder einen noch unbekannten Planeten gedacht, weil man sich den Effekt nicht erklären konnte. Nun zeigte sich: Die zusätzliche Drehung von nur 43 Bogensekunden pro Jahrhundert war eine direkte Konsequenz aus Einsteins Relativitätstheorie.

Ein dritter vorhergesagter Effekt betrifft das Licht, das uns von der Sonne erreicht. Die Linien im Sonnenspektrum sollten zum roten Ende hin verschoben sein. Diese »Gravitationsrotverschiebung« war schwieriger nachzuweisen, da sich zahllose andere Effekte dem gesuchten überlagerten. Aber schließlich bestand Einsteins Theorie auch diese Prüfung.

Die Expansion des Universums

Einstein war sich natürlich darüber im Klaren, dass seine Relativitätstheorie geeignet sein musste, um Vorstellungen über die Welt als Ganzes zu entwickeln. Diesem Problem wendete er sich dann auch gleich persönlich zu und brachte bereits im Jahr 1917 seine *Kosmologischen Betrachtungen zur allgemeinen Relativitätstheorie* heraus. Das Ergebnis ist ein unbegrenztes, aber zugleich endliches Universum in der vierdimensionalen Raumzeit, ein statischer Kugelraum im Sinne der Riemann'schen Geometrie. Als Analogon verweist Einstein auf eine Kugel, die eine endliche, aber zugleich unbegrenzte Oberfläche besitzt. Wie die Kugel für zweidimensionale Wesen hat auch das Universum für uns dreidimensionale Wesen keinen Mittelpunkt.

Doch müsste ein solcher Kosmos nicht unter der Gravitationswirkung der in ihm enthaltenen Massen zusammenstürzen? Um die offensichtlich vorhandene Stabilität des Universums theoretisch abzusichern, führte Einstein eine sogenannte kosmologische Konstante »Lambda« ein, die dieses Kollabieren verhindern soll. Lambda ist gewissermaßen eine Art »Antischwerkraft«, ein mathematischer Trick, dessen physikalische Bedeutung zunächst völlig unklar blieb.

Das Ganze wurde von manchem Physiker als eine regelrechte Zumutung empfunden. Hatte die Relativitätstheorie damals ohnehin noch genügend Gegner, so wunderten sich jetzt selbst einige Freunde unter Einsteins Kollegen. Willem de Sitter, der damalige Chef der Sternwarte in Leiden, schrieb an Einstein: »Wenn ich das alles glauben soll, dann hat Ihre Theorie für mich doch viel von ihrer klassischen Schönheit verloren« [15]. Dennoch faszinierte Einsteins kosmologischer Entwurf die Fachwelt insgesamt so intensiv, dass einige seiner Kollegen damit begannen, selbst die kosmologischen Konsequenzen dieser Theorie zu durchdenken. Auch Willem de Sitter zählte dazu und er wies Einstein nach, dass dessen Gleichungen auch andere Lösungen zulassen. Das Universum müsse nicht unbedingt statisch sein, auch ein sich bewegender Kosmos sei denkbar – selbst dann, wenn in ihm gar keine Masse vorhanden wäre.

Der Russe Alexander Friedmann kam zu noch weitreichenderen Ergebnissen. Er publizierte die allgemeinen Lösungen der Einstein'schen Feldgleichungen und konnte zeigen, dass Einsteins relativistische Gleichungen mit einem statischen Universum gar nicht vereinbar sind. Das Weltall *müsse* sich entweder ausdehnen oder zusammenziehen, expandieren oder kollabieren. Ob man nun mit Einsteins kosmologischer Konstante arbeitete oder ohne, das änderte nichts an diesem grundsätzlichen Befund. Einstein war sich anfangs sicher, dass Friedmann ein Rechenfehler unterlaufen war, musste ihm aber schließlich doch zustimmen.

Jenen Forschern, die das Geschehen nur als Zuschauer verfolgten, den »Außenstehenden«, erschien diese Debatte recht wirr. Sie werteten dies als einen Hinweis darauf, dass Einsteins Theorie für Aussagen über den Kosmos als Ganzes wohl unbrauchbar sei. Doch es kam anders und damit sind wir jetzt wieder bei dem engagierten Himmelsbeobachter Edwin Hubble, der die Existenz extragalaktischer Sternsysteme, also Sternsysteme außerhalb unseres eigenen Milchstraßensystems, nachgewiesen hatte.

Die Welt der in schwindelerregenden Tiefen des Universums schwebenden Galaxien hatte es dem jungen Forscher angetan. Doch nicht nur ihm allein. Vesto Slipher beispielsweise war am Lowell-Observatorium in Flagstaff (Arizona, USA) bereits um 1912 auf die Spektren von Spiralnebeln aufmerksam geworden, als man deren Natur noch gar nicht kannte und sich der Hooker-Spiegel noch in der Planung befand. Hubble brütete zu dieser Zeit noch als Student in Oxford über juristischen Problemen und fand erst später zur Astronomie. Der Schwede Knut Emil Lundmark nutzte diese frühen Messungen von Slipher schon etwa 1924 zur Ableitung eines interessanten Diagramms, aus dem man deutlich ersehen konnte, dass in den Spektren von Nebeln Linien vorkommen, die im Vergleich zu irdischen Laborspektren zum roten Ende des Spektrums hin verschoben sind. Ihre Verschiebung fiel umso stärker aus, je weiter die Nebel von uns entfernt waren. Auch Carl Wirtz in Kiel hatte 1921 bereits ähnliche Resultate erhalten.

Es mag sein, dass Hubble davon gar nichts wusste. Deutsche Astronomen beklagten jedenfalls regelmäßig, dass die Amerikaner ausländische Publikationen praktisch nicht zur Kenntnis nahmen. Dass sich Hubble mit den Spektren der von ihm entdeckten Galaxien beschäftigte, war dessen ungeachtet völlig folgerichtig. Dabei bediente er sich einerseits – wie schon Lundmark – der alten Messungen seines Lehrers Slipher, aber auch jener seines Assistenten Milton Humason und natürlich auch eigener Beobachtungsdaten. Im Jahr 1929 kam er dann zu dem eindeutigen Schluss, dass die Rotverschiebungen in den Spektren extragalaktischer Systeme mit deren Entfernung zunehmen (vgl. Abb. S. 146), und veröffentlichte dieses Resultat noch im gleichen Jahr in den *Proceedings of the National Academy of Sciences*, dem Mitteilungsblatt der US-amerikanischen Akademie der Wissenschaften.

Das Datenmaterial war zweifellos besser als das seiner Vorgänger, vor allem konnte er eine lineare Beziehung zwischen Rotverschiebung und Distanz nachweisen. Große kosmologische Spekulationen sucht

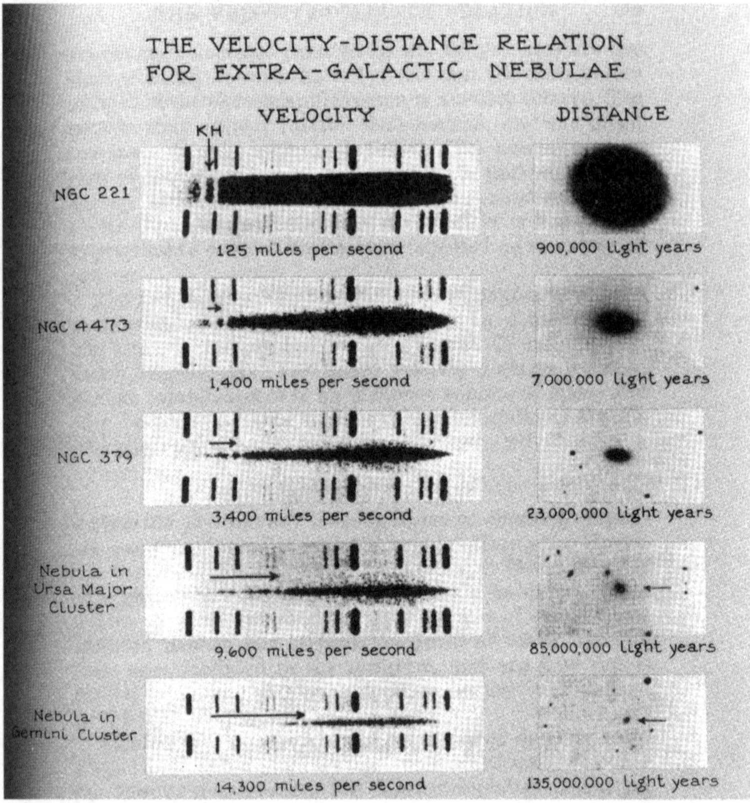

Die Beziehung zwischen Rotverschiebung (Geschwindigkeit) und Entfernung verschiedener Galaxien, wie sie Edwin Hubble in seinem Buch *The Realm of the Nebulae* (deutscher Buchtitel: *Das Reich der Nebel*) Mitte der 1930er-Jahre darstellte. Die Spektren unterschiedlich weit entfernter Galaxien (jeweils Abbildungen links) zeigen umso stärkere Linienverschiebungen zum roten Ende des Spektrums im Vergleich zu Laborspektren, je weiter die Objekte entfernt sind (rechte Abbildungen).

man in der Arbeit jedoch vergebens und der Name Einsteins kommt in der kurzen Abhandlung gar nicht vor. Lediglich de Sitter wird erwähnt, aber auch nur marginal und ganz am Schluss des Textes.

Exkurs

Der Doppler-Effekt

Unter dem Doppler-Effekt versteht man die Veränderung wahrgenommener Frequenzen von Wellen jeder Art, wenn sich deren Quelle auf den Beobachter zu- oder von ihm wegbewegt oder der Beobachter auf die Quelle zu- oder von ihr weggerichtete Bewegungen ausführt. Die Entdeckung dieses Effekts geht auf den österreichischen Physiker Christian Doppler zurück, der ihn 1842 zum ersten Mal beschrieb. Bei gegenseitiger Annäherung von Quelle und Beobachter erhöht sich die wahrgenommene Frequenz, während sie sich beim Entfernen verringert. Im Alltag haben wir alle schon einmal mit dem Doppler-Effekt Bekanntschaft gemacht, wenn sich ein Auto mit Martinshorn nähert. Die Tonhöhe des Signals (die Frequenz) schlägt in dem Moment von einem höheren in einen niedrigeren Wert um, wenn die Quelle an uns vorüberfährt. Dann geht nämlich die Annäherung in eine Entfernung der Quelle über.

Im optischen Bereich macht sich der Doppler-Effekt durch eine Verschiebung der Spektrallinien im Spektrum der Quelle bemerkbar. Bei Annäherung an den Beobachter sind die Linien zum blauen Ende des Spektrums verschoben, bei Entfernung zum roten. Aus dem Betrag der Linienverschiebung gegenüber einem Laborspektrum (einer ruhenden Quelle) lässt sich die Geschwindigkeit der bewegten Quelle ermitteln. Vom Doppler-Effekt wird in der modernen Astronomie und Astrophysik rege Gebrauch gemacht. Viele bedeutende Erkenntnisse gehen auf die Informationen zurück, die uns der Doppler-Effekt vermittelt.

Rückblickend haben jedoch Einsteins Theorie und Hubbles Beobachtungsergebnisse sehr viel miteinander zu tun. Das wurde aber erst sichtbar, als die gemessenen Rotverschiebungen im Sinne des Doppler-Effekts interpretiert wurden (s. Exkurs oben). Wieder war es Willem de Sitter, der mit dieser Deutung als Erster hervortrat. Rotverschiebungen der Linien in den Spektren von Sternsystemen bedeuteten demnach, dass sich die fernen Sternsysteme alle von uns fortbewegen und zwar mit umso größerer Geschwindigkeit, je weiter sie von uns entfernt sind. Die Expansion des Universums war entdeckt und die Relativitätstheorie war offensichtlich *doch* in der Lage, Aussagen über die Welt als Ganzes zu machen, die sich nun sogar in Übereinstimmung mit den Beobachtungsdaten befanden.

Uratom und »Big Bang«

Einstein brauchte noch geraume Zeit, ehe er sich geschlagen gab und sein Modell eines statischen Universums endgültig verwarf. Dies geschah erst auf einer Amerikareise im Jahr 1931, bei der er auch das Mount-Wilson-Observatorium besuchte und mit Hubble persönliche Bekanntschaft schloss.

Hubble andererseits konnte sich mit der Interpretation der Rotverschiebung nicht recht anfreunden. Zwar hatte er seine Arbeit unter dem Eindruck der von anderen vorgegebenen Meinungen verfasst. Für ihn war die Rotverschiebung dennoch keineswegs notwendigerweise ein Hinweis auf ein expandierendes Weltall. Man konnte sich schließlich auch andere Erklärungen dafür ausdenken, zum Beispiel einen Energieverlust des Lichts auf dem weiten Weg durch das Universum, der gleichfalls umso größer ausfallen müsste, je weiter die Objekte entfernt waren. Auch an diesem Beispiel wird deutlich, dass nicht die Beobachtungsdaten allein, sondern erst ihre Verbindung mit einer zutreffenden Deutung die wirkliche Entdeckung ausmachen.

Hubble sträubte sich also, aus seinen Beobachtungsdaten auf eine »Nebelflucht« zu schließen. Deshalb beteiligte er sich auch nicht an weiteren kosmologischen Spekulationen. Andere betätigten sich auf diesem Feld dafür umso eifriger, darunter auch Arthur Eddington, der geniale britische Theoretiker und Praktiker der Astronomie. Ein anderer Vertreter der »neuen Kosmologie« war der belgische Jesuit

Der belgische Priester und Wissenschaftler Georges Lemaître war der Erste, der aus Theorie und Beobachtungen auf eine Expansion des Universums schloss.

Georges Lemaître, der seinen ersten Artikel über diese Thematik 1927 herausgebracht hatte. Darin hatte er keinen Hehl aus seinen Zweifeln an de Sitters Universum gemacht, da dieses auch ohne Materie auskam. Doch der Hauptgrund seiner Abneigung war die Tatsache, dass dieses vorgestellte Modell keine Raumkrümmung aufwies und somit unendlich war.

Eddington, Lemaîtres Lehrer in den Jahren 1923/24, entwickelte ein »Lemaître-Eddington-Modell«, das seinen Ausgang von einem statischen Einstein-Universum unbekannten Alters mit endlichem Durchmesser und Volumen nehmen und sich erst dann gemäß der beobachteten Expansion weiterentwickeln sollte. Die Dauer der Expansionsphase ergab sich zu etwa zwei Milliarden Jahren. Es war ein unbestreitbarer Vorteil dieses Modells, dass es auch nach der Entdeckung des Erdalters von vier Milliarden Jahren nicht kapitulieren musste. Man brauchte nur anzunehmen, dass der anfängliche stationäre Zustand entsprechend länger gedauert hatte – und alles war in bester Ordnung. Erst viel später, als alle kosmischen Distanzen aufgrund verbesserter Beobachtungsdaten revidiert werden mussten, verlor auch diese Theorie einen großen Teil ihrer Glaubwürdigkeit.

Eddington hatte sich schon bald – wie übrigens auch Einstein – mit der Frage beschäftigt, wie man eine allumfassende Theorie des Universums erstellen könnte. Während Einstein jedoch der Quantentheorie misstraute, versuchte Eddington, sie mit der Relativitätstheorie zu vereinen. In diesem Zusammenhang hatte er 1931 in einem Aufsatz angemerkt, die Vorstellung »eines Anbeginns der Natur sei ihm widerwärtig« [16].

Das weckte nun wiederum Lemaîtres Widerspruchsgeist. Gerade die Quantentheorie, meinte Lemaître, lege durchaus einen Weltanfang nahe. Aus den Grundsätzen der Thermodynamik gehe hervor, dass der Gesamtbetrag der im Universum vorhandenen Energie in Portionen (Quanten) verteilt sei und dass deren Zahl ständig zunehme. Rechne man in die Vergangenheit zurück, so bedeute dies im Umkehrschluss, dass die Zahl der Quanten früher wesentlich geringer gewesen sei. Schließlich finde man einen Zustand vor, in dem die gesamte Energie des Universums in einigen wenigen, vielleicht sogar in einem einzigen Quant enthalten gewesen sei.

So entstand schließlich in Lemaîtres Kopf die spektakuläre Idee eines »Uratoms« als die früheste embryonale Form des Universums. Mit dem, was wir heute unter einem Atom verstehen, hatte der eher metaphorisch gemeinte Begriff allerdings nichts zu tun. Lemaîtres »atome primitif« sollte der gesamten Masse des Kosmos entsprechen. Doch sei dieses monströse Ungetüm instabil und zerfalle in immer kleinere Atome, woraus sich schließlich in einem unvorstellbaren

Feuerwerk all jene Erscheinungsformen des Weltalls herausgebildet hätten, die wir heute kennen. Eigentlich hat Lemaître damit das erste »Urknallmodell« der Kosmologie geschaffen, wenn auch nur in der qualitativen Gestalt einer Ideenskizze.

Der Begriff »Big Bang« (Urknall) tauchte allerdings erst viel später und in einem anderen Zusammenhang auf: Der US-amerikanische Astronom Fred Hoyle sprach 1950 zum ersten Mal in einem Vortrag vom »Big Bang«, gleichsam um sich über die Idee eines einstmals sehr heißen und kleinen Weltalls lustig zu machen. Er selbst vertrat eine dem Evolutionskosmos ganz entgegengesetzte Auffassung.

Was nun Lemaître anging, so benötigte dieser zur Ausarbeitung seiner Idee eine Theorie der Kernstruktur für superschwere Atome. Zum anderen konnten vielleicht auch präzise Messungen der kosmischen Höhenstrahlung nützlich sein, die er als Ergebnis des radioaktiven Zerfalls des Uratoms interpretierte. Doch entsprechende konkrete Aussagen dazu waren um jene Zeit noch zu spärlich. Was wir heute als Urknallszenario bezeichnen, hat mit dem »Uratom« des belgischen Priesters auch nur noch bedingt zu tun. Den Weg zum jetzigen Big-Bang-Universum beschritten andere und auch mit einem anderen Resultat.

Urknall oder »Steady State«?

Es war vor allem der aus Russland stammende US-amerikanische Physiker George Gamow, der unmittelbar an Lemaîtres Vorstellungen anknüpfte und Ende der Vierzigerjahre des 20. Jahrhunderts aus der »Nebelflucht« auf ein Frühstadium des Universums schloss, in dem statt eines »Uratoms« eine extrem dichte Ansammlung von Neutronen, Protonen sowie Elektronen und ein »Meer aus Strahlung« vorhanden gewesen seien. Das Ganze nannte er Ylem nach dem altgriechischen Wort für Chaos.

Gamow nutzte nun die atomphysikalischen Kenntnisse seiner Zeit, um herauszufinden, wie aus diesem frühen Teilchen-Strahlungscocktail die Elemente entstanden sein könnten. Er erkannte völlig klar:

> Das relative Vorkommen verschiedener atomarer Gattungen muss das älteste archäologische Dokument der Geschichte unseres Universums darstellen [17].

Dieses Dokument wünschte er begierig zu entziffern. Dabei zeigte sich nun aber, dass im Wesentlichen nur Wasserstoff und Helium im Urknall entstanden sein konnten, abgesehen von geringen Mengen an Deuterium, radioaktivem Tritium sowie Lithium und Beryllium. Woher aber stammten die anderen Elemente?

Gamow war ratlos und beruhigte sich mit dem Gedanken, zumindest die Herkunft der häufigsten kosmischen Elemente aufgeklärt zu haben. Aus spektralen Untersuchungen wusste man damals bereits, dass die Häufigkeit der Elemente bei allen Sternen etwa dieselbe ist, wobei Wasserstoff und Helium mit rund 99 Prozent weitaus am meisten vertreten sind und im Verhältnis drei zu eins vorkommen.

Bei Gamows Untersuchungen hatte sich gezeigt, dass die Synthese von Wasserstoff und Helium extrem hohe Temperaturen erfordert, weil sonst die sich teilweise abstoßenden Quarks und die positiv geladenen, sich gegenseitig abstoßenden Protonen nicht miteinander hätten verschmelzen können. Damit sich gerade das gemessene Verhältnis von Wasserstoff zu Helium ergab, waren nach den Untersuchungen von Gamow und seines Kollegen Ralph A. Alpher ganz bestimmte Temperaturen erforderlich, die der Synthese der Elemente Wasserstoff und Helium jedoch nur ein sehr winziges Zeitfenster ließen. Zu hohe Temperaturen hätten die Atomkerne gleich wieder zerstört, zu niedrige hätten die Fusion nicht mehr bewirken können.

Aus der gemessenen Fluchtbewegung der Galaxien konnte man nun berechnen, wann und wie lange die Temperaturen im frühen

Weltall jenen Werten entsprochen hatten, die zu dem heute gemessenen Verhältnis von Wasserstoff zu Helium in den Sternen führen. So entnehmen wir gleichsam aus dem gemessenen Verhältnis dieser beiden Elemente Informationen über das sehr frühe Weltall.

Daraus wiederum ergab sich angesichts der Expansion des Universums sogleich die Schlussfolgerung, dass auch heute noch etwas von dem einstigen heißen Feuerball existieren müsse, wenn auch nur in Gestalt eines stark abgekühlten und über das gesamte Universum verteilten »Photonengases«. Nun rechneten Alpher und Gamows weiterer Mitarbeiter Robert C. Herman aus, wie stark sich dieser einstige heiße Feuerball inzwischen abgekühlt haben musste. Dazu mussten sie das Alter des Universums kennen, das sie aus dem damals aktuellen Wert der sogenannten Hubble-Konstanten errechneten. Sie beschreibt die momentane Expansionsrate des Universums. In ihrer gemeinsamen Arbeit *Evolution of the Universe*, die 1948 in der Zeitschrift *Nature* erschien, teilten sie das Ergebnis mit: »Die (Strahlungs-)Temperatur des Universums beträgt zurzeit rund fünf Kelvin« [18]. Fünf Kelvin! Das bedeutete auf die Skala unseres Alltagsthermometers übertragen: –268,15 Grad Celsius!

Das war eine ziemlich aussichtslose Angelegenheit. Nach dem Planck'schen Strahlungsgesetz müsste zwar auch ein derartig kalter »Körper« elektromagnetische Wellen aussenden, doch wie hätte man die nachweisen sollen? Das Maximum der Strahlung lag im Bereich der Mikrowellen und damit im Bereich der noch unausgereiften Radioastronomie – wenn sie überhaupt auf der Erde nachweisbar war und nicht von der Atmosphäre absorbiert wurde. Die Angelegenheit geriet in Vergessenheit. Gamow wechselte die Wirkungsstätte und die Gruppe der »Urknallexperten« zerstreute sich.

Das Angebot an kosmologischen Modellen war dennoch reichhaltig. Immer neue Szenarien tauchten auf. Besonderes Aufsehen erregte die Gruppe um Fred Hoyle, Herman Bondi und Thomas Gold mit ihrer Idee einer »Steady-State-Theorie« (Gleichgewichtstheorie), die

1948 publiziert wurde und gleichsam das Gegenteil der verschiedenen Urknallhypothesen darstellte (vgl. Abb. rechts). Zwar gestand die neue Theorie dem Universum seine Expansion zu und deutete folglich die Rotverschiebungen im gleichen Sinn wie die Evolutionskosmologen. Dennoch sollte der Anblick des Kosmos für alle Zeiten immer gleich bleiben, die Expansion schon seit immer andauern und auch zukünftig fortschreiten. Dieses Universum ist folglich ohne Anfang und ohne Ende. Da jedoch die Abstände der Galaxien untereinander ständig zunehmen und die Zwischenräume immer größer werden, kann der Anblick nur gleich bleiben, wenn ständig im Raum zwischen den Galaxien neue Materie entsteht.

Zwar mochten sich die meisten Kosmologen dieser Theorie nicht anschließen, aber das hatte noch nichts zu sagen. Angesichts der gewaltigen Dimensionen des Raums wäre die erforderliche »Entstehungsrate« an neuen Teilchen derart gering, dass niemand die Hoffnung haben konnte, dergleichen – falls vorhanden – überhaupt feststellen zu können. Würde in einem Volumen von tausend Kubikzentimetern in einem Zeitraum von einer Million Jahren kein einziges neues Teilchen »aus dem Nichts« entstehen, so konnte man diesen Befund noch keineswegs als Gegenbeweis gegen die Steady-State-Theorie verwenden.

So blieb es zunächst eine reine Glaubensangelegenheit, welchem der beiden konkurrierenden Szenarien man den Vorrang geben wollte. Zwar klang es verrückt, dass aus dem leeren Raum neue Teilchen entstehen sollten. Doch fanden es die Anhänger der Gleichgewichtstheorie ebenso aberwitzig, dass der gesamte Kosmos einst heiß und dicht gewesen sein sollte, ohne dass ihnen jemand erklären konnte, wie das Weltall vor dem Beginn des Auseinanderfliegens ausgesehen habe. Ende der Fünfzigerjahre des vergangenen Jahrhunderts veranstaltete das Gallup-Institut eine Umfrage unter den Kosmologen. Den Urknall befürworteten 33 Prozent der Befragten, die kontinuierliche Materieerzeugung der Steady-State-Theorie 24 Prozent.

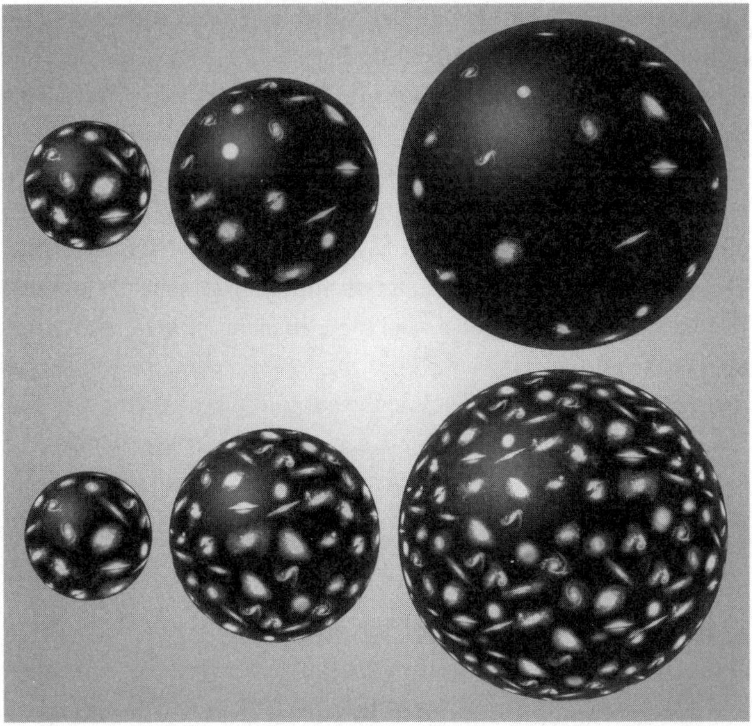

Um die Mitte des 20. Jahrhunderts konkurrierten zwei kosmologische Modelle miteinander. Gemäß der Urknalltheorie war die gesamte Materie im Universum einst dicht beisammen und sollte sich durch die zunehmende Expansion immer weiter verdünnen (oberes Modell). Die (inzwischen widerlegte) Steady-State-Theorie ging hingegen davon aus, dass bei der Expansion immer neue Materie entstehe. Der Anblick des Universums bliebe dann praktisch immer gleich (unteres Modell).

Aber demokratische Abstimmungen sind in der Wissenschaft völlig wertlos. So antworteten denn auch ausnahmslos alle Kosmologen auf die Frage, ob sie solche Meinungserhebungen für den wissenschaftlichen Fortschritt als sinnvoll erachteten, mit einem entschiedenen »Nein«. Apropos Glaubensangelegenheit: Die Urknalltheorie erntete rasch den öffentlichen Beifall des Vatikans. Der Priester Lemaître war bereits 1940 zum Mitglied der Päpstlichen Akademie der Wissenschaften berufen worden und im Jahr 1951 erklärte Papst Pius der Zwölfte, dass der Urknall als zeitlicher Beginn des Universums dem göttlichen Schöpfungsakt entspreche. 1960 schließlich wurde Lemaître Präsident der Päpstlichen Akademie der Wissenschaften und zugleich päpstlicher Prälat. Umgekehrt hegten die sowjetischen Vertreter des dialektischen Materialismus damals mehr Sympathie für die Steady-State-Theorie, weil diese einen naturwissenschaftlich abgesicherten scheinbaren Schöpfungsbeweis schon im Ansatz gar nicht erst enthielt. Die Kosmologie war in die Mahlsteine von Philosophie, Religion und Ideologie geraten. Neue Entdeckungen der Astrophysiker sollten sich jedoch bald zu einem Urteilsspruch gegen die Auffassung vom immer gleich bleibenden Universum verdichten.

Ein Rauschen aus dem Kosmos

Die ersten ernst zu nehmenden Bedenken gegen die Steady-State-Theorie lieferten Anfang der Sechzigerjahre des 20. Jahrhunderts die Radioastronomen. Sie durchmusterten das Universum mit ihren noch vergleichsweise einfachen neuen technischen Hilfsmitteln, den metallischen Parabolreflektoren, und fanden dabei Galaxien, die den größten Teil ihrer Energie im Radiowellenbereich abstrahlen. Besonders Aufsehen erregend war die Entdeckung von quasi punktförmigen Radioquellen, die aber weitaus mehr Energie aussenden als sonst eine ganze Galaxie. Diese sternartig anmutenden quasistellaren Radioquellen (Quasare) waren – ebenso wie die Radiogalaxien – sämtlich nur in weit entfernten Regionen des Weltalls anzutreffen. Damit handelte es sich um Botschaften aus einer fernen Vergangenheit, die deutlich erkennen ließen, dass der Anblick des Universums nicht immer zu allen Zeiten gleich gewesen sein kann.

Schwergewichtiger war jedoch noch die Frage, ob es nicht vielleicht ein messbares »Echo« des Urknalls geben könne. Für die beiden miteinander befreundeten wissenschaftlichen Gegner George Gamow und Fred Hoyle war diese Frage Anlass zu häufigen Streitgesprächen. Neue Beobachtungsergebnisse führten aber bald die Entscheidung herbei.

Wie so oft in der Wissenschaftsgeschichte blieben die ersten Anzeichen dafür zunächst unbemerkt. Es handelte sich um interessante Messungen von Walter S. Adams und Andrew McKellar. Sie untersuchten bereits 1941 eine Wolke von interstellarem Gas im Sternbild Schlangenträger, die sich zwischen der Erde und einem heißen Stern befindet. Im Spektrum dieser Wolke fanden sie ungewöhnliche dunkle Linien, woraus sie entnehmen konnten, dass in der Wolke, die aus dem Licht des Sterns ganz bestimmte Wellenlängen verschluckt, Cyanmoleküle vorkommen. Die Linien gestatteten Rückschlüsse auf die Natur der Moleküle und auf deren Zustände. Die Kenntnis der Energiezustände des Cyanmoleküls führte nun zu dem Resultat, dass dort Temperaturen von etwa 2,3 Kelvin vorherrschen mussten. Besondere Beachtung wurde diesem Ergebnis allerdings nicht zuteil.

Unmittelbar nach Kriegsende beschäftigte sich der junge Physiker Robert Dicke, der im Zweiten Weltkrieg an der Entwicklung der Radartechnik beteiligt war, mit der Suche nach einem Radiorauschen aus dem All und baute dafür eigens eine Nachweisapparatur. Tatsächlich fand er ein schwaches Rauschen im Radiowellenbereich, das einer Planck'schen Temperatur von etwa zwanzig Kelvin entsprach. Weitere Mühe auf die genauere Bestimmung der Temperatur verwendete er nicht, denn als Radarexperte wusste er nichts von der großen Bedeutung solcher Messungen für die heiß diskutierten Fragen der Kosmologie. Als die Arbeit 1946 in der Zeitschrift *Physical Review* veröffentlicht wurde, fand sie ebenfalls keine große Beachtung.

Doch dann geschah etwas gänzlich Unerwartetes. Hauptakteure waren die beiden Physiker Arno Penzias und Robert Wilson (s. Abb. S. 158), die damals bei der Telefongesellschaft Bell Laboratories in New

Arno Penzias (rechts) und Robert Wilson vor ihrer Mikrowellen-Hornantenne, mit der sie die kosmische Hintergrundstrahlung entdeckten.

Jersey, USA, arbeiteten und ebenso wie Dicke mit Astronomie nichts zu tun hatten. Sie bearbeiteten den Auftrag, im Rahmen der Entwicklung eines weltweiten Fernmeldenetzes die Reflexion von Radiosignalen an Erdsatelliten zu untersuchen. Was heute Alltag ist, steckte damals noch in den Kinderschuhen. Die sogenannten Echosatelliten bestanden praktisch nur aus einem mit einer Metallhülle überzogenen Ballon, der von der Erde ausgesendete Signale einfach reflektierte, so dass die wieder zurückkommenden Signale sehr schwach waren. Deshalb hatten Penzias und Wilson ein ziemliches Ungetüm von Antenne mit einem empfindlichen Empfängersystem gebaut, das besonders gut für den Empfang von Mikrowellenstrahlung geeignet war.

Bei ihren Messungen entdeckten sie etwas sehr Ungewöhnliches: ein allgemeines Rauschen bei einer Wellenlänge von 7,35 Zentimetern, das aus allen Richtungen des Himmels kam. Die beiden Forscher waren verwundert, setzten aber ihre Messungen fort. Das Ergebnis blieb immer dasselbe. Aus allen Richtungen strömte diese merkwürdige Strahlung heran, für die sie keine Erklärung hatten.

Vielleicht lag es ja an der Antenne? Möglicherweise hatte der dort zunehmend vorhandene Taubendreck die Eigenschaften des empfindlichen Geräts beeinträchtigt. So bauten sie das Gerät auseinander, unterzogen es einer sorgfältigen Reinigung und setzten dann ihre Messungen fort. Das Resultat blieb unverändert dasselbe. Die Temperatur des offenbar den ganzen Raum durchdringenden »Körpers«, von dem die Strahlung herrührte, ergab sich zu 3,5 Kelvin. Später erzählte Penzias:

> Nun standen wir vor einem Ergebnis, von dem wir wussten, dass es nicht stimmen konnte. Man konnte jede Radioquelle, von der man wusste, ausschließen, wenn schon aus keinem anderen Grund, dann aus dem, dass alle damals bekannten Radioquellen mehr auf längeren als auf kürzeren Wellen strahlten. [...] Die einzige Ausnahme ist die Strahlung Schwarzer Körper. Und wir wussten – oder glaubten zu wissen –, dass es dort draußen eine solche Strahlung nicht gab, weil das leerer Raum war. Wir standen vor einem Rätsel [19].

Das Echo des Urknalls

Gesprächsweise berichteten Penzias und Wilson Ende 1964 Bernard Burke von ihrem eigenartigen »Rauschbefund«. Burke arbeitete am Massachusetts Institute of Technology in den USA und tauschte sich mit anderen Kollegen über die Mitteilung von Penzias und Wilson aus.

Dabei erzählte ihm Ken Turner von der Carnegie Institution in Washington D.C., dass er kürzlich einen Vortrag von Jim Peebles gehört habe, in dem dieser dargelegt hatte, das gesamte Universum müsse von einer Radiostrahlung mit einer Temperatur unter zehn Kelvin erfüllt sein. Da Peebles ein Mitarbeiter von Dicke war, rief Penzias Dicke an, und kurz darauf trafen sich alle Beteiligten in Holmdel, gleichsam in Sichtweite jener hornförmigen Antenne, die den für Penzias und Wilson unerklärlichen Befund zutage gefördert hatte.

Nun erfuhren Penzias und Wilson, dass George Gamow bereits zwanzig Jahre zuvor im Zuge der Evolutionstheorie des Universums eine solche Strahlung gleichsam vorhergesagt hatte, damals jedoch nicht wusste, wie man dieses schwache Rauschen hätte nachweisen können. Dicke konnte sogar auf seine eigenen Messungen verweisen, die unbeachtet geblieben waren und deren Bedeutung er selbst nicht erkannt hatte.[2] Nun war der Damm gebrochen: Bei der gefundenen Strahlung handelte es sich offenbar tatsächlich – oder zumindest mit hoher Wahrscheinlichkeit – um das von Gamow erwartete »Echo« des Urknalls. An mehreren Radioobservatorien wurden die Messungen umgehend bestätigt und die Temperatur der Strahlung genauer zu 2,7 Kelvin bestimmt.

Penzias ist nach eigenem Bekenntnis erst richtig bewusst geworden, welch ein Fisch ihm und seinem Kollegen ins Netz gegangen war, als die *New York Times* am 21. Mai 1965 auf ihrer Titelseite darüber

---

2 – Diese Geschichte wird von verschiedenen Autoren unterschiedlich erzählt. Bei Timothy Ferris [20] heißt es zum Beispiel, dass Penzias die Entdeckung dem neben ihm im Flugzeug sitzenden Burke erzählt habe und dieser ihm kurz danach vom Vorabdruck einer Abhandlung Peebles mit der Voraussage einer solchen Strahlung berichtet hätte. Daraufhin hatte Penzias den Vorabdruck dieses Aufsatzes von Dicke erhalten, worauf sich die beiden trafen und ihnen die tatsächliche Brisanz der Angelegenheit bewusst geworden sei. Am Wesen der Sache ändert sich dadurch aber nichts: Die verschiedenen Gruppen hatten voneinander tatsächlich vorher nichts gewusst.

berichtete. Er selbst und Wilson publizierten ihre Entdeckung ebenfalls 1965 im *Astrophysical Journal* unter der sachlich-distanzierten Überschrift *A Measurement of Excess Antenna Temperature at 4080 MHz.* Sie publizierten also genau das, was sie beobachtet hatten – nicht mehr. Die Antenne war auf den Empfang von Wellen der Länge 7,35 Zentimeter eingestellt, und dort hatten sie entsprechend einer Frequenz von 4080 Megahertz ein verstärktes Rauschen festgestellt. Von Kosmologie ist in dem Beitrag keine Rede. Lediglich zu einem Verweis auf den in demselben Heft veröffentlichten Artikel von Robert Dicke und seinen Mitarbeitern konnten sich die beiden entschließen mit dem Hinweis, dass dieser Beitrag eine »mögliche Erklärung der beobachteten überhöhten Rauschtemperatur« liefere.

Die Vorsicht der beiden Radioastronomen war durchaus berechtigt. Die Interpretation ihrer Messungen als »Echo des Urknalls« war noch keineswegs sicher. Penzias und Wilson hatten ja nur bei einer einzigen Wellenlänge gemessen. Es konnte sich also auch um eine zufällige Übereinstimmung handeln. Wenn aber tatsächlich das ganze Universum in das Echo des Urknalls eingebettet war, dann musste die Verteilung der Energie über die Wellenlänge auch mit jener theoretischen Verteilung übereinstimmen, die sich aus dem Planck'schen Strahlungsgesetz für einen Körper der entsprechenden Temperatur ergibt. Bei anderen Wellenlängen musste die Rauschintensität also ebenso der Planck'schen Temperatur entsprechen wie bei der von Penzias und Wilson untersuchten Wellenlänge von 7,35 Zentimetern. Das gesamte Spektrum musste stimmen.

Deshalb stürzten sich die Radioastronomen nach der Publikation von Penzias und Wilson auch verständlicherweise auf den Empfang des Radiorauschens in anderen Frequenzen. Einige Gruppen waren ohnehin bereits mit dem Versuch befasst, die sogenannte Hintergrundstrahlung zu finden – so auch die Forscher Peter Roll und David Wilkinson in New Jersey. Sie veröffentlichten ihr Resultat bereits kurz nach Penzias und Wilson: Bei der Wellenlänge von 3,2

Zentimetern hatten sie eine Temperatur zwischen 2,5 und 3,5 Kelvin gefunden. Andere Forschergruppen bestätigten diese Temperatur in einem breit gefächerten Wellenlängenbereich. Zwischen 0,33 und 73,5 Zentimetern Wellenlänge der Radiostrahlung fanden sich stets Strahlungsintensitäten, die der Planck'schen Energieverteilung für einen Schwarzen Körper der Temperatur von etwa drei Kelvin entsprachen!

Das stimmte die Anhänger der Urknallhypothese natürlich optimistisch. Doch ein zweifelsfreier Beleg waren auch diese Messungen noch nicht. Denn keine der Messungen hatte das Maximum der Energiekurve erfasst, die bei noch kürzeren Wellenlängen liegt. Erst durch Ballone und Raketen, später durch raumfahrtgestützte Beobachtungen außerhalb der Atmosphäre konnten schließlich auch diese Messungen nachgeholt werden. Sie bestätigten vollauf die Energieverteilung, die man von einem Schwarzen Strahler bei rund drei Kelvin erwarten musste (vgl. Abb. rechts). Jetzt war vollends klar: Das Universum musste aus einem dichten, heißen Urzustand hervorgegangen sein, dessen Echo korrekt den Erwartungen entsprechend nachgewiesen worden war.

Vollends klar? Einer der Pioniere der Kosmologie, Steven Weinberg, drückte sich selbst angesichts der inzwischen gemachten Messungen noch immer zurückhaltend aus. Er sprach von »eindrucksvollen Anhaltspunkten« [21]. Wenn man sie ernst nahm, ließen sich daraus bemerkenswerte Schlussfolgerungen ziehen.

Die Anzahl der Photonen je Raumeinheit, die sogenannte Photonendichte, lässt sich unmittelbar aus der Strahlungstemperatur ableiten. Sie ist proportional zu deren dritter Potenz. Aus der nunmehr bekannten Temperatur ergab sich eine Zahl von 550 000 Photonen pro Kubikdezimeter. Beobachtungen von Galaxien und deren Massen erlaubten es andererseits, auch die Anzahl der Protonen und Neutronen zumindest abzuschätzen. Da die entsprechenden Bestimmungen zahlreiche Unsicherheiten enthalten, ergab sich für das Verhältnis von Photonen zu Neutronen und Protonen ein Minimalwert im Bereich

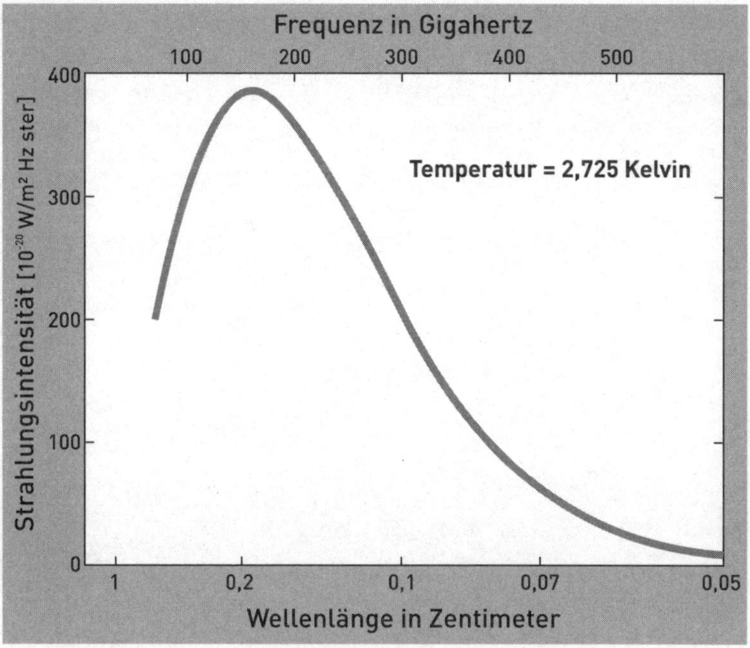

Das Spektrum der kosmischen Hintergrundstrahlung, wie es der Satellit COBE gemessen hat. Es entspricht exakt den theoretischen Erwartungen.

zwischen zwanzig Milliarden und hundert Millionen. Im Universum existieren also ungleich mehr Photonen als Materieteilchen, und dieses Verhältnis muss von einem sehr frühen Zeitpunkt an bestanden haben und seitdem immer gleich geblieben sein.

Heute gilt die Zahl der Photonen als etwa eine Milliarde Mal so hoch wie jene der Materieteilchen. Diese unmittelbar aus der Temperatur der Hintergrundstrahlung abgeleitete Kenntnis führt uns nun mitten in das frühe Universum hinein und gestattet uns, das Geschehen in den ersten Minuten des Weltalls zu rekonstruieren. Die Beobachtungen hatten deutlich zugunsten des Evolutionskosmos gesprochen und damit gegen die Steady-State-Theorie.

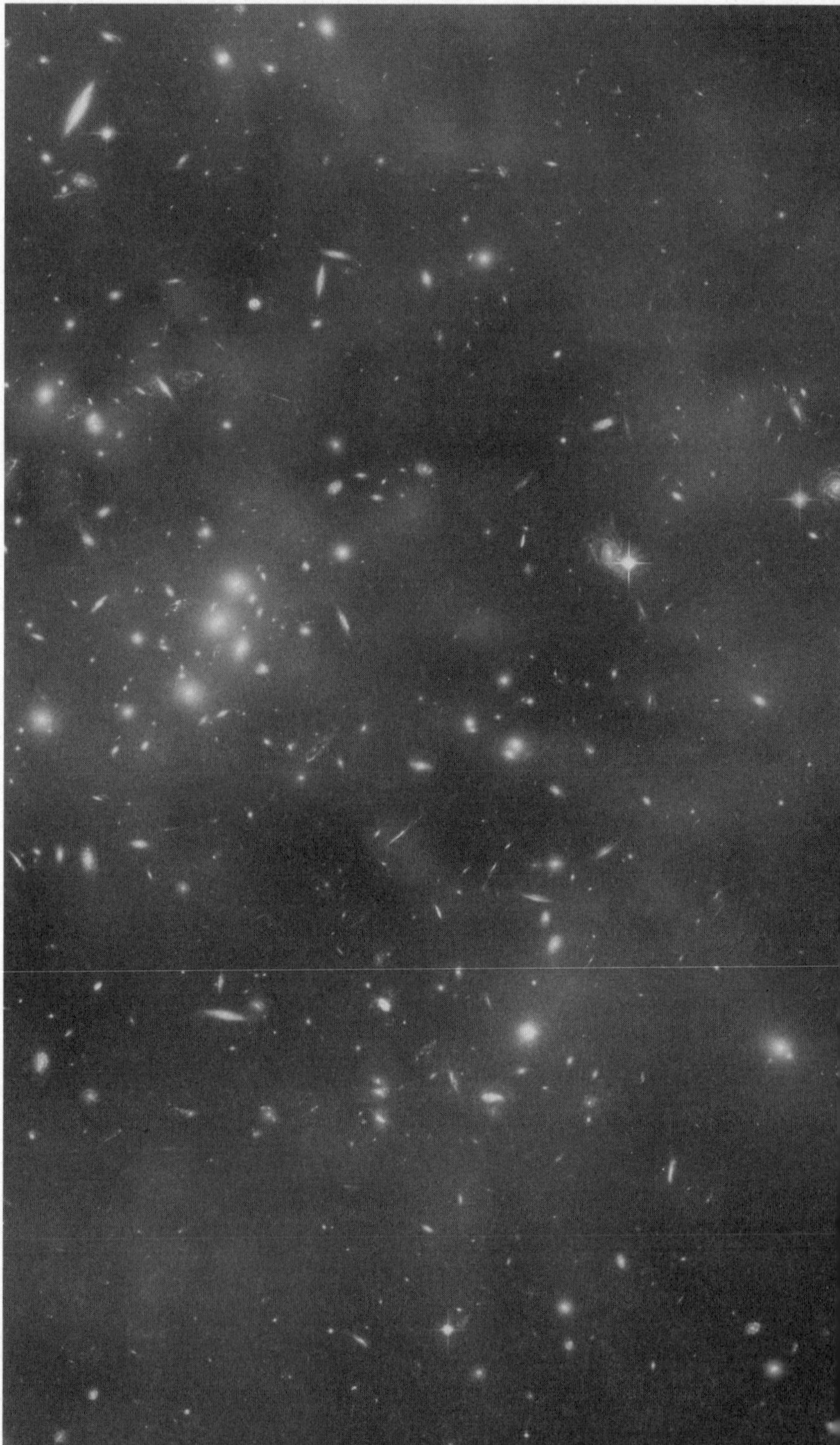

Das moderne Weltbild

Das Standardmodell, Kritik und Probleme

Alle Anzeichen sprechen für einen Evolutionskosmos, der aus einem heißen, dichten Urzustand hervorgegangen ist. Man versucht jetzt, die Vergangenheit des Universums so weit wie möglich zu entschlüsseln – und stößt dabei auf neue Rätsel.

Messungen zufolge muss es im Universum viel mehr Materie geben, als wir sehen können. Diese vermutete Dunkle Materie ist hier grau dargestellt.

Blick zurück zum Anfang

Anhand von theoretischen Überlegungen gelangte man zu dem Schluss, dass die Temperaturen immer weiter steigen müssen, je weiter man den Blick in die Vergangenheit richtet. Schließlich zeigt sich, dass es zu einem sehr frühen Zeitpunkt, als die Temperaturen noch über dreitausend Kelvin gelegen haben, keine Atome gegeben haben kann. Selbst wenn ein positiv geladenes Proton ein Elektron an sich gezogen hätte, wäre dieses wegen der hohen Energie der umherfliegenden Teilchen und Lichtquanten gleich wieder losgeschlagen worden. Wenn aber zu dieser frühen Zeit im Weltall keine Atome existieren konnten, gab es natürlich erst recht keine Sterne oder Galaxien und Galaxienhaufen.

Zum anderen konnten sich damals auch die Lichtquanten nicht ungehindert ausbreiten, weil sie vor allem von den freien Elektronen daran gehindert wurden. Es herrschte ein ähnlicher Zustand, wie wir ihn von einer Nebelwand kennen: Auch da können sich die Photonen wegen der zahllosen Wassertröpfchen in der Atmosphäre nicht geradlinig ausbreiten.

Der anfangs gewaltige Strahlungsdruck sank jedoch schlagartig, als die Temperatur niedrig genug war, dass durch die Verbindung von Elektronen und Protonen zu neutralen Atomen das Universum für Strahlung durchlässig wurde. Das geschah rund 380 000 Jahre nach dem »Urknall«. Plötzlich wurde das Weltall durchsichtig. Die Elektronen verschwanden in den Wasserstoffatomen und vermochten die Ausbreitung der Photonen folglich nicht mehr zu behindern.

Die in der Materie, also den Atomen und Elementarteilchen, enthaltene Energie war jetzt größer (und nicht mehr geringer) als die in der Strahlung enthaltene Energie. Diese reichte nicht mehr aus, um die Elektronen aus den entstandenen Atomen wieder zu entfernen. Die Strahlungsdominanz ging in Materiedominanz über. Die zahlenmäßig gleich gebliebene Überlegenheit der Photonen verdammte sie trotz allem zur »Machtlosigkeit«. Fortan sank die Energie der Photonen infolge der Expansion immer weiter und weiter. Bei der gegenwärtigen Temperatur des Photonengases von drei Kelvin beträgt die Energie eines Photons nur noch 0,0007 Elektronenvolt, die eines einzigen Kernteilchens hingegen nach Einsteins Äquivalenzbeziehung zwischen Masse und Energie 938 Millionen Elektronenvolt.

Astrophysiker, Astronomen und Kosmologen arbeiten seit dieser Erkenntnis gemeinsam mit den Elementarteilchenphysikern am Verständnis der »Geschichte des Universums«. Wie haben sich aus diesem frühen Urzustand des Kosmos die Sternsysteme mit ihren Sternen sowie die beobachteten Haufenstrukturen herausgebildet? Welche Rolle spielte die mysteriöse »Dunkle Materie« (s. S. 197ff) dabei? Doch während diese Fragen diskutiert und besonders seit der Ära der Raumfahrt mit neuartigen Untersuchungsmethoden einer Klärung immer nähergebracht wurden und auch noch werden, war die Neugier der Kosmologen auf eine andere Frage gerichtet: Was geschah in der Entwicklungsphase des Universums, bevor die Photonen ihre Übermacht verloren, was passierte während der ersten Minuten nach dem Urknall?

Besonders der US-amerikanische Forscher und Nobelpreisträger Steven Weinberg hat auf diesem Gebiet Pionierarbeit geleistet und den wesentlichen Anstoß gegeben, um Kosmologie und Elementarteilchenphysik miteinander zu verbinden. In seinem populären Bestseller *Die ersten drei Minuten* hat Weinberg die Überlegungen zusammengefasst, die Ende der Siebzigerjahre des 20. Jahrhunderts die Diskussionen und Vorstellungen bestimmten.

Berechnungen führen zu dem Ergebnis, dass ganz zu Beginn der kosmischen Expansion derartig hohe Temperaturen geherrscht haben müssen, dass neben der Strahlung auch die Teilchen eine besondere Rolle spielten. Wenn nämlich die Energie der Photonen größer ist als beispielsweise die doppelte Masse des Elektrons, dann entstehen aus diesen hochenergetischen Photonen Elektronen und deren

Antiteilchen, sogenannte Positronen, die in allen Eigenschaften mit jenen der Elektronen übereinstimmen, außer dass sie eine positive elektrische Ladung besitzen. Auch Protonen und ihre Antiteilchen können entstehen. Da Protonen jedoch eine 1840-mal größere Masse aufweisen als Elektronen, bedarf es zur paarweisen Bildung von Protonen und Antiprotonen aus Photonen einer entsprechend höheren Energie (Schwellentemperatur).

Was das Verhältnis der Photonen zu den aus ihnen erzeugten Teilchen anbelangt, so muss dieses im Zustand des thermischen Gleichgewichts gerade so beschaffen gewesen sein, dass in jeder Zeiteinheit ebenso viele Teilchen durch »Zerstrahlung« (Annihilation) wieder in Photonen umgewandelt wurden wie umgekehrt Teilchen und Antiteilchen aus den Photonen entstanden sind. Aus der Kernphysik wissen wir, dass ein Proton-Antiprotonpaar (ebenso wie ein Elektron-Positronpaar) in Strahlung übergeht, wenn sich die beiden Antagonisten begegnen. Die Energie der Photonen entspricht dabei jeweils der Massensumme der zerstrahlten Teilchen.

Das Verhalten dieser Teilchen ist jedoch merkwürdig. Man kann durchaus davon sprechen, dass sie sich selbst wie Photonen verhalten. Ihre Energie ist bei Temperaturen weit oberhalb ihrer Schwellentemperatur deutlich höher, als es ihrer Masse entsprechen würde. Die Masse spielt dann praktisch keine nennenswerte Rolle mehr und der Beitrag der Teilchen zum Druck und zur Energiedichte unterscheidet sich praktisch nicht von jenem der Photonen. Derartige Zustände finden wir im heutigen Universum nicht mehr vor, es sei denn an wenigen speziellen Orten im Inneren von Sternen bestimmter Entwicklungsstadien.

Um allmählich eine Vorstellung von dem Geschehen in den ersten Minuten nach dem Urknall zu entwickeln, müssen wir uns noch bewusst machen, dass es im thermischen Gleichgewichtszustand bestimmte Größen gibt, die sich nicht ändern und die wir deshalb als Erhaltungsgrößen bezeichnen: Dazu zählen die elektrische Ladung, die Zahl der schweren Teilchen, der sogenannten Baryonen (im Wesentlichen Neutronen und Protonen), und die Zahl der leichten Teilchen, der Leptonen. Dass sich die Gesamtladung niemals ändert, zählt zu den sichersten Erkenntnissen der Wissenschaft überhaupt. Sie steckt auch in der bestens bewährten Maxwell'schen Theorie des Elektromagnetismus.

Für die Beschreibung des Universums zu einem gegebenen Zeitpunkt ist es also erforderlich, die Ladung, die Zahl der Baryonen und jene der Leptonen anzugeben. Die Dichte dieser Erhaltungsgrößen, das heißt, ihr Wert je Volumeneinheit des Weltalls, verändert sich umgekehrt proportional mit der dritten Potenz der Größe des Universums, weil bei der Vergrößerung des Raumdurchmessers sein Volumen mit der dritten Potenz des Durchmessers zunimmt.

Kein Himmelskörper verfügt über eine nennenswerte elektrische Ladung. Wäre dies anders, so müssten schon bei unvorstellbar geringen Ladungsüberschüssen (etwa bei der Erde oder Sonne) derart starke elektrische Abstoßungen auftreten, dass die gravitative Anziehung davon deutlich übertroffen würde. Unsere himmelsmechanischen Rechnungen und Beobachtungen zeigen jedoch absolut keine Spur davon.

Was die Baryonenzahl pro Photon anbelangt, so haben wir bereits festgestellt, dass auf jedes Teilchen etwa eine Milliarde Photonen entfallen. Diese Erkenntnis enthält eine interessante Konsequenz: Wenn anfangs Teilchen, Antiteilchen und Photonen in gleicher Zahl vorhanden waren, wie ist dann dieser gewaltige Unterschied zustande gekommen? Offenbar (aber noch keineswegs verstanden) hat sich bei der Entstehung von Teilchen und Antiteilchen ein geringfügiger Überschuss an Teilchen gebildet, es herrschte also keine vollkommene Symmetrie mehr. Als die Temperatur im frühen Universum unter die Schwellentemperatur für die Bildung neuer Teilchenpaare aus den Photonen gesunken war, konnten sich die jetzt vorhandenen Teilchen und Antiteilchen nur noch gegenseitig »vernichten« (das heißt, wieder in Photonen umwandeln) – bis auf eben jenen geringen »Überschuss« an Teilchen, der keinen Partner mehr fand, mit dem er hätte zerstrahlen können. Dieser Teil blieb übrig und bildete jene Materie, aus der Sonne, Erde, Planeten, Sterne, Galaxien und auch wir selbst bestehen.

Etwas schwieriger ist es, die Dichte der Leptonen im Universum abzuschätzen. Gäbe es nur die Elektronen, wäre die Aufgabe einfach, weil wir ja ein elektrisch neutrales Universum festgestellt haben. Die Zahl der Elektronen müsste deshalb etwa so groß sein wie jene der Protonen, die 87 Prozent der schweren Kernteilchen ausmachen. Demnach wäre die Leptonenzahl pro Photon etwa ebenso groß wie die Baryonenzahl pro Photon, also sehr klein. Doch dann haben wir die Rechnung ohne die Neutrinos (und Antineutrinos) gemacht!

Diese Elementarteilchen verfügen über eine extrem geringe Masse – zur Zeit der Ausarbeitung der Urknalltheorie wurden sie sogar noch als masselos angenommen – und sind zudem elektrisch neutral. Ihre Wechselwirkung mit Materie ist extrem gering, weshalb sie auch äußerst schwierig nachzuweisen sind. Die Fortschritte der Neutrinoastronomie haben aber inzwischen eine wesentlich bessere Kenntnis der Dichte dieser Teilchen im Universum mit sich gebracht. In den Anfangsjahren des Nachdenkens über die Frühphase des Universums musste man sich damit zufrieden geben, aus der geringen Wechselwirkung der Neutrinos einfach zu schließen, dass sie möglicherweise beinahe ebenso zahlreich sind wie die Photonen. Heute vermutet man, dass ihre Zahl deutlich höher ist. Für das Gesamtbild spielt dies aber keine nennenswerte Rolle.

Seit Weinbergs Buch über die ersten drei Minuten des Universums sind Jahrzehnte vergangen. Dennoch fehlen uns auch heute noch etliche Voraussetzungen, um die Geschichte des Weltalls vom Augenblick des Urknalls an vollständig zu beschreiben. Der Urknall selbst stellt in der Relativitätstheorie eine Singularität dar – Temperatur und Dichte nehmen unendliche Werte an, während der

Wir verdanken unsere Existenz einer kleinen Asymmetrie zwischen Materie und Antimaterie im frühen Universum. Hätte es damals nicht einen geringfügigen Überschuss an Materie gegeben, hätten sich keine Sterne, Galaxien und auch nicht unsere Erde bilden können.

Durchmesser auf null schrumpft. Für einen solchen Zustand kann die Theorie keinerlei Aussagen machen. Aber auch für Momente, die dieser Singularität unmittelbar folgen, verfügen wir noch nicht über das hinreichende theoretische Rüstzeug.

Für ein Weltalter, das unterhalb von 10^{-43} Sekunden liegt (der sogenannten Planck-Zeit), müssten wir die Relativitätstheorie und die Quantentheorie zu einem einheitlichen Gebilde zusammenfügen.

Das ist – trotz großer Bemühungen seit Jahrzehnten – jedoch noch nicht gelungen. Die allgemein anerkannte »Große Vereinheitlichte Theorie« (GUT – Grand Unified Theory) steht noch aus, obwohl es nicht an miteinander konkurrierenden Varianten dafür mangelt. Sie müssen aber auch experimentellen Überprüfungen standhalten und davon sind wir noch ein gutes Stück entfernt.

Das Standardmodell der Kosmologie

Niemand vermag daher heute zu sagen, welcher Art die im extrem frühen Universum herrschenden Naturgesetze gewesen sind und ob unsere Begriffe von Raum und Zeit damals überhaupt einen Sinn ergaben. So unbedeutend winzig dieser Zeitabschnitt uns auch angesichts des Alters des Universums erscheinen mag, so können wir doch letztlich nicht auf ihn verzichten, wenn wir das heutige Bild des Weltalls wirklich verstehen wollen.

Deutlich besser steht es um die ersten Minuten des Universums nach der Planck-Zeit. Sowohl die Theorie als auch Beobachtungsdaten ergeben ein insgesamt einigermaßen konsistentes Bild der Entwicklungsgeschichte unseres Weltalls nach dem Ende der extrem kurzen Planck-Zeit, das wir heute als das Standardmodell der Kosmologie bezeichnen. Allerdings können wir hinsichtlich unserer Theorien nicht völlig sicher sein, ob sie in dieser Frühzeit des Universums überhaupt Geltung hatten.

Heute gehen wir davon aus, dass die vier unsere gesamte Welt beherrschenden Grundkräfte (die elektromagnetische Kraft, die beiden Arten von Kernkräften und die Schwerkraft) vor der Planck-Zeit einer einzigen Universalkraft entsprachen (vgl. Abb. S. 270). Zunächst trennte sich durch eine Symmetriebrechung die Schwerkraft davon ab, dann die starke Kernkraft. Das Weltall flog inflationär auseinander (vgl. Abb. rechts). Kleinste Raumgebiete mit Durchmessern

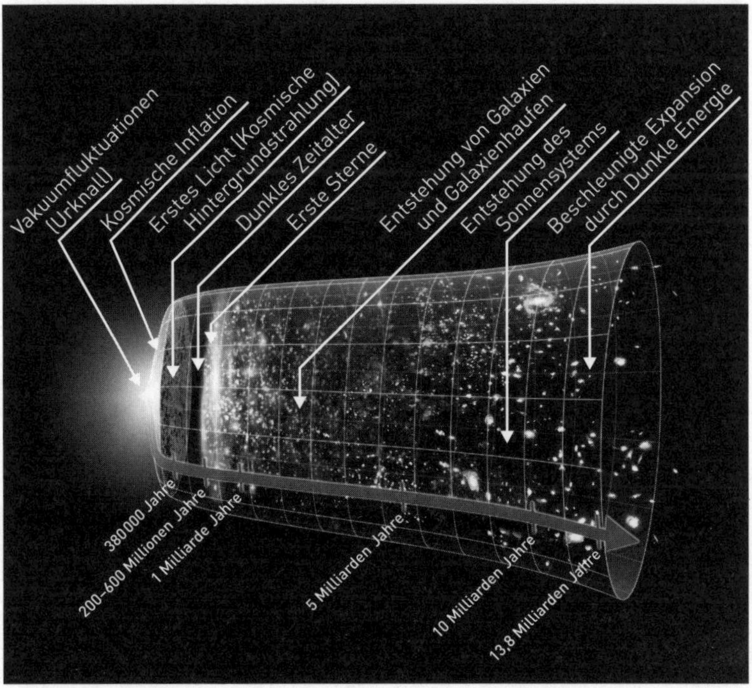

Die Entwicklung des Universums aus einer »Vakuumfluktuation« vor 13,8 Milliarden Jahren über die Phase der inflationären Expansion und der Entstehung der kosmischen Hintergrundstrahlung, schließlich der Bildung von Sternen, Galaxien und Galaxienhaufen bis hin zur heute beobachteten, sogar beschleunigten Expansion durch die rätselhafte »Dunkle Energie« (vgl. auch weitere Ausführungen im Text).

im Bereich von Millimetern wuchsen mit rasanter Geschwindigkeit auf das etwa 10^{50}-fache an – innerhalb der winzigen Zeitspanne von etwa 10^{-35} bis etwa 10^{-33} Sekunden!

Diese Inflation der Expansion, die im ursprünglichen Urknallmodell nicht enthalten war, wurde erst 1981 von Alan H. Guth vorgeschlagen, um einige theoretische Probleme und Beobachtungen zu klären, die zuvor unverstanden geblieben waren. Da sind zum einen

Exkurs

Ein Multiversum von Universen

Im Zusammenhang mit der Inflationshypothese entstand übrigens auch die Idee des inzwischen viel diskutierten Multiversums, nach der jenes unüberschaubar gewaltige Gebilde, das wir Universum nennen, nur eines von unzähligen Universen ist, die in ihrer Gesamtheit das Multiversum bilden.

---

die im gesamten überschaubaren Weltall ähnlichen Strukturen. Der weiteste Blick in die Vergangenheit, das heißt, die Beobachtung des Urknallechos in der kosmischen Hintergrundstrahlung, zeigt uns aus allen Richtungen dasselbe Bild. Das führt zu der Frage, wie dies möglich ist, wenn doch zwischen den verschiedenen Regionen wegen der Expansion niemals Kontakt bestanden haben kann. Die Inflationstheorie gibt die Antwort: Im frühesten Universum war alles extrem eng beisammen und hatte auch dieselben Eigenschaften. Erst die inflationäre Expansion hat dann die Regionen rasch getrennt, nachdem sie aber bereits weitgehend identische Eigenschaften besaßen und diese nun mit auf die Reise nahmen.

Ein anderes Problem ist die Flachheit des Raums. Beobachtungen auf großen Skalen lassen erkennen, dass keine bemerkenswerte Krümmung des Raums existiert. Sie wurde offenbar »Opfer« der Inflation. Die anfänglich vorhandene starke Krümmung wurde durch die enorm rasche Ausdehnung so weit zurückgedrängt, dass sie heute für uns nicht mehr feststellbar ist.

Schließlich liefert die Inflationstheorie auch eine Erklärung für die heute vorhandenen »Klumpungen« in Form von Galaxien und Galaxienhaufen im Universum. Die nach der Theorie anfänglich bereits unvermeidbar vorhandenen sogenannten Quantenfluktuationen wurden durch die Inflation ins Makroskopische vergrößert. Das

Die bislang beste Karte der kosmischen Hintergrundstrahlung, aufgenommen vom PLANCK-Satelliten der Europäischen Raumfahrtagentur ESA. Die winzigen Temperaturfluktuationen in der Strahlung sind deutlich zu erkennen. Sie entsprechen Regionen leicht verschiedener Dichte, die die frühen Keimzellen von Sternen und Galaxien darstellen.

stimmt mit den Befunden überein, die der Satellit COBE (COsmic Background Explorer) in den Jahren 1989 bis 1993 gewonnen hat.

Bei Messungen der Hintergrundstrahlung handelt es sich stets um die ältesten Botschaften aus der Frühgeschichte unseres Universums. Die Bilder stammen aus einer Zeit von rund 380 000 Jahren nach dem Urknall, als der »Babykosmos« durchsichtig wurde. Und bereits damals war die Hintergrundstrahlung keineswegs homogen, sondern schwankte im Bereich von einigen Hunderttausendstel Grad. Die Sonde WMAP (Wilkinson Microwave Anisotropy Probe) hat diese Ergebnisse nach ihrer Inbetriebnahme im Jahr 2001 noch mit wesentlich höherer Genauigkeit bestätigt (sie konnte Temperaturdifferenzen von einem Zwanzigmillionstel Grad messen!). Neuerdings liegen uns auch die Ergebnisse der PLANCK-Mission der ESA vor (vgl. Abb. oben). Während COBE nur Strukturen von etwa sieben Grad Ausdehnung erfassen konnte, wurde mit PLANCK eine Auflösung von fünf bis zehn Bogenminuten erreicht.

Simulation der Gasverteilung eine Milliarde Jahre nach dem Urknall auf der Grundlage von Beobachtungsdaten. In den Knotenpunkten entstehen Galaxien. Die Berechnung wurde mit einem der leistungsfähigsten europäischen Computer durchgeführt, dem MareNostrum in Barcelona. Mit solchen und ähnlichen Simulationen versuchen die Theoretiker zu reproduzieren, wie sich die großräumigen Strukturen im Universum gebildet haben.

Winzigste Temperaturschwankungen im Bereich von einigen Millionstel Grad werden als Abbilder von Dichteschwankungen zu jener Zeit gedeutet. Daraus kann man mit gutem Willen alles Mögliche herauslesen. Sogar die Initialen »SH« von Stephen Hawking wurden schon gefunden. Doch die Forscher sehen in den Temperaturschwankungen von damals unter plausiblen Annahmen gleichsam

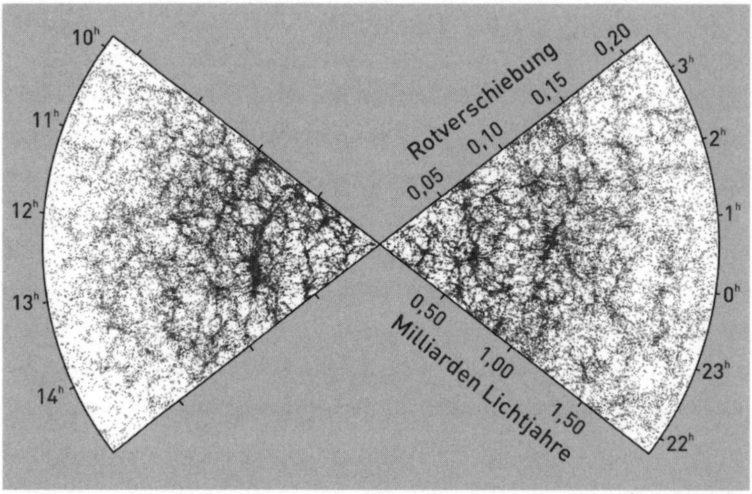

Tatsächliche Verteilung von 250 000 Galaxien, beobachtet am Anglo-Australian Observatory im Rahmen der sogenannten 2dF-Galaxiendurchmusterung (2dF – Zwei-Grad-Feld). Die Beobachtung ähnelt weitgehend der simulierten Gasverteilung (Abb. links). Unser Beobachtungsort liegt in der Mitte, an der Spitze der beiden Keile. Die Rotverschiebung ist – wie die Angabe in Lichtjahren – ein Maß für die Entfernung eines Bereichs. Rechts und links außen ist jeweils die Rektaszension der Beobachtungspunkte angegeben.

die Vorläufer der späteren Sternsysteme und Galaxienhaufen (vgl. Abb. links und oben).

Der Leiter der deutschen Beteiligung an der PLANCK-Mission, Torsten Enßlin vom Max-Planck-Institut für Astrophysik in Garching, äußert sich enthusiastisch: »Am meisten beeindruckt mich, wie stimmig das Bild ist« [22]. Das Standardmodell der Kosmologie werde durch diese Ergebnisse klar gestützt. Das bezieht sich auch auf den Anschluss an andere Beobachtungen wie zum Beispiel zu den Elementhäufigkeiten im frühen Universum. Das Verhältnis, in dem die Elemente Wasserstoff, Helium und Deuterium nach der Interpretation der Mikrowellenkarte vorkamen, stimmt weitgehend mit

Messungen überein, die an extrem alten Objekten gemacht wurden, in denen die ursprüngliche Elementverteilung noch besteht.

Wegen der hohen Präzision der Messungen des PLANCK-Satelliten konnten nun auch wichtige kosmologische Daten neu abgeleitet werden. So ergibt sich für das Alter des Universums der neue Wert von 13,82 Milliarden Jahren (bisher: 13,7 Milliarden). Normale Materie (Sterne, Planeten ...) ist zu 4,9 Prozent an der Massen- und Energiedichte des Universums beteiligt (bisher: 4,6 Prozent), die noch unverstandene Dunkle Materie (s. S. 197ff) zu 26,8 Prozent (bisher: 23 Prozent) und die rätselhafte Dunkle Energie, der man die beschleunigte Expansion des Universums zuschreibt (s. S. 204ff), zu 68,3 Prozent (bisher: 72 Prozent).

Gegenstimmen zum Standardmodell

Das kosmologische Standardmodell hat allerdings bis heute auch namhafte Gegner – sowohl unter den Theoretikern als auch unter den Fachleuten der beobachtenden Zunft. Von ihnen werden ungeklärte Fragen als Gegenargumente ins Feld geführt sowie die Heranziehung mehr oder weniger willkürlicher Parameter, mit denen die gemessenen Daten an das Modell angepasst werden. In diesem Zusammenhang ist es deshalb auch nicht uninteressant, dass ebenfalls die Ergebnisse der PLANCK-Mission einige Fakten zutage gefördert haben, die schlecht in das Standardmodell passen.

So scheint eine Himmelssphäre wider Erwarten stärkere Strukturen aufzuweisen als die andere. Außerdem fand man einen völlig kalten Fleck von unerwarteter Größe. Selbst unter Berücksichtigung der extrem schwierigen und möglicherweise auch fehleranfälligen Datenauswertung kann man nicht von der Hand weisen, dass sich hinter diesen Ungereimtheiten auch Anzeichen für eine erforderliche Revision des Standardmodells verbergen könnten. Obwohl

Das BICEP2-Teleskop (rechts auf dem Gebäude) der Amundsen-Scott-Beobachtungsstation am Südpol. Mit diesem Spezialteleskop in der Antarktis wurde eine Polarisation in der kosmischen Hintergrundstrahlung nachgewiesen. Es wurde zunächst vermutet, dass sie für eine inflationäre Phase in der Entwicklung des Universums sprechen könnte.

Torsten Enßlin nach den Resultaten der PLANCK-Mission erst recht vom Standardmodell überzeugt ist, räumt er dennoch ein, dass man auch darüber nachdenken müsse.

Die mehr oder weniger willkürlich »eingeführte« Inflationsphase in die Entwicklung des Universums wurde von Kritikern übrigens stets ins Feld geführt als ein Beispiel für aberwitzige und durch nichts überprüfbare Hirngespinste von Theoretikern. Doch Mitte März 2014 ging eine Meldung um die Welt, die aufhorchen ließ: Mit dem Spezialteleskop BICEP2 (vgl. Abb. oben) in der Antarktis war es US-amerikanischen Wissenschaftlern gelungen, erstmals einen direkten Beobachtungshinweis zu finden, der die kurzzeitige

Inflation des Universums bestätigen könnte. Die dabei entstehenden Gravitationswellen müssen nämlich zu einer bestimmten Art der Polarisation in der Hintergrundstrahlung führen, die schwierig nachzuweisen ist – jetzt wurde aber tatsächlich etwas gemessen.

Es bedürfte jedoch noch weiterer Daten zu diesen sogenannten primordialen B-Moden, ehe man konkretere Schlussfolgerungen bezüglich der Details des Inflationsprozesses ziehen könnte (es gibt nämlich zahlreiche Varianten von Inflationstheorien). Auch wird derzeit zunehmend diskutiert, dass die gemessene Polarisation der Hintergrundstrahlung auf andere Ursachen zurückzuführen sein könnte als auf die Inflation des Universums – zum Beispiel auf einfachen Staub in der Milchstraße. Insofern besteht nach der Publikation der Messungen mit BICEP2 immer noch keine Sicherheit, ob es die behauptete Inflationsphase in der Lebensgeschichte des Universums tatsächlich gegeben hat und wir damit einen großen Schritt in Richtung Verständnis der Evolution des Universums getan haben. Selbst wenn die entsprechenden Polarisationsmessungen des PLANCK-Satelliten veröffentlicht werden, bleibt die Frage nach der eindeutigen Zuordnung zur inflationären Phase der Evolution des Universums noch offen.

Nach dem Ende der heftigen, aber kurzen (angenommenen) Inflationsepoche flog das Universum dann mit jener Geschwindigkeit weiter auseinander, die uns das Hubble-Gesetz lehrt. Das Szenario von einem Urknall mit den darauffolgenden Ereignissen stimmt mit allen Beobachtungen und theoretischen Konzepten überein, über die wir gegenwärtig verfügen. Zwar tauchen immer wieder neue Theorien auf, die etwas anderes behaupten. Sie sind aber so lange nicht besser (oder »richtiger«) als die Urknalltheorie, wie sie nicht sämtliche beobachteten und durch Beobachtungen gesicherten theoretischen Resultate ebenso befriedigend erklären können wie diese – oder sogar noch etwas besser. Eine solche Theorie ist bisher nicht entwickelt worden.

Hingegen gibt es eine ganze Reihe von teilweise noch recht spekulativen Vorstellungen darüber, was »vor dem Urknall« gewesen sein könnte. Im Rahmen der etablierten Urknalltheorie und der Allgemeinen Relativitätstheorie hat diese Frage eigentlich keinen Sinn, weil mit dem »Big Bang« auch die Zeit begonnen hat. Davor gab es keine Zeit. Das stört jedoch eine zunehmende Schar von Kosmologen wenig, sie spielen alle möglichen Szenarien durch und bewegen sich dabei nicht selten an der Grenze zum Metaphysischen.

Alle diese teilweise abenteuerlichen Thesen treffen sich in der Annahme, dass der Urknall zwar stattgefunden habe, aber nicht der »Anfang der Welt« gewesen sei. So ist zum Beispiel der US-amerikanische Physiker Paul J. Steinhardt davon überzeugt, dass sich Big Bangs in zyklischer Abfolge immer wieder ereignen. Unser Universum soll eine vierdimensionale »Brane« – abgeleitet von Membran(e) – sein, die mit einem spiegelbildlichen Paralleluniversum das höherdimensionale Hauptuniversum bildet. Wenn die beiden Branen miteinander kollidieren, soll jeweils (im Abstand von einigen Billionen Jahren) ein Urknall ausgelöst werden. Steinhardt ist ein Anhänger der These von einem »Phoenix-Universum«, das immer wieder aus der Asche aufsteigt und stets aufs Neue expandiert und kollabiert. Die Grundidee stammt bereits aus den Dreißigerjahren des 20. Jahrhunderts.

Anders der fantasiebegabte und streitbare US-amerikanische Physiker Lee Smolin. Er hält es für möglich, dass die viel diskutierten Schwarzen Löcher nicht nur das dramatische Ende eines Sternlebens darstellen, sondern als Singularität auch gleichzeitig die Geburt eines neuen Universums mit Urknall auslösen können. Smolin stellt sich die Frage, ob nicht vielleicht aufgrund von Quanteneffekten die Zeit innerhalb eines Schwarzen Lochs gar nicht enden würde. Dann müsste auch dort etwas geschehen, unabhängig davon, dass wir es nicht beobachten könnten, weil das Objekt für uns wegen seiner enormen Dichte hinter einem »Horizont« verschwunden ist. Könnte es nicht möglich sein, fragt Smolin, dass es sich bei einem Schwarzen Loch um ein und denselben dichten Zustand handelt, aus dem einst auch unser Universum entsprechend dem Urknallszenario hervorgegangen ist?

Damit ein solches Ereignis stattfindet, müsste der kollabierte Stern lediglich aus seinem extrem dichten Zustand heraus explodieren. Unser Blick von außen würde von einem solchen Geschehen nicht das Geringste erkennen. Ein fiktiver Beobachter im Inneren des Schwarzen Lochs würde jedoch eine Expansion beobachten, die jener vergleichbar wäre, die sich im frühen Zustand unseres Universums ereignet hat. Wäre so etwas in der Realität möglich, dann lebten wir in einer ständig wachsenden Gemeinschaft von Universen, die aus der Explosion Schwarzer Löcher hervorgingen.

Neuerdings hat der deutsche Physiker Martin Bojowald den fantastischen Hypothesen über die Welt vor dem Urknall eine neue hinzugefügt, die bereits eine erhebliche Zahl von Anhängern gefunden hat, weil sie nicht nur als Idee formuliert wurde, sondern auch mit dem Rüstzeug des Theoretikers teilweise durchgerechnet wurde. Demnach hat das Universum bereits vor dem Urknall existiert, jedoch in einer negativen Zeitdimension. Vor dem Urknall lag bereits eine Ewigkeit. Die »Schleifenquantengravitation« – so der Name der unter anderem von Lee Smolin entwickelten zugehörigen Theorie – soll es möglich machen. Sie ist eine der vielen Theorieansätze, die Quantenphysik und Relativitätstheorie in der »Großen Vereinheitlichung« zusammenbringen wollen.

Bojowald entwickelte aus dieser Theorie eine »Prä-Big-Bang-Ära«, eine Welt mit negativer Zeit und Kontraktion statt Expansion. Er veranschaulicht dieses Universum vor dem Urknall mit einem Luftballon, der durch Entweichen der Luft immer kleiner wird. Man denke sich einen Ballon, bei dem sich alle Teilstücke der Hülle ungehindert durchdringen können, so dass sich der Ballon schließlich (nach dem Kollaps) umstülpt und wieder aufbläht, wobei die ehemalige Innenseite sich jetzt außen befindet. Der »klassische Urknall« sei nur ein Durchgangsstadium der kosmischen Universalgeschichte.

Bojowald ist allerdings ein viel zu guter Physiker, um nicht genau zu wissen, wo die Grenzen seiner neuen Hypothese liegen:

> Das Universum vor dem Urknall kann theoretisch weit unschärfer oder in seinem Volumen stärker fluktuierend gewesen sein, als uns dies heute erscheint. Wir können uns also nicht über den genauen Zustand sicher sein, aus dem das Universum, das wir heute sehen, hervorging. Mit wissenschaftlichen Methoden scheint dies nicht weiter eingrenzbar – es sei denn, man ließe sich zu weiteren Annahmen über diesen Zustand hinreißen, die aber unausweichlich von Vorurteilen geprägt wären. Obwohl die Quantenkosmologie in ungeahntem Umfang Fragen über das Universum klären kann, lässt sie so einen bescheidenen Spielraum für den Mythos [23].

Sowohl diese als auch andere Theorien sind aber noch weit von einer experimentellen Überprüfbarkeit entfernt. Die Urheber dieser Konzepte leiten jedoch aus ihren Überlegungen Effekte ab, die bei anderen Theorien nicht auftreten und insofern als Kandidaten für eine experimentelle Überprüfung in Frage kommen. Wieder berühren sich Theorien und Experimente. Nur stehen Letztere noch aus.

Die Entdeckung der Antiwelt

Aber auch die Standardtheorie birgt noch weitere ungelöste Rätsel. Eigentlich sollten ja bei der Bildung der Elementarteilchen stets gleich viele Teilchen und deren Antiteilchen entstanden sein. Doch wo sind die Antiteilchen geblieben? Welten, die ganz anders sind als unsere, haben fantasiebegabte Menschen schon immer gefesselt. Auch das von vielen Religionen gelehrte »Jenseits« ist letztlich nichts anderes als eine gedachte andere Welt. Die Fortschritte der Wissenschaft lenkten die Spekulationen jedoch in noch ganz andere, nicht minder faszinierende Bahnen.

So fragte sich zum Beispiel der deutsche Physiker Arthur Schuster bereits 1898 in einer mit *Ferientraum* betitelten Arbeit: »[...] wenn es eine negative Elektrizität gibt, warum dann nicht auch negatives Gold, so gelb und wertvoll wie das unsere, mit demselben Schmelzpunkt und denselben Spektrallinien?« [24]. Schuster hatte auch »geträumt«, warum wir noch nie etwas von diesem »Antigold« gefunden haben: weil es sich mit einer Beschleunigung von 9,81 Metern pro Quadratsekunde von der Erde entfernt und folglich – sollte es früher einmal vorhanden gewesen sein – längst in die Tiefen des Weltraums verflüchtigt hätte! Während sich Gold und Gold gegenseitig anziehen (ebenso wie auch Antigold und Antigold), stoßen sich Gold und Antigold hingegen ab! Schusters *Ferientraum* mochte amüsant gewesen sein, einen seriösen wissenschaftlichen Hintergrund hatte er indes nicht.

Ganz anders sah die Situation aus, nachdem Paul Dirac das Antiteilchen des Elektrons (das Positron) postuliert hatte, und es kurz danach tatsächlich entdeckt wurde. Seitdem geistert eine weitaus fundiertere Vision von möglichen »Gegenwelten« durch die Science-Fiction-Literatur. Selbst seriöse Wissenschaftler konnten sich der Faszination des Gedankens nicht entziehen, dass eine Welt aus Antiteilchen grundsätzlich durchaus im Bereich des Möglichen liege. Strenge Symmetrie von Teilchen und Antiteilchen vorausgesetzt, spielt es keine Rolle, ob ein Wasserstoffatom aus Antiproton und Positron oder aus Proton und Elektron besteht (vgl. Abb. oben). Masse sowie andere physikalische und chemische Eigenschaften wären identisch. Selbst die Übergänge der Positronen von einer Bahn auf eine andere müssten sich in einem Antiatom in der gleichen Weise

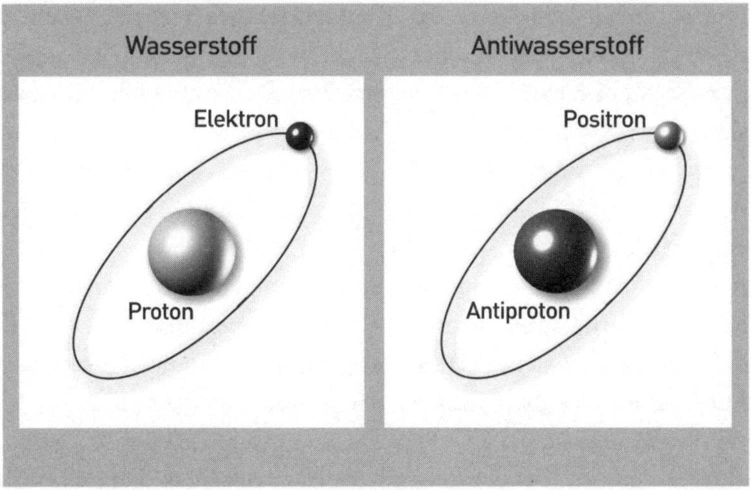

Ein Wasserstoffatom mit einem positiv geladenen Proton im Kern und einem negativ geladenen Elektron in der Hülle (links). Ein Antiwasserstoffatom setzt sich hingegen aus einem negativ geladenen Antiproton im Kern und einem positiv geladenen Positron in der Hülle zusammen.

vollziehen wie jene eines Elektrons im Atom. Mit anderen Worten: Auch das Spektrum eines Wasserstoffatoms würde sich von dem seines »Gegenspielers« nicht unterscheiden.

Diese Überlegung lässt sich fortführen: Antisauerstoff, Antiwasser, Antierde, Antimond, das alles sollte grundsätzlich möglich sein, ohne dass irgendein uns bekanntes physikalisches Gesetz verletzt würde. Dies gilt bis in die Welt des Makrokosmos: Sterne aus Antimaterie, ganze Galaxien oder Haufen von Galaxien wären denkbar, ohne dass sich an den uns bekannten Vorgängen über ihre Entstehung, Existenz und Evolution etwas ändern müsste.

Inzwischen waren nicht nur das Antiproton und das Antineutron experimentell nachgewiesen worden, sondern auch der Kern des aus einem Antiproton und einem Antineutron aufgebauten schwereren Antiwasserstoffisotops analog zum Deuterium (das Antideuteron).

Das war bereits 1965 beim CERN mit Hilfe eines dortigen Teilchenbeschleunigers (dem Protonen-Synchrotron, vgl. S. 233ff) gelungen, nur sechs Jahre nach dessen Inbetriebnahme. Nachdem zwei Jahre später im russischen Serpuchow am dortigen Institut für Hochenergiephysik das noch leistungsfähigere 70-Gigaelektronenvolt-Protonensynchrotron in Betrieb genommen worden war, erzeugten die Forscher 1971 und 1974 Antitritium- und Antiheliumkerne, Letztere mit zwei Antiprotonen und zwei Antineutronen als Kernbestandteilen. Aber Kerne waren noch keine ganzen Atome. Deshalb war auch das Ziel der Forscher die Herstellung eines vollständigen Atoms aus Antiteilchen. Das sollte jedoch noch geraume Zeit dauern.

Wieder hatte dabei eine Forschergruppe am CERN mit der dort zur Verfügung stehenden Technik die Nase vorn: das Team um Walter Oelert. Schon in den Achtzigerjahren war vorgeschlagen worden, am Low Energy Antiproton Ring (LEAR) den Versuch zur Erzeugung von Antiwasserstoffatomen zu unternehmen. Doch es gab mehrere technische Probleme: Zum einen war die Zahl der Antiprotonen zu gering, zum anderen waren sie zu »schnell«, also zu heiß, um sich mit Antielektronen (den Positronen) zusammenfügen zu lassen. Auf einer Konferenz in München hörte nun einer der Mitarbeiter von Oelert einen Vortrag des US-amerikanischen Physikers Stanly J. Brodsky, der eine Lösung des Problems parat hatte. Brodsky arbeitete damals am Stanford-Linearbeschleuniger (SLAC), wo man einst erste Hinweise auf die Existenz der Quarks gefunden hatte. Aber für die Ideen von Brodsky bestanden am SLAC keine Chancen auf eine experimentelle Umsetzung. Oelerts Team ergriff die Gelegenheit und baute ein damals laufendes Experiment entsprechend um.

Zunächst wurden – wie schon seit 1955 möglich und üblich – Antiprotonen erzeugt, und zwar einige Milliarden, die in den 1982 gebauten Speicherring LEAR »gesperrt« wurden, um nicht durch Annihilation (Zerstrahlung bei der Begegnung mit Protonen) wieder zu verschwinden. Nun wurde das Edelgas Xenon in den Speicherring eingeleitet. Beim Zusammenprall der Antiprotonen mit den Xenonatomen entstehen paarweise Elektronen und Positronen. Damit sind die »Zutaten« für Antiwasserstoffatome (Antiprotonen und Positronen) auf engem Raum beieinander und können grundsätzlich miteinander reagieren. Wenn sich nun also gelegentlich Antiprotonen und Positronen zu Antiwasserstoffatomen zusammenfinden, so handelt es sich natürlich um elektrisch nach außen neutrale Atome, die deshalb nicht mehr der »Magnetführung« des Speicherrings folgen, sondern sich geradeaus weiterbewegen. Sie verlassen somit den Speicherring und müssen dort nachgewiesen werden.

Das geschieht auf folgende indirekte Weise: Die neutralen Atome treffen auf einen Siliziumdetektor. Dabei zerstrahlen die Positronen des Antiwasserstoffs und die Elektronen des Detektors unter Aussendung von zwei Photonen (sogenannten Gammaquanten) der ihren Massen äquivalenten Energie. Der zurückbleibende Kern des Antiwasserstoffatoms, das Antiproton, erreicht einen weiteren Detektor in fünf Metern Entfernung. Weist dieser das Antiproton nach, so muss man daraus schließen, dass tatsächlich ein Antiwasserstoffatom gebildet wurde. Dies gilt allerdings nur, wenn auch die Zeitabstände zwischen dem Zerstrahlungsereignis und der Ankunft des Antiprotons exakt stimmen. Die »geforderte« Differenz zwischen beiden Ereignissen beträgt nur zwanzig Milliardstel Sekunden! Ein Computer nimmt die Zeitmessung vor.

Im Frühjahr 1995 hatten die Physiker und Techniker um Oelert mit dem Aufbau des Experiments begonnen und im Herbst desselben Jahres vier Wochen lang die Versuche durchgeführt. Dann nahm die Analyse der gewonnenen Daten nochmals etliche Wochen in Anspruch. Endlich, am 4. Januar 1996, konnte Oelert dann vor die Öffentlichkeit treten und den Nachweis von insgesamt neun Antiwasserstoffatomen verkünden. Inzwischen werden Antiwasserstoffatome auch mit anderen Methoden erzeugt. Das Medienecho auf die wissenschaftlich-technische Leistung der erstmaligen Herstellung von Antiwasserstoff war erheblich. Der Zeitschrift *Der Spiegel* vom 15. Januar 1996 war das Ereignis eine Titelgeschichte wert mit der Überschrift *Anti-Materie. Erster Vorstoß der Wissenschaft in die Gegenwelt* (vgl. Abb. rechts). Oelert, gefragt, was das bedeute, erklärte lapidar:

> Was wir hier geschaffen haben, ist das erste Element im Periodensystem der Antielemente. Wir haben gezeigt, dass es Antiatome wirklich gibt [25].

In dem inzwischen in Hollywood verfilmten Buch *Illuminati* von Dan Brown, das 2003 in deutscher Übersetzung erschien, spielt das CERN als Antimateriefabrik eine wichtige Rolle. Man kann nur hoffen, dass keiner der Leser auch nur andeutungsweise für möglich hält, was dort behauptet wird. Durch den Diebstahl von Antimaterie aus dem CERN wird nämlich eine »Antimateriebombe« gebaut, mit der dann der Vatikan vernichtet werden soll. Im CERN (und auch anderswo) können zwar inzwischen Antiwasserstoffatome hergestellt werden, doch in vergleichsweise geringer Menge. Jene Zehntausende von Antiwasserstoffatomen, die täglich produziert werden, sind gleichsam nichts im Vergleich zu dem, was man für den Bau einer Antimateriebombe benötigen würde. Ganz zu schweigen von den technischen Problemen der Aufbewahrung der Antiatome. CERN müsste mehrere Milliarden Jahre lang Antiatome produzieren, um auch nur einen einzigen Luftballon damit füllen zu können.

Eine ganz andere, durchaus berechtigte Frage hingegen lautet: Gibt es möglicherweise im Universum »Antiwelten«, ganze Galaxien, die statt aus den uns bekannten Atomen aus Antiatomen bestehen? Das scheint nach dem gegenwärtigen Kenntnisstand nicht der Fall zu sein. In unserem Sonnensystem ist der Materieaustausch so groß, dass wir das Vorkommen von Antimaterie längst bemerkt hätten. Stürzte etwa ein Meteorit aus Antimaterie auf den Mond, müssten

Auf der Titelseite der Zeitschrift *Der Spiegel* vom 15. Januar 1996 war das Thema Antimaterie die große Aufmachergeschichte (© SPIEGEL 3/1996).

sich ungeheure Explosionen ereignen, um nur ein Beispiel anzuführen. Bei fernen Objekten wie Sternen oder Sternsystemen könnten wir zwar anhand der Spektren nicht erkennen, ob sie aus Materie oder Antimaterie bestehen, denn die spektralen Eigenschaften wären ununterscheidbar. Jedoch sind alle Objekte von interstellarem oder intergalaktischem Gas umgeben. Zwei Galaxien aus verschiedenen »Materiesorten« wären also auch von Gasen aus Materie und Antimaterie umgeben, die miteinander in Kontakt kommen müssten. Die dabei auftretende Annihilation würde eine intensive Gammastrahlung erzeugen. Mit unseren modernen weltraumgestützten Gammaobservatorien hätten wir das längst bemerken sollen. Doch bisher wurden keinerlei derartige Hinweise gefunden.

Wo ist die Antimaterie geblieben?

Wir erklären das Fehlen von Antimaterie im Kosmos heute mit dem geringfügigen Überschuss von Materie gegenüber Antimaterie im frühen Universum, dessen mögliche Ursache schon der russische Physiker Andrej Sacharow 1967 in einer Verletzung der sogenannten CP-Symmetrie gesehen hatte. C-Symmetrie (C von engl.: charge, Ladung) bedeutet die Identität aller Naturgesetze für Materie und Antimaterie, das heißt, bei Ladungsaustausch. P-Symmetrie (P von engl.: parity, Parität) bezieht sich auf Raumspiegelungen, das bedeutet, dass die Naturgesetze auch bei Umkehr aller drei Raumkoordinaten gleich bleiben. T-Symmetrie (T von engl.: time, Zeit) schließlich ist gegeben, wenn alle Gesetze unabhängig davon gelten, ob die Zeit vorwärts oder rückwärts läuft. Bereits 1955 hatte Wolfgang Pauli das CPT-Theorem formuliert, nach dem alle physikalischen Gesetze invariant gegenüber CPT-Transformationen sind, gleichgültig, in welcher Reihenfolge man sie vornimmt. Dieses Prinzip ist eines der Fundamentalgesetze der Physik und gilt als bestens bestätigt, jedenfalls im Rahmen der bisher bestehenden Messmöglichkeiten (vgl. zur Erläuterung auch Abb. rechts).

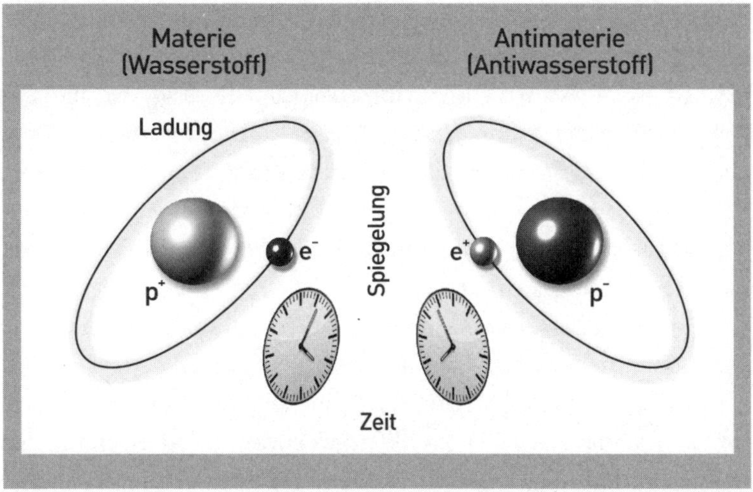

Das CPT-Theorem besagt, dass jeder physikalische Vorgang, der aus einem anderen Vorgang durch eine CPT-Transformation hervorgeht, ebenfalls den physikalischen Gesetzen genügt und damit möglich ist. Dabei steht C (charge) für eine Ladungsumkehr (also einer Änderung von Materie in Antimaterie), P (parity) für eine räumliche Spiegelung und T (time) für eine Zeitumkehr. Jedoch müssen alle drei Transformationen durchgeführt werden. Bei einzelnen Transformationen, wie der C-, P-, T- oder CP-Transformation, gibt es auch Verletzungen dieser Symmetrien.

Anders verhält es sich allerdings mit Einzeltransformationen. So ist zum Beispiel die T-Transformation bekanntlich in der Thermodynamik verletzt, da es keine Wärmeströme von kälteren zu heißeren Körpern gibt; das heißt, in der Thermodynamik existiert keine T-Symmetrie. Doch auch Materie und Antimaterie verhalten sich nicht streng symmetrisch. Wie schon Sacharow vermutet hatte, konnte die CP-Verletzung tatsächlich nachgewiesen werden.

James Cronin und Val Fitch wiesen 1964 bei Kaonen (einer bestimmten Sorte von Mesonen, den sogenannten K-Mesonen) eine schwache Verletzung der CP-Symmetrie nach. Mesonen sind instabile Teilchen, die sich aus einem Quark und Antiquark zusammensetzen. Die CP-Verletzung der Kaonen manifestiert sich in einer geringfügigen Differenz ihrer Lebensdauer gegenüber der ihrer Antiteilchen (0,2 Prozent). Die Asymmetrie ist aber zu gering, um das Verschwinden der Antimaterie im frühen Kosmos zu erklären. Dennoch ist das Phänomen rätselhaft. Merkwürdig ist auch die Geringfügigkeit der Verletzung. Beim radioaktiven Zerfall von Kobalt-60 hatte man schon 1957 eine deutliche Verletzung der P-Invarianz der schwachen Wechselwirkung entdeckt.

Wesentlich besser lässt sich die CP-Verletzung bei sogenannten B-Mesonen nachweisen, die 1983 am CERN entdeckt wurden. Deshalb wurden in den USA am SLAC und in Japan am KEK (Komitee für Elementarteilchenphysik) unweit von Tokio eigens große »B-Mesonenfabriken« gebaut; Teilchenbeschleuniger, in denen diese Teilchen und deren Antiteilchen bei der Kollision von Elektronen mit Positronen entstehen.

Im März 2008 zeigte sich bei der Analyse von rund einer halben Milliarde Paaren von B-Mesonen und ihren Antiteilchen, dass die Häufigkeit der Zerfälle von neutralen B-Mesonen deutlich größer ist als die Anzahl der Zerfälle der entsprechenden Antimesonen. Die CP-Verletzung ist ohne Zweifel vorhanden, die Wahrscheinlichkeit, dass es sich nicht um eine Asymmetrie handelt, beträgt nur rund zwei Millionstel. Geradezu verblüffend ist jedoch das Verhalten der geladenen B-Mesonen: Hier ist die CP-Symmetrie in die umgekehrte Richtung verletzt. Das Standardmodell der Elementarteilchenphysik hat ein solches Verhalten nicht erwarten lassen.

Trotz der gemessenen größeren CP-Asymmetrie bei B-Mesonen kann aber auch damit das Fehlen von Antimaterie im Universum nicht erklärt werden. Deshalb haben einige Gruppen von Astrophysikern die Suche nach Antimaterie auch noch keineswegs aufgegeben. Sie vermuten, dass Materie und Antimaterie in einer sehr frühen Phase des Universums so weit voneinander getrennt wurden, dass sie heute kaum Kontakt miteinander haben.

So wurden zum Beispiel mit dem US-amerikanischen CHANDRA-(Röntgen-)Satelliten erst jüngst wieder gezielte Versuche unternommen, das Ergebnis solcher Begegnungen von Materie und Antimaterie in fernen Regionen des Weltalls in Form von Röntgen- und Gammastrahlung nachzuweisen. Das ist bisher noch nicht gelungen. Die Untersuchungen werden aber fortgeführt. 2011 wurde mit dem letzten Shuttle-Flug der ENDEAVOUR ein sogenanntes Alpha-Magnetspektrometer zur Raumstation ISS gebracht. Eine seiner Aufgaben besteht darin, nach Antimaterie als Relikt des Urknalls in der kosmischen Teilchenstrahlung zu suchen. Würde man beispielsweise Antikohlenstoffkerne nachweisen können, so wäre dies ein deutlicher Hinweis auf die Existenz von Antisternen. Nur in einem aus Antimaterie bestehenden Stern könnten im Zuge der in seinem Inneren ablaufenden Fusionsprozesse Atomkerne von Antikohlenstoff entstehen. Das Spektrometer auf der ISS soll bis zum Jahr 2020 im Einsatz bleiben.

Auch auf anderen Wegen suchen Physiker nach eventuellen Verschiedenheiten von Materie und Antimaterie. Dabei spielen Ideen eine Rolle, die unmittelbar bis an die Grenzen der heutigen Physik und sogar darüber hinausgehen. Theoretische Überlegungen haben gezeigt, dass man einen Baryonenüberschuss auch erhält, wenn zwei Prämissen der bisherigen Physik gleichzeitig nicht erfüllt sind: die CPT-Symmetrie und die Erhaltung der Baryonenzahl!

Aus der »Stringtheorie« (vgl. S. 277ff) kann man zwar die Stärke der CPT-Verletzung nicht voraussagen und ebenso wenig die Eigenschaften, in denen sie zum Ausdruck käme. Jedoch sind Erweiterungen des Standardmodells möglich, die eine künstlich eingefügte CPT-Verletzung enthalten. Solange man den Überschuss von Baryonen im Weltall nicht erklären kann, greift man auch zu diesem Strohhalm, der aber erst wirklich an Gewicht gewinnt, wenn experimentelle Hinweise bisher unbekannte Unterschiede zwischen Materie und Antimaterie erkennen lassen. Haben Wasserstoffatome tatsächlich – wie erwartet – ein mit ihren Antipoden aus der »Gegenwelt« völlig identisches Spektrum?

Verhält sich Antimaterie anders?

An der Untersuchung des Spektrums von Antiwasserstoff arbeitet eine Gruppe um Walter Oelert seit Jahren. Doch die Aufgabe birgt ihre Tücken: Zum einen benötigt man eine genügend große Anzahl von Antiwasserstoffatomen. Das Problem gilt seit 2002 als gelöst. Allerdings müssen die Atome auch noch »kalt« sein, das heißt, geringe Geschwindigkeiten aufweisen und sich in einer magnetischen Falle speichern lassen. Dieses Ziel ist inzwischen ebenfalls erreicht. Die Spektroskopie selbst kann inzwischen mit bisher nie erreichter Präzision durchgeführt werden dank neuer laserspektroskopischer Methoden, die am Max-Planck-Institut für Quantenoptik in München unter Theodor W. Hänsch entwickelt wurden (Nobelpreis 2005).

Auch auf diesem Gebiet gibt es Fortschritte, die optimistisch stimmen. So ist es der sogenannten ALPHA-Kollaboration beim CERN bereits gelungen, mit Antiwasserstoff in einer Magnetfalle den Mikrowellenhyperfeinübergang zu beobachten. Nur sind die Linien noch stark verbreitert, weil das Magnetfeld nicht homogen genug war. Deshalb sind die Ergebnisse auch noch nicht aussagekräftig genug [26]. Es handelte sich aber immerhin um eine erste gelungene Antiwasserstoffspektroskopie. An den Arbeiten sind mehr als fünfzig Wissenschaftler aus Instituten in Deutschland, Italien, Frankreich, der Schweiz, Großbritannien, Russland und Bulgarien beteiligt.

Einen anderen Weg zur Untersuchung von Antimaterie beschreiten schon seit Längerem verschiedene Forschergruppen, darunter auch am Los-Alamos-Nationallaboratorium in New Mexico, USA. Sie gehen der Frage nach, wie sich Antimaterie im Schwerefeld eines Körpers aus gewöhnlicher Materie verhält. Dass ein Apfel im Schwe-

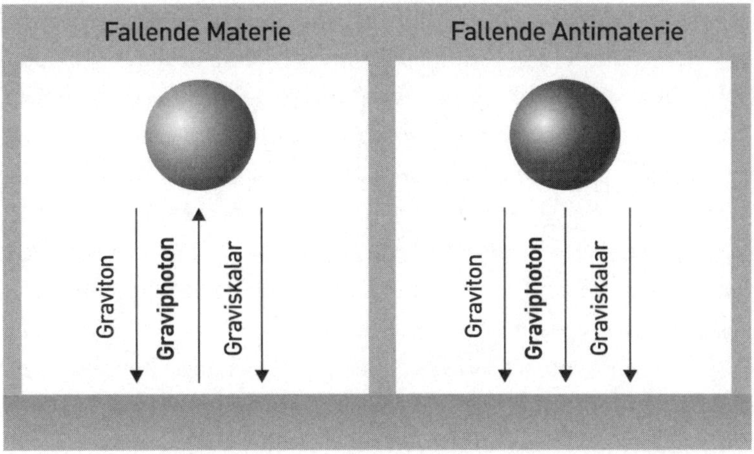

Fallen Materie und Antimaterie unterschiedlich schnell? Falls es noch weitere Austauschteilchen als das Graviton zur Vermittlung der Schwerkraft gibt – Graviskalar und Graviphoton –, so müsste das Schwerefeld der Erde auf Materie anders wirken als auf Antimaterie. Während Graviton und Graviskalar eine Anziehung vermitteln, würde ein Graviphoton im Fall von Materie eine Abstoßung, im Fall von Antimaterie hingegen eine Anziehung bewirken. Dann ergäbe sich eine geringfügig größere Fallbeschleunigung von Antimaterie gegenüber Materie.

refeld der Erde anders fallen könnte als ein Antiapfel, ist nicht völlig von der Hand zu weisen.

In den Quantengravitationstheorien wird die Schwerkraft vom Graviton als Austauschteilchen vermittelt. Die bisher ausschließlich beobachtete anziehende Wirkung von Massen führte die Physiker zu der Überzeugung, dass dem immer noch hypothetischen Graviton der Spin zwei zukommt. Jedoch sind auch Austauschteilchen mit Spin null und eins denkbar. Sie werden als Graviskalar und Gravivektor (oder Graviphoton) bezeichnet (vgl. Abb. oben).

Während ein Graviton immer anziehend wirkt – ähnlich wie auch ein Graviskalar (Spin null) – könnte ein Graviphoton (Spin eins) zwischen gleichartigen Materieformen abstoßend und zwischen verschiedenen Materieformen anziehend wirken. Dann müssten sich Materie und Antimaterie im Schwerefeld der Erde unterschiedlich verhalten. An diesem Problem wird intensiv geforscht. Wenn ein solcher Anteil aber überhaupt vorhanden sein sollte, kann er jedenfalls nicht sehr groß sein, denn sonst müssten wir auch im Verhalten normaler Materie etwas davon bemerken. Das quadratische Abstandsgesetz der Schwerkraft wäre dann nicht exakt gültig. Von einem solchen Verhalten hat man jedoch bei keinerlei Beobachtungen bisher etwas feststellen können.

Wenn aber an der Gravitationswechselwirkung Graviphotonen mit Spin eins beteiligt wären, ließe sich dies besonders gut in einem Antiteilchenexperiment beobachten, weil dort ja die »Masseladung« entgegengesetzt derjenigen von gewöhnlichen Teilchen sein würde. Dennoch gestalten sich diese Experimente äußerst schwierig. Das liegt an der extrem geringen Stärke der Schwerkraft im Vergleich zu den anderen fundamentalen Kräften. Die elektrischen und magnetischen Streufelder wirken auf geladene Teilchen stets unverhältnismäßig viel stärker ein als die Schwerkraft. Und die einfachsten Antiteilchen (Positronen und Antiprotonen) sind ja elektrisch geladen.

Man muss also auch hier elektrisch neutrale Atome für die Experimente verwenden, und erst dann besteht Hoffnung, die spannende Frage nach ihrem Verhalten im Schwerefeld mit Aussicht auf Erfolg zu beantworten. Doch diese Atome müssen ebenfalls langsam (»kalt«) sein, damit sie experimentell verwendet werden können. Das war bei den 1995 hergestellten Antiwasserstoffatomen nicht der Fall. Sie bewegten sich mit neunzig Prozent der Lichtgeschwindigkeit! Inzwischen können aber mit Hilfe des Antiprotonenverzögerers (Antiproton Decelerator, AD) am CERN auch niederenergetische Antiprotonen hergestellt werden, die dann die Grundlage für die Gewinnung von kaltem Antiwasserstoff darstellen.

Nun wollen die CERN-Forscher in der sogenannten AEGIS-Kollaboration einen horizontalen Antiwasserstoffstrahl erzeugen und über eine bestimmte Flugstrecke beobachten. Auf genau diese Weise hatte Galileo Galilei seinerzeit im 17. Jahrhundert die Fallgesetze gefunden. Bei Galilei waren es freilich makroskopische Objekte – kleine Kugeln –, die er in ein Sandbett fallen ließ. Je weiter sie fielen, desto höher musste ihre Geschwindigkeit nach dem Durchlaufen einer bestimmten Strecke auf der schiefen Ebene gewesen sein. So fand Galilei die Beziehung zwischen dem Weg und der Zeit, die ein frei fallender Körper für diesen Weg benötigt; ebenso aber auch die Geschwindigkeit, die ein frei fallender Körper nach einer bestimmten Zeit erreicht. In beiden Beziehungen kommt die Gravitationskonstante vor. Wir kennen sie heute aus Präzisionsmessungen mit hoher Genauigkeit.

Bereits die Ausmessung der Fallhöhe eines Strahls aus Antiwasserstoffatomen von nur zwei Metern Länge würde ausreichen, um die Gravitationskonstante für Antimaterie auf zehn Prozent genau zu bestimmen. Es wird jedoch noch geraume Zeit dauern, bis die spannende Frage beantwortet werden kann, ob die Gravitation des Erdfeldes auf Antimaterie genauso wirkt wie auf Materie. Zurzeit liegen noch keine brauchbaren Messungen über die Ablenkung eines solchen Strahls im Schwerefeld der Erde vor. Es bedarf offenbar noch einer wesentlich präziseren Versuchsdurchführung.

Die mysteriöse Dunkle Materie

Weitere bislang ungelöste Rätsel taten sich bei der Untersuchung des Universums auf. Bereits zu Beginn der 1930er-Jahre machten der niederländische Astronom Jan Hendrik Oort und der Schweizer Fritz Zwicky zwei merkwürdige Entdeckungen. Oort fand heraus, dass die Dicke der scheibenförmigen Anordnung der Sterne im Milchstraßensystem kleiner war, als aus der Zahl der beobachteten Sterne erklärt werden konnte. Zwicky wunderte sich über die Bewegungsverhältnisse in einem fernen Galaxienhaufen im Sternbild Haar der Berenike, dem über tausend Sternsysteme angehören. Die Masse des Galaxienhaufens würde nicht im Entferntesten ausreichen, um die Galaxien alle zusammenzuhalten. Er schloss daraus auf eine nicht sichtbare Art von Materie – viel mehr als diejenige, die sich beobachten ließ.

Die Reaktion auf seine These bestand in heftiger Ablehnung durch fast alle Kollegen. So weit, so normal. Nicht jeder angeblich neue Befund und auch nicht jede Interpretation werden von der Wissenschaft sofort akzeptiert. Durch gesunde Skepsis wird massenhaft produzierter Unsinn aussortiert, wo würde man sonst auch hinkommen.

Doch in diesem Fall gelang das nicht so recht, weil es sich möglicherweise gar nicht um Unsinn handelte. Schnelle Rechner, mit denen die Bewegungsverhältnisse in Galaxien simuliert werden konnten, ließen erkennen, dass diese Sternsysteme eigentlich sofort kollabieren müssten, was sie in der Realität aber offenbar nicht tun. 1972 kam ein weiterer Befund hinzu: Die Geschwindigkeiten, mit denen sich die Sterne in den äußeren Bereichen von Galaxien um deren Zentren bewegen, waren gegenüber den Erwartungen viel zu hoch. Was heißt hier »Erwartungen«? Gemeint sind die Kepler'schen Gesetze und damit letztlich das Newton'sche Gravitationsgesetz. Danach ergibt sich aus der Masse eines Sternsystems eine Rotationskurve mit abnehmender Geschwindigkeit von innen nach außen – wie auch bei den Planeten in unserem Sonnensystem.

Doch die Beobachtungen bei den Galaxien zeigten etwas ganz anderes. Zunächst nahmen die Geschwindigkeiten tatsächlich ab, doch dann nahmen sie wieder zu. Per Radiobeobachtungen des Wasserstoffs zeigte sich dieser Befund noch deutlicher, weil man nun auch viel weiter außen liegende Bereiche der Sternsysteme erfassen konnte. Alles deutete auf Masse hin, die auf keine Weise optisch oder in anderen Wellenlängenbereichen wahrgenommen werden kann, aber dennoch vorhanden ist.

Merkwürdig ist auch der Befund, dass die Geschwindigkeiten in den äußeren Bezirken von Galaxien etwa alle gleich sind, obwohl die Massen der Galaxien selbst sich stark voneinander unterscheiden. Auch bei Galaxienhaufen zeigte sich, dass die Massen der sichtbaren Objekte nicht ausreichen, um solche gewaltigen Ansammlungen dauerhaft zusammenzuhalten. So schob man den erforderlichen Rest ebenfalls der mysteriösen unsichtbaren Materie zu. In Ermangelung irgendeines Wissens über sie bezeichnete man sie fortan als »Dunkle« Materie.

Die Verteilung dieser Materie hatte man allerdings stets unter der Voraussetzung berechnet, dass es in Galaxien und Galaxienhaufen ein Gleichgewicht zwischen Gravitation und Fliehkraft geben müsse. Aus den durch Messungen ermittelten Geschwindigkeiten schloss man dann auf die Gravitationskraft, die erforderlich ist, um die Stabilität des Systems zu sichern. Doch ob tatsächlich die Gravitation in diesen Systemen genau durch die Fliehkraft ausgeglichen wird, dessen kann man sich nicht unbedingt sicher sein. Die Sterne und Galaxien befinden sich ja auch in Wechselwirkung miteinander und sind deshalb keineswegs dauerhaft in ein und demselben Gleichgewichtszustand.

Galaxienhaufen sind darüber hinaus kosmologisch jünger – das heißt, sie entstanden später als die Galaxien – und wir können uns deshalb erst recht nicht sicher sein, ob sie sich wirklich im Gleichgewicht befinden. Außerdem messen wir lediglich die Radialgeschwindigkeit – jene Teilkomponente der Geschwindigkeit, die längs der Sichtlinie liegt. Die tatsächliche Raumbewegung der Objekte kennen wir nicht. Wir machen vielmehr Annahmen über die Bahnformen der Sterne in Galaxien und der Galaxien in Galaxienhaufen.

Neuerdings kann man die Verteilung der Dunklen Materie aber unter Anwendung des sogenannten Gravitationslinseneffekts bestimmen. Das Licht von Hintergrundquellen wird dabei durch die Gravitation eines Galaxienhaufens in charakteristischer Weise ab-

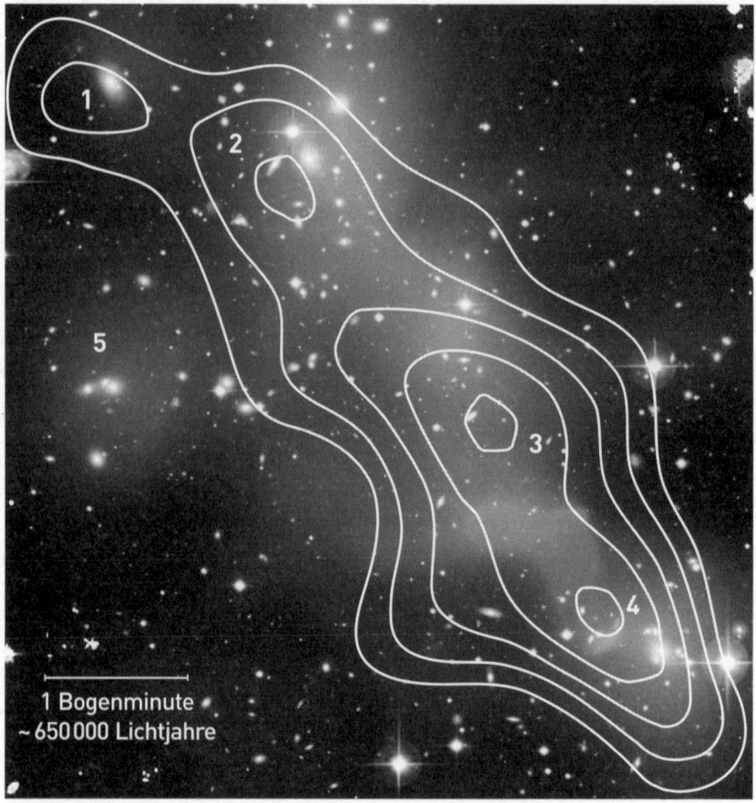

Der Galaxienhaufen Abell 520, der insgesamt etwa 10^{15} Sonnenmassen enthält. Die eingezeichneten Konturlinien markieren die Verteilung der Dunklen Materie, wie sie aus der Analyse des Gravitationslinseneffekts gewonnen wurde. An den Positionen 1 bis 5 befinden sich besonders hohe Massenkonzentrationen. Im Gebiet 3 müsste sich demnach sehr viel Dunkle Materie befinden, erstaunlicherweise gibt es dort aber praktisch keine Galaxien.

gelenkt, woraus sich letztlich die Verteilung der Dunklen Materie in dem jeweiligen Galaxienhaufen bestimmen lässt. Doch wurden gerade hierbei auch Ungereimtheiten entdeckt, die sich mit den bisherigen Vorstellungen des Phänomens nicht vereinbaren lassen.

Bei dem etwa 2,3 Milliarden Lichtjahre entfernten Galaxienhaufen Abell 520 – in dem wahrscheinlich eine Kollision von zwei oder drei kleineren Haufen stattfindet – ergibt sich nämlich eine ganz unerwartete Verteilung.

So findet man aus dem Gravitationslinseneffekt eine Konzentration Dunkler Materie in einem Gebiet, in dem sich überraschenderweise keine Galaxien befinden (vgl. Abb. links). Dieser Befund könnte ein Hinweis darauf sein, dass sich Dunkle Materie nicht nur durch ihre Gravitationswirkung bemerkbar macht, sondern möglicherweise noch andere, uns völlig unbekannte Wechselwirkungen aufweist.

Und damit sind wir bei dem eigentlichen Problem. Niemand weiß, worum es sich bei der Dunklen Materie überhaupt handelt. So verwundert es nicht, dass die Astrophysiker, Kosmologen und Teilchenphysiker mit unterschiedlichsten Denkansätzen höchst fantasievoll versuchten, dem Geheimnis dieses Phänomens auf die Spur zu kommen, in dem nach neuesten Messungen 26,8 Prozent der Energiedichte des Weltalls verborgen sind. In den Galaxienhaufen fällt der Anteil Dunkler Materie sehr unterschiedlich aus: Das Spektrum reicht von »Halbe-Halbe« bis zum Hundertfachen der sichtbaren Masse, Letzteres insbesondere bei den zahlreichen Zwerggalaxien. Über größere Skalen ist die Dunkle Materie etwa zehnmal häufiger im Kosmos vertreten als die uns bisher bekannte »gewöhnliche« Materie.

Woraus besteht Dunkle Materie?

Erwartungsgemäß gab es viele Erklärungsversuche für das Phänomen der Dunklen Materie, experimentell abgesichert werden konnte jedoch bisher keiner. Da ist zunächst die Idee, alle »MACHOs« (MAssive Compact Halo Objects, übersetzt: massereiche, kompakte Haloobjekte) unter die Dunkle Materie zu subsumieren, weil man sie hauptsächlich in den Halos findet, die die Galaxien großräumig umgeben. Doch die Rechnung geht nicht auf. Selbst wenn man alle »Braunen Zwerge« (kaum leuchtende Zwischenstufen zwischen Sternen und Planeten), Neutrinos und Asteroiden in fernen Planetensystemen sowie die geschätzte Anzahl von kleinen Schwarzen Löchern hinzunimmt – sie alle zusammen ergeben niemals jene Masse an Dunkler Materie, die durch unsere Messungen nahegelegt wird.

Dem Einfallsreichtum der Theoretiker sind aber bekanntlich keine Grenzen gesetzt, besonders dann nicht, wenn sich Ratlosigkeit breitmacht. Der israelische Physiker Mordehai Milgrom schlug deshalb schon 1983 vor, ein abgeändertes Gravitationsgesetz, die »MOdifizierte Newton'sche Dynamik« (MOND), anzunehmen. Alle beobachteten Phänomene würden sich daraus erklären, ohne dass man die Existenz einer Dunklen Materie unterstellen müsste.

Andere Forschergruppen favorisierten hingegen exotische Elementarteilchen, wie zum Beispiel die von ihnen erdachten »Axionen«. Hunderte Billionen dieser Teilchen sollten sich nach den Vorstellungen der Physiker in jedem Kubikzentimeter des kosmischen Raums befinden, zum Teil als Überbleibsel des Urknalls, aber auch als Produkt der Vorgänge im Inneren von Sternen. Ihre Ruhemasse soll sehr klein sein und ihre Wechselwirkung mit Materie ebenfalls. Die Axionen sind allerdings keine einfach aus der Luft gegriffene Idee, sondern wären sogar im Einklang mit einer erweiterten Standardtheorie der Elementarteilchenphysik.

Ein anderer Kandidat für die Dunkle Materie sind die »WIMPs« (Weakly Interacting Massive Particles, übersetzt: schwach wechselwirkende massereiche Teilchen). Ihre Masse soll der von etwa zwei Goldatomen entsprechen, und da sie elektrisch neutral sind, machen sie sich im Wesentlichen durch ihre Massenanziehung bemerkbar. Dass diese Teilchen vergleichsweise geringe Geschwindigkeiten aufweisen müssen (etwa im Verhältnis zur Lichtgeschwindigkeit), schließt man daraus, dass sie andernfalls von Galaxien nicht gebunden werden könnten. Wegen ihrer Langsamkeit spricht man auch von »Kalter Dunkler Materie«. Die mögliche Existenz dieser hypothetischen Teilchen wird ebenfalls aus einer Erweiterung der Standardtheorie der Elementarteilchen abgeleitet, die als »Supersymmetrie« bezeichnet wird (s. S. 269ff). Die leichtesten Teilchen des sogenannten »Minimalen Supersymmetrischen Modells« der Teilchenphysik sollen jene im frühen Universum entstandenen WIMPs darstellen.

Man versucht nun, die WIMPs über Zusammenstöße mit Atomkernen aufzuspüren, wobei unterirdische Detektoren die dabei erzeugte Strahlung nachweisen sollen; bedauerlicherweise wären solche Zusammenstöße nach der Theorie nur sehr selten. Reinste Kristalle, gekühlt bis nahe an den absoluten Nullpunkt, oder flüssige Edelgase dienen als Detektoren. Offenbar reicht die Empfindlichkeit der Nachweisinstrumentarien aber noch nicht aus, denn es ist noch kein WIMP sicher gefunden worden.

Es gibt aber auch indirekte Suchexperimente. Dabei geht man von der Überlegung aus, dass WIMPs wegen ihrer großen Masse zum Beispiel von der Sonne angezogen werden und sich deshalb in ihrem Zentrum ansammeln. Bei gelegentlichen Zusammenstößen zweier WIMPs zerstrahlen sie in zwei Bündel normaler Elementarteilchen, wobei auch Neutrinos entstehen. Diese Neutrinos unterscheiden sich von den üblichen Sonnenneutrinos, die bei Kernfusionsvorgängen gebildet werden, durch ihre deutlich höheren Energien. Jedoch ist auch die Suche nach solchen hochenergetischen Neutrinos bisher erfolglos geblieben.

Nun richten sich alle Hoffnungen auf den neuen Hochenergieneutrinodetektor IceCube in der Antarktis, der gegenüber früheren Detektoren eine 30-mal höhere Empfindlichkeit aufweist und seit 2010 in Betrieb ist. Erste Messungen liegen inzwischen vor, sie sind aber noch nicht aussagekräftig genug, um von einem »Durchbruch« zu sprechen. Die Teilchenphysiker richten ihre Hoffnungen in diesem Zusammenhang verständlicherweise auch auf die Experimente mit dem Large Hadron Collider (LHC) beim CERN.

Ein weiteres Rätsel: die Dunkle Energie

Ein zweites großes Rätsel, mit dem sich die Astronomen und Astrophysiker seit vielen Jahren beschäftigen, ist die »Dunkle Energie«. Dabei handelt es sich auch hier zunächst nur um einen Begriff für ein noch weitgehend unverstandenes Phänomen. Die ausgeklügelte Beobachtungstechnik der jüngsten Zeit sowie der Einsatz des HUBBLE-Weltraumteleskops haben es gestattet, die Expansion des Universums mit einer zuvor nicht möglichen Präzision zu erfassen – was zu einer großen Überraschung führte.

Das verdanken wir vor allem einer Eichung der Lichtkurven von Supernovae des Typs Ia, die in Doppelsternsystemen aus einem Weißen Zwerg und einem Begleitstern entstehen können. Der Weiße Zwerg zieht dabei so lange Materie von seinem Begleiter ab, bis seine Masse die Chandrasekhar-Grenze (vgl. S. 100) überschreitet und er durch Eigengravitation zu kollabieren beginnt. Da diese explodierenden Sterne (vgl. Abb. rechts) einen Zusammenhang zwischen ihrer Maximalhelligkeit und der Form ihrer Lichtkurve zeigen, lässt sich aus ihrer Helligkeit im Maximum die zugehörige Entfernung ableiten. Dabei ist der Umstand wesentlich, dass diese Supernovae sehr große absolute Helligkeiten erreichen und folglich über sehr große Distanzen wahrgenommen werden können. Sie gelten daher seit Langem als »Standardkerzen« zur Bestimmung großer extragalaktischer Entfernungen.

Doch müssen ihre Maximalhelligkeiten zunächst auf unabhängigem Wege bestimmt werden – und genau dies war mit Hilfe des HUBBLE-Weltraumteleskops wesentlich genauer möglich als zuvor. Dies führte in der Folge zu neuen Entfernungsangaben für die Gala-

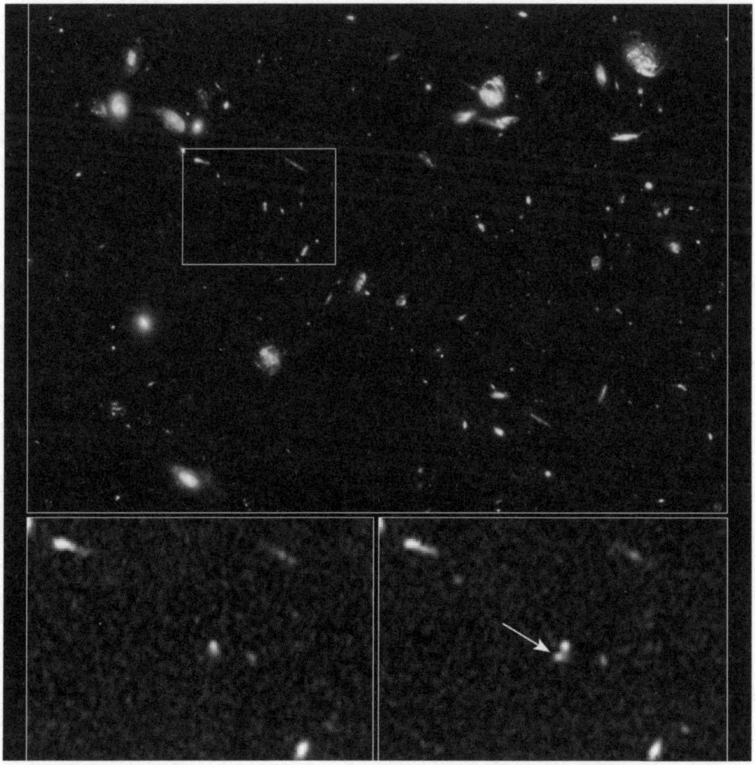

Die Entdeckung einer Supernova vom Typ Ia durch das Hubble-Weltraumteleskop im Jahr 2010. Die beiden unteren Bilder zeigen den markierten Ausschnitt vergrößert. Während im linken Bild nur die neun Milliarden Lichtjahre entfernte Galaxie zu sehen ist, zeigt das rechte Bild zudem die helle Supernova (weißer Pfeil). Diese explodierenden Sterne sind »Entfernungsmarker«, mit denen die Stärke der Dunklen Energie und die Expansionsrate des Universums bestimmt werden können.

xien. Und nun kam die große Überraschung: Es zeigte sich, dass die entfernteren Galaxien langsamer expandieren, als man es nach dem Hubble'schen Expansionsgesetz erwarten müsste. Da wir jedoch mit immer größeren Entfernungen auch in eine immer tiefere Vergangenheit blicken, bedeutet dies, dass die Expansion heute rascher verläuft als früher, sich mithin also beschleunigt.

Über die Ursache dieser Beschleunigung herrscht Rätselraten. Zwar hatte Einstein in seiner aus der Relativitätstheorie abgeleiteten kosmologischen Arbeit schon einmal die kosmologische Konstante Lambda als eine Art »Gegengravitation« eingeführt. Das war jedoch die Folge seines statischen kosmologischen Modells. Damals sollte Lambda verhindern, dass das Universum unter der Gravitation seiner Massen zusammenstürzt. Nach der Entdeckung der Expansion ließ Einstein die Konstante aber schließlich wieder fallen. Jetzt hat man sie wieder eingeführt, als eine Art »Antischwerkraft«, die das Weltall immer rascher auseinandertreibt. Doch was verbirgt sich physikalisch dahinter?

Das weiß niemand genau zu sagen. Es könnten die Quantenfluktuationen des leeren Raums sein, die ihm eine Energie verleihen, deren Ausdruck die kosmologische Konstante ist. Jedenfalls ist die Dunkle Energie ziemlich gleichmäßig im Raum verteilt und macht insgesamt 68,3 Prozent der Gesamtenergie des Universums aus. Zusammen mit der Dunklen Materie gehen also rund 95 Prozent der Gesamtenergie des Universums auf etwas, das man nicht sieht, sondern nur aufgrund seiner Wirkungen feststellen kann. Die vielen Objekte, die wir in unseren Astronomiebüchern beschrieben und in prachtvollen Abbildungen dokumentiert finden – von den Planeten, Kometen, Asteroiden bis zu den Sternen, Sternsystemen, Galaxienhaufen sowie Gas- und Staubmassen –, stellen also nur einen winzigen Teil dessen dar, was das Universum eigentlich ausmacht.

Genau betrachtet, ist die Dunkle Energie allerdings nicht geheimnisvoller als die Gravitation, deren tiefstes Wesen wir ebenso wenig verstehen wie jenes der Dunklen Energie. Es kommt vielmehr darauf an, die Auswirkungen eines Phänomens möglichst umfassend durch Beobachtungen kennenzulernen und durch Theorien zu beschreiben. Oder sollten wir bei der Dunklen Energie gar einer

Täuschung erlegen sein – handelt es sich vielleicht nur um eine Illusion? Das halten neuerdings einige Forscher für möglich, basierend auf einer ganz neuen Betrachtungsweise des Universums. Timothy Clifton und Pedro Ferreira haben diese neuen Denkansätze 2009 in einem Aufsatz zusammengefasst. Das Wort »Betrachtungsweise« ist in diesem Zusammenhang nur ein anderer Ausdruck für »neue Vermutungen« oder »Denkmöglichkeiten«.

Ist die Dunkle Energie eine Illusion?

Bislang galt in der Kosmologie der Satz, dass wir Menschen im Universum eine völlig durchschnittliche Position einnehmen. Nichts soll den Ort unseres kosmischen Aufenthalts vor irgendeinem anderen Ort innerhalb von Milliarden und Abermilliarden Galaxien irgendwie auszeichnen. Man spricht vom »Prinzip des perfekten Kopernikanismus«, der Kosmos soll großräumig *isotrop* und *homogen* sein. Demnach gibt es keine ausgezeichneten Raumpunkte oder Raumrichtungen und wir dürfen aus den Beobachtungen des Weltalls, die wir von der Erde aus durchführen, auf den Kosmos als Ganzes schließen.

Dieses kosmologische Postulat ist eine Grundannahme mit axiomatischem Charakter, auf der alle kosmologischen Theorien basieren. Doch überprüfen kann man dieses Axiom (wie übrigens alle Axiome) nicht, da wir ja nicht das gesamte Universum, sondern nur einen (wenn auch inzwischen schon recht großen) Ausschnitt davon überblicken. Weil nun aber jede kosmologische Theorie von der Isotropie und Homogenität des Raums ausgeht, würden sich natürlich schwerwiegende Konsequenzen ergeben, falls diese Annahme nicht zuträfe. Ein indirekter Hinweis auf die Gültigkeit dieser Annahme ist die Konsistenz, die Stimmigkeit, die Widerspruchsfreiheit des Urknallmodells. Doch gerade da stellt nun die Dunkle Energie eine bisher nicht erklärte Merkwürdigkeit dar, die sich in Luft auflösen könnte, sobald man auf das kosmologische Postulat verzichtet.

Forscher, die diesen Verzicht vorschlagen, bestreiten nicht etwa die beobachtete beschleunigte Expansion, sie halten es aber für möglich, dass wir uns in einer besonderen Region des Universums befinden, in einem großräumigen Gebiet erheblich geringerer Massendichte als sie in anderen, weit entfernten Gegenden vorhanden ist (vgl. Abb. rechts). In unserer vergleichsweise »leeren Ecke« des Universums kann die Materie die Expansion daher nicht so stark abbremsen wie in anderen Regionen mit höherer Dichte. Deshalb verläuft die Ausdehnung hier tatsächlich schneller. An den Rändern jener Region, in der sich die höhere Dichte der benachbarten Materie bemerkbar macht, ist die Expansion weniger schnell als etwa im Zentrum der relativen Leere. Mit anderen Worten: Unterschiedliche Raumgebiete expandieren zu jeder Zeit verschieden schnell wegen der ungleichen Verteilung der Materie im Raum.

Erinnern wir uns in diesem Zusammenhang wieder an den Vergleich mit dem Luftballon als zweidimensionales Analogon zur Veranschaulichung der Einstein'schen Kosmologie. Zweidimensionale Wesen auf der Oberfläche eines solchen Ballons würden feststellen, dass sich jeder Punkt des Luftballons von ihnen selbst entfernt und zwar mit umso größerer Geschwindigkeit, je weiter er entfernt ist. Sie würden also bei ihren Messungen eine Art »Hubble-Gesetz« finden. Bleiben wir bei diesem Bild, das unsere Beobachtungen der Expansion anschaulich macht, so würde die ungleichmäßige Expansion verschiedener Raumgebiete jenen uns allen bekannten Beulen im Luftballon entsprechen, die sich beim Aufblasen dort langsamer und anderswo schneller ausdehnen.

Da wir die als Dunkle Energie interpretierte beschleunigte Expansion durch Beobachtungen an Supernovae kennengelernt haben, fragen wir jetzt, ob die von uns gemachten Beobachtungen mit dem Bild eines Kosmos voller regionaler »Leergebiete« in Übereinstim-

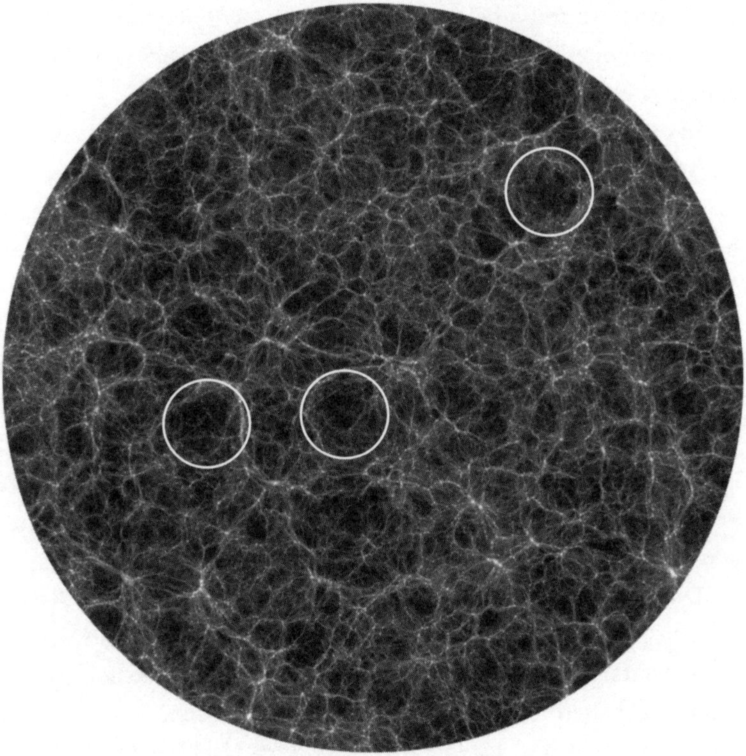

Sollten im Universum großräumige Gebiete geringerer Dichte (wie in den weißen Kreisen) vorkommen und wir uns gerade in einer dieser – vielleicht durchaus nicht untypischen – Regionen befinden, könnte sich die Dunkle Energie als Illusion erweisen. Dann könnte die Materie die Expansion in diesen begrenzten Gebieten einfach nicht so stark abbremsen wie in Gebieten mit höherer Dichte.

mung zu bringen sind. Gehen wir (lediglich zur Veranschaulichung) von der Annahme aus, wir befänden uns gerade im Zentrum eines solchen Leergebiets und beobachteten eine Supernova an dessen Rand. Dort erfolgt die Expansion langsamer als bei uns, weil die angrenzenden Gebiete höherer Materiedichte sie verzögern. Das Licht der Supernova muss bei seinem Weg in unsere Teleskope also Gebiete durchqueren, die immer schneller expandieren. So entsteht die von uns beobachtete Rotverschiebung.

In einem Universum, das – wie bisher angenommen – als Ganzes mit der lokalen Expansionsrate auseinanderfliegt, müsste die Rotverschiebung natürlich größer ausfallen. Wenn das Licht in dem nunmehr aber als inhomogen angenommenen Universum eine bestimmte Rotverschiebung erreichen soll, muss es eine größere Distanz zurücklegen als in einem gleichmäßig expandierenden Weltall. Die Supernova ist also weiter entfernt und erscheint folglich lichtschwächer. Die Annahme einer Dunklen Energie ist zur Erklärung dieses Effekts nicht erforderlich. Die Raumgebiete verringerter Dichte müssten aber gewaltige Ausmaße haben, basieren unsere Schlüsse über die Dunkle Energie doch auf Supernovabeobachtungen in Milliarden von Lichtjahren Entfernung.

Die Gesamtinterpretation erinnert an die Debatte der Stellarstatistiker zu Beginn des 20. Jahrhunderts. Damals war man der festen Überzeugung, die Struktur des gesamten Milchstraßensystems erfasst zu haben, und musste letztlich doch einsehen, dass es sich nur um ein »lokales System« in der weiteren Nachbarschaft unserer Sonne gehandelt hatte, während das Gesamtsystem ungleich größer war. Könnten wir uns jetzt wieder in einer vergleichbaren Situation befinden, nur auf viel größeren Skalen?

Es wäre immerhin denkbar, dass die größten Strukturen, die wir bisher entdeckt haben, durch die Reichweite der Galaxienkartierungen begrenzt sind und dass in der Realität durchaus noch weitaus größere Gebilde existieren, die wir nur noch nicht kennen. Sollte das Universum komplexer sein, als wir bisher angenommen haben? Warum eigentlich nicht? Schließlich belegt die gesamte, Jahrtausende währende Forschungsgeschichte nichts anderes als die Entdeckung immer komplexerer und meist zuvor nicht erahnter Strukturen auf allen Gebieten.

Die Untersuchung von Galaxienhaufen könnte Aufschluss darüber geben, ob die Dunkle Energie tatsächlich existiert oder nicht. Über sie möchten die Forscher die Expansionsrate des Universums in ihrer jeweiligen Nachbarschaft ermitteln. Die Reflexion der kosmischen Hintergrundstrahlung an weit entfernten Galaxienhaufen soll darüber hinaus verraten, wie das Universum in großen Entfernungen aussieht. Der hier abgebildete Haufen Abell 1689 ist ein Galaxienhaufen in rund 2,2 Milliarden Lichtjahren Entfernung.

Gegenwärtig gibt es mehrere Vorschläge, wie man durch Beobachtungsdaten in den kommenden Jahren eine Entscheidung darüber herbeiführen könnte, ob die Dunkle Energie tatsächlich existiert oder nur vorgetäuscht wird. Allerdings handelt es sich um extrem subtile Messungen. Eine Möglichkeit bestünde in der genaueren Analyse des Mikrowellenhintergrunds – er ist bisher eine der stärksten Stützen des kosmologischen Prinzips. Weit entfernte Galaxienhaufen sollten nach einem Vorschlag von Jeremy Goodman die Hintergrundstrahlung zu einem kleinen Teil reflektieren. Auf diese Weise könnte man durch eine Präzisionsanalyse erfahren, wie das Universum aussieht, wenn man es von einem fernen Standort aus betrachtet. Bisherige Versuche in dieser Richtung haben noch keine ausgedehnten Leeren im All bestätigt. Auch die Ergebnisse der PLANCK-Mission lieferten keine diesbezüglichen Hinweise.

Eine andere Idee zielt auf eine separate Messung der Expansionsraten an verschiedenen Orten des Universums. Die üblichen Rotverschiebungen ergeben die summarische Expansion des gesamten Raums zwischen Objekt und Beobachter. Da auch die Bildung von Galaxienhaufen auf die lokale Expansionsrate reagieren sollte, könnten Untersuchungen von Galaxienhaufen in verschiedenen Regionen nützlich sein, um hier mehr Klarheit zu gewinnen.

Auch das Phänomen der Supernovae vom Typ Ia, die ja als Standardkerzen verwendet werden, bedarf weiterer Abklärung. Neuerdings ist bekannt geworden, dass die Maximalhelligkeit dieser Objekte von der Metallizität des Vorgängersterns abhängt, das heißt, von seinem Anteil an schwereren Elementen als Helium. Die besonders weit entfernten Supernovae dieses Typs explodierten nun aber vor einer entsprechend ihrer Entfernung längeren Zeit, also in einem damals noch jüngeren Universum. Zu jener Zeit war die Metallizität durchweg geringer als heute. Diese Einflussgrößen müssen jetzt genauer studiert und dann berücksichtigt werden. Erste Ergebnisse zeigen, dass uns ferne Supernovae um etwa vier Prozent näher stehen als bislang angenommen. Das hat natürlich Auswirkungen auf den gemessenen Effekt der beschleunigten Expansion. Deshalb werden zurzeit mehrere Suchprogramme nach Supernovae durchgeführt, die speziell dem Ziel dienen, diese Einflussgrößen genauer kennenzulernen und die Folgen dieser Erkenntnisse für unsere Vorstellungen über die Dunkle Energie zu berechnen.

Die schärfste Kritik an der Vorstellung von einem Universum mit der Struktur eines ins Gigantische vergrößerten »Schweizer Käses« richtet sich verständlicherweise gegen die Aufgabe des bewährten kosmologischen Prinzips. Doch genau genommen muss man dieses durchaus nicht global fallen lassen. Die Inhomogenitäten machen sich ja erst auf sehr großen Skalen bemerkbar. Die Daten unserer

Kartierungen, die bislang schon diese »Leeren« nicht entdecken konnten, reichen natürlich erst recht nicht aus, um noch größere Strukturen zu finden, die es vielleicht gibt. Der »besondere Platz«, den uns jetzt einige Forscher zuschreiben wollen, um die Dunkle Energie ad absurdum zu führen, wäre möglicherweise doch kein so besonderer Platz mehr, weil es – auf noch größeren Skalen – viele solcher besonderen Plätze gibt. Das gesamte Universum wäre also im Ganzen durchaus gleichförmig, lediglich von Löchern durchsetzt. Schließlich beobachten wir auch in kleineren Bereichen von einigen zigmillionen Lichtjahren keine Isotropie und Homogenität!

Die Forschungen der kommenden Jahre versprechen hier aber mehr Klarheit zu bringen. Eine Unternehmung, auf die man bereits jetzt gespannt sein darf, ist die Mission WFIRST (Wide Field InfraRed Survey Telescope), die mit einem 2,4-Meter-Spezialteleskop Präzisionsmessungen der Expansionsgeschichte des Universums vornehmen soll. Man hofft auf einen Start im Jahr 2017 und plant eine sechsjährige Missionsdauer. Aber auch andere Beobachtungskampagnen der US-Amerikaner mit großen Instrumenten auf dem Cerro Tololo in Chile oder japanischer Forscher auf Hawaii jagen dem Phänomen der Dunklen Energie nach. Sie wollen einen möglichst großen Raumbereich des Universums gleichsam in drei Dimensionen erfassen, um herauszufinden, wie die Expansionsrate des Universums zeitlich und räumlich variiert.

Auch die ESA wird sich an den Untersuchungen beteiligen und im Jahr 2020 das spezielle Weltraumteleskop EUCLID starten, das ebenfalls ausschließlich der Erforschung der Dunklen Materie und der Dunklen Energie dienen soll. Vorgesehen ist, die Entfernungen und Bewegungen von etwa zwei Milliarden Galaxien in bis zu zehn Milliarden Lichtjahren Distanz zu vermessen, um mehr Licht in die seit Langem ungelösten grundlegenden Fragen der Kosmologie zu bringen. Mehr als tausend Wissenschaftler aus 13 europäischen Staaten und den USA sind an dem Unternehmen beteiligt.

Schnelle Teilchen

Kosmische Strahlung und irdische Beschleuniger

Schon bei den Sternen haben sich Teilchen- und Astrophysik als zwei Seiten einer Medaille erwiesen. Im 20. Jahrhundert eröffnete die Mikrowelt zwei weitere Fenster ins Universum: mit schnellen Partikeln aus dem Kosmos und in künstlichen Beschleunigern.

Im Weltall produzieren zum Beispiel Quasare Jets aus schnellen Teilchen. Im Zentrum dieser jungen Galaxien sitzen massereiche Schwarze Löcher.

Strahlung aus dem Himmel

Zu Beginn des 20. Jahrhunderts waren unter anderem Fragestellungen zur Untersuchung der elektrischen Leitfähigkeit von Gasen aktuell. Sowohl der schottische Physiker Charles T. R. Wilson als auch die beiden Deutschen Julius Elster und Hans Geitel beschäftigten sich intensiv mit dieser Problemstellung. Dass ein Elektrometer – ein Gerät, das elektrische Ladungen und Spannungen anzeigt – sich von selbst immer wieder entlädt, wurde als ein Zeichen für die Leitfähigkeit der Luft angesehen, aber niemand wusste, wie dieses Phänomen zustande kommt.

Schon um das Jahr 1900 wurden erste Vermutungen geäußert, dass dafür eine aus dem Kosmos eindringende, hochenergetische elektromagnetische Strahlung verantwortlich sein könnte. Dagegen sprachen aber Experimente in einem Eisenbahntunnel oder unter starken Bleiabschirmungen. Dort erfolgte die Entladung des Elektrometers zwar langsamer, wurde aber nicht vollständig unterbunden. Vielleicht stammten die ominösen Restströme aus den radioaktiven Substanzen im Mauerwerk der Laboratorien? Nach der Entdeckung der Radioaktivität wusste man ja, dass auch die Baumaterialien, aus denen die Häuser bestehen, Spuren radioaktiver Elemente enthalten und somit ständig eine schwache radioaktive Strahlung aussenden. War sie die Ursache für das Messergebnis?

Um diese Einflüsse auszuschalten, gingen die Forscher mit ihren Messinstrumenten wortwörtlich »in die Luft«, im Jahr 1909 zum Beispiel auf den rund dreihundert Meter hohen Eiffelturm in Paris. Wegen des Abstands vom Erdboden wäre jetzt ein berechenbarer Rückgang der Reststrahlung zu erwarten gewesen. Die Messergebnisse widersprachen jedoch auch in diesem Fall den Erwartungen. Nun entschloss sich der Österreicher Victor Hess zu einem entscheidenden Experiment (vgl. Abb. rechts): Er brachte seine Instrumente an Bord eines Höhenballons und stellte in fünftausend Meter Höhe

Victor Hess (Mitte) vor einem seiner wissenschaftlichen Ballonaufstiege zur Erforschung der rätselhaften Höhenstrahlung im Jahr 1912.

anstelle der von manchen erwarteten Abnahme das genaue Gegenteil fest. Sein Elektrometer entlud sich nun noch viel schneller, die rätselhafte Strahlung musste jetzt also noch intensiver sein. Werner Kolhörster, der spätere Direktor des Berliner Instituts für Höhenstrahlungsforschung, bestätigte diese Ergebnisse sogar mit einem Ballonaufstieg bis auf neuntausend Meter Höhe.

Doch die wissenschaftliche Gemeinschaft blieb uneinig. Vielleicht hatte es sich ja lediglich um Messfehler gehandelt. Selbst zu Beginn der Zwanzigerjahre versuchte Robert A. Millikan, die Ergebnisse der Wissenschaftler – ebenfalls mit Hilfe von Ballonaufstiegen

– noch zu widerlegen. Als sich letztendlich nicht mehr bestreiten ließ, dass so etwas wie eine »Kosmische Strahlung« existierte, suchte man verständlicherweise nach deren Quellen.

Wieder waren die Ergebnisse zunächst widersprüchlich. Einerseits schien die Intensität von der wahren Sonnenzeit abzuhängen. Das hätte bedeutet, dass die Sonne als Quelle der Strahlung in Frage käme. Andererseits ließ sich bei totalen Sonnenfinsternissen keine merkliche Abnahme der Strahlungsintensität feststellen, obwohl doch der Mond vor der Sonne stand. Sogar Nobelpreisträger Walther Nernst schaltete sich in die Diskussion ein und regte Werner Kolhörster an, nach einer Korrelation der Strahlung mit der Sternzeit zu suchen. Eine solche Verbindung würde darauf hindeuten, dass die Strahlung aus dem Milchstraßensystem oder sogar von noch weiter her aus dem Weltall zu uns käme.

Was die Natur der ursprünglich für eine energiereiche Gammastrahlung gehaltenen Teilchen anbelangt, so wurde man erst fündig, als wesentlich verbesserte Messmöglichkeiten zur Verfügung standen. Mit Beginn der Dreißigerjahre zeigte sich schließlich, dass die »Kosmische Strahlung« aus Protonen, Elektronen und ionisierten Atomen besteht. Sie können jedoch in unseren Labors gar nicht mehr nachgewiesen werden, weil sie beim Durchgang durch die Erdatmosphäre Wechselwirkungen auslösen, die zur Metamorphose der ursprünglichen »Primärstrahlung« in eine aus anderen Partikeln zusammengesetzte »Sekundärstrahlung« führen.

Obwohl nunmehr sicher war, dass es sich keineswegs um energiereiche elektromagnetische Wellen handelte, wurde der Terminus »Strahlung« dennoch beibehalten. Die Erforschung der Kosmischen Strahlung zählt heute zu einem spannenden Themenbereich der Astrophysik. 98 Prozent der Teilchen sind Atomkerne, nur zwei Prozent Elektronen. Bei den meisten der Atomkerne handelt es sich um Protonen (87 Prozent), ein kleinerer Teil sind Heliumkerne und nur etwa ein Prozent Kerne schwererer Atome.

Wir vermögen inzwischen sehr verschiedenartige Quellen der zu uns gelangenden Teilchenströme zu unterscheiden. Auch die Sonne liefert etliche jener Partikelbombardements, die wir als »Höhenstrahlung« registrieren. Ebenso steuert die Milchstraße einen Teil der Strahlung bei. Doch der gegenwärtig zweifellos interessanteste Teil der Kosmischen Strahlung sind die unvorstellbar hochenergetischen Teilchen aus den fernsten Tiefen des Universums. Sie verfügen über Energien von bis zu 320 Exaelektronenvolt (die Vorsilbe »Exa« steht für Trillionen; eine Trillion entspricht 10^{18}).

Das sind die größten bisher jemals gemessenen Teilchenenergien überhaupt. Sie liegen um Größenordnungen über jenen Energien, die menschliche Technik in Beschleunigeranlagen heutzutage den Elementarteilchen mitzugeben in der Lage ist. Man stelle sich vor: Auf ein einziges solcher hochbeschleunigter Protonen entfällt dieselbe kinetische Energie, die ein Körper von einem Kilogramm Masse besitzt, wenn man ihn von der Spitze des Eiffelturms zur Erde fallen lässt. Die Masse eines Protons beträgt aber nur rund 10^{-27} Kilogramm (das sind 0,000 000 000 000 000 000 000 000 001 Kilogramm).

Daraus ergibt sich natürlich die Frage, welche Mechanismen im Kosmos die Teilchen derartig »auf Tour« bringen. Erst in neuerer Zeit ist es gelungen, einigermaßen zutreffende Vorstellungen von den Vorgängen zu gewinnen, die einen derartigen Beschleunigungseffekt auf geladene Teilchen hervorzurufen vermögen. Ein wesentlicher Anteil der Teilchen dürfte demnach in Schockwellen von Supernovae produziert werden. Sie entstehen im interstellaren Medium, wenn extrem energiereiche Auswürfe von Supernovae im Raum abgebremst werden. Die darin mitgeführten interstellaren Magnetfelder können den Teilchen enorme Energien verleihen. Enrico Fermi hat diesen Mechanismus bereits 1949 zur Erklärung der hohen Teilchenenergien vorgeschlagen. Doch die höchsten auf diese Weise erreichbaren Energien liegen bei einigen 10^{18} Elektronenvolt. Die noch höher beschleunigten Teilchen müssen von außerhalb unserer Galaxis kommen.

Genau verstanden ist ihr Ursprung bis heute nicht. So könnten sie beispielsweise in Stoßwellen bei Galaxienkollisionen produziert werden. Oder aber sie entstammen den Zentren von Galaxien, in denen sich supermassive Schwarze Löcher von mehreren Millionen Sonnenmassen befinden. Dass es dort solche Schwarzen Löcher gibt, gilt als gesichert – könnten sie vielleicht bei der Beschleunigung der kosmischen Strahlungspartikel eine Rolle spielen?

Der Kosmischen Strahlung auf der Spur

Hochenergetische Teilchen der kosmischen Strahlung werden nur indirekt beobachtet. Außerhalb der Atmosphäre vermag man mit Hilfe von Ballonen oder Satelliten nur Teilchen mit Energien bis zu etwa 10^{12} Elektronenvolt direkt zu erfassen. Partikel mit höheren Energien treffen mit einem sehr kleinen Teilchenfluss ein und verlangen deshalb extrem große Empfängerflächen und entsprechend lange Messzeiten. Das alles lässt sich am Erdboden besser verwirklichen als im Erdorbit. Dann muss man allerdings in Kauf nehmen, dass die Primärstrahlung nicht mehr unmittelbar nachgewiesen werden kann. Deshalb untersucht man beispielsweise am Pierre-Auger-Observatorium in der argentinischen Provinz Mendoza die durch die energiereichen Teilchen in der Erdatmosphäre ausgelösten Luftschauer (s. Abb. rechts).

Die Anlage, ein internationales Großexperiment, besteht aus 1600 verschiedenen Stationen, die über eine Gesamtfläche von dreitausend Quadratkilometern auf einer Hochebene der argentinischen Pampa verteilt sind. Jede einzelne Station – jeweils 1,5 Kilometer von der nächsten entfernt – wird von einem Tank gebildet, der mit zwölf Kubikmetern reinstem Wasser gefüllt ist. Die eindringenden Teilchen der Luftschauer bewirken das kurzzeitige Aufleuchten der sogenannten Tscherenkow-Strahlung. Fotomultiplier in den Deckeln

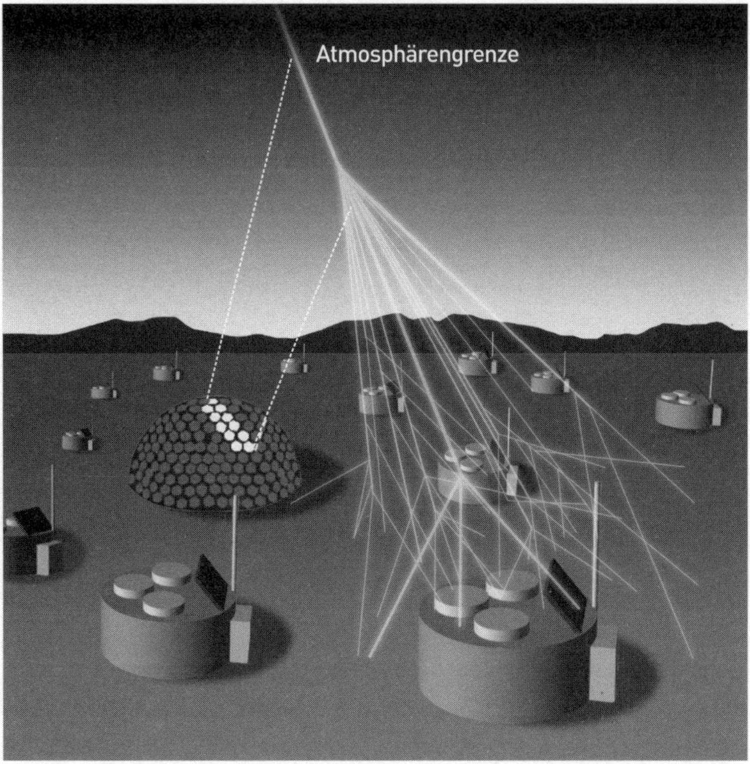

Die aus dem Weltall kommende primäre kosmische Strahlung ruft in der Erdatmosphäre sogenannte Luftschauer hervor, die im Pierre-Auger-Observatorium in Argentinien von verschiedenen Teilchendetektoren registriert werden. Die Anlage besteht aus 1600 Messtanks (in der Abbildung zum Beispiel im Vordergrund) sowie 24 Fluoreszenzdetektorteleskopen (Mitte links). Weitere Erläuterungen siehe Text.

der Tanks, Elektronenröhren also zum Nachweis von Photonen, registrieren diese blassblauen Blitze. Vergleicht man die Intensität und den Zeitpunkt der Strahlung in den verschiedenen Tanks, kann man daraus auf die Energie und Richtung jener Primärteilchen schließen, die den jeweiligen Luftschauer ausgelöst haben.

Einer der 1600 Detektortanks des Pierre-Auger-Observatoriums in der argentinischen Hochebene rund 1400 Meter über dem Meeresspiegel.

Mit einem Fluoreszenzdetektor – 24 hochempfindlichen Teleskopen, die auf vier Standpunkte verteilt sind – wird darüber hinaus das schwache Licht registriert, das durch einen Schauer in der Atmosphäre erzeugt wird. So lässt sich die Entwicklung des Luftschauers verfolgen. Es ist vorgesehen, ein zweites, räumlich weit entferntes, gleichartiges Auger-Observatorium auf der Nordhalbkugel der Erde in Colorado (USA) zu errichten, um das gesamte Firmament »im Blick« zu haben.

Erste Ergebnisse des Pierre-Auger-Observatoriums, an dem auch sechs deutsche Forschungseinrichtungen beteiligt sind, haben gezeigt, dass die Quellen der hochenergetischen kosmischen Teilchen (zumindest teilweise) tatsächlich in den Zentren von Galaxien liegen.

Inzwischen ist nämlich auch die Beobachtung von hochenergetischer kosmischer Strahlung oberhalb von 5,6-mal 10^{19} Elektronenvolt gelungen, die hauptsächlich aus den Kernen aktiver Galaxien stammt. Die exotische Physik der dort angesiedelten Schwarzen Löcher könnte also wirklich – wie erwartet – für die beobachteten Beschleunigungseffekte in Frage kommen.

Doch die Untersuchungen am Auger-Observatorium lassen noch weitere bedeutungsvolle Resultate erhoffen, wenn die rasanten Partikel nach ihren »Erlebnissen« in der Frühgeschichte des Universums befragt werden. Diese Forschungen haben jedoch zurzeit noch einen stark spekulativen Charakter. So gehen zum Beispiel einige Kosmologen davon aus, dass es unmittelbar nach dem Urknall hypothetische Teilchen gegeben haben kann, die sie als »kosmische Strings« bezeichnen (die in keiner direkten Verbindung mit der Stringtheorie stehen, vgl. S. 277ff). Der Kollaps solcher Teilchen könnte genügend Energie liefern, um die energiereichsten Teilchen der kosmischen Strahlung zu erklären. Experimentelle Nachweise, die übrigens sehr schwierig wären, fehlen jedoch bisher.

Viele Kosmologen halten diese Vorstellungen daher auch einfach für Unsinn. Doch sie haben einen vernünftigen Hintergrund, der wiederum auf Beobachtungen beruht: Teilchen mit der gefundenen Höchstenergie wechselwirken sehr stark mit den Photonen der kosmischen Mikrowellenhintergrundstrahlung und werden durch diese abgebremst. Das beeinflusst ihre Reichweite. Demnach dürften die empfangenen hochenergetischen Teilchen nur aus einer sehr geringen Entfernung unweit der Milchstraße stammen. Mechanismen, die als Quellen in Frage kämen, kennt man aber nicht. Es sei denn, die hypothetischen Teilchen aus der Frühphase des Universums existierten wirklich. Das hätte eine Erweiterung des Standardmodells der Elementarteilchenphysik zur Folge.

Nun kommen aber hochenergetische Teilchen auch aus anderen Richtungen des Weltalls als die der Milchstraße oder unserer

Nachbargalaxien, was wiederum für sehr weit entfernte Quellen spricht. Ein anderer Deutungsvorschlag führt die hohen Energien der Teilchen gar nicht auf Beschleunigungsmechanismen zurück, sondern auf den Zerfall von Teilchen mit noch höheren Energien aus der Frühphase des Universums. Alle diese Überlegungen lassen erkennen, dass die weitere Erforschung der kosmischen Strahlung ein neues Fenster ins Weltall öffnet, jenseits der bereits hochentwickelten Allwellenastronomie, die sich jedoch ausschließlich den Informationen widmet, die in der elektromagnetischen Strahlung aus dem Kosmos enthalten sind.

Wie bringt man Teilchen auf Trab?

Während die Astronomen stark beschleunigte Teilchen aus dem Kosmos empfingen und die Physiker in ihren Labors elektrisch geladene Teilchen aus radioaktiven Atomen herausfliegen sahen, fragten sich einige Wissenschaftler, ob man ähnliche Phänomene nicht auch nachahmen könnte. Statt nur entgegenzunehmen, was die Natur anbietet, wollten sie mit bewegten Teilchen experimentieren, ihr Verhalten unter wohlüberlegten und vom Experimentator selbst zu beeinflussenden Bedingungen studieren.

Die Fragestellungen jener Jahre waren überaus brisant, fast täglich kamen neue Entdeckungen aus der Mikrowelt ans Licht, die verstanden werden wollten. In Berlin beschossen Walther Bothe und Herbert Becker 1930 leichte Elemente wie Bor oder Beryllium mit Alphateilchen aus einer Quelle des alphastrahlenden radioaktiven Elements Polonium. Das Ergebnis war eine durchdringende Strahlung, die sie für extrem kurzwelliges Gammalicht hielten. Bei genauerer Untersuchung dieses Phänomens durch Irène und Frédéric Joliot-Curie in Paris zeigte sich, dass die vermeintliche Gammastrahlung beim Durchgang durch Paraffin schnelle Protonen herauszulösen vermochte. Damit dies möglich war, mussten die Gammaquanten eine unwahrscheinlich hohe Energie besitzen.

Von diesem Ergebnis erfuhr James Chadwick, der bei Ernest Rutherford arbeitete und der Rutherfords Hypothese eines neutralen Kernteilchens kannte. Er führte die Experimente nochmals durch und wiederholte die Berechnungen. Nun zeigte sich, dass nicht Gammastrahlen die Protonen aus dem Paraffin geschlagen hatten, sondern Teilchen derselben Masse wie die Protonen, jedoch ohne elektrische Ladung. So wurde 1932 das Neutron entdeckt und die Blicke der Physiker richteten sich wieder stärker auf den Atomkern. Chadwick hatte dasselbe beobachtet wie die Joliot-Curies. Doch diese hatten nicht verstanden, was sie gesehen hatten – so war ihnen eine große Entdeckung entgangen. Gerade dieses Experiment zeigte, dass man offensichtlich noch erstaunliche Funde zu erwarten hatte, wenn es gelingen würde, die Versuchsbedingungen durch im Labor beschleunigte Teilchen zu variieren. Schon 1929 hatte der italienische Physiker Orso M. Corbino prophetisch erklärt:

> Aus alledem aber darf man schließen, dass sich [...] beim Angriff auf den Atomkern viele Möglichkeiten eröffnen werden, [...] dazu aber [...] müssen die experimentellen Physiker die Erkenntnisse der theoretischen Physik sicher im Griff haben sowie über eine immer bessere experimentelle Ausrüstung verfügen [27].

Zu dieser verbesserten Ausrüstung gehörten nun alsbald Apparaturen zur künstlichen Beschleunigung von Elementarteilchen und Ionen. Es war klar, wie man elektrisch geladene Teilchen »auf Trab« bringen konnte – durch elektrische Felder. Das hatten schon Mitte der Zwanzigerjahre Gregory Breit und Merle Anthony Tuve in den USA und bald darauf Arno A. Brasch und Fritz Lange in Berlin versucht. Die erforderlichen Spannungen zur Beschleunigung von Protonen wurden durch eine Teslaspule oder einen Impulsgenerator gewonnen. Eine erste eindrucksvolle Demonstration der Möglichkeiten von Experimenten mit beschleunigten Teilchen lieferten John Cockcroft und Ernest Walton 1932 am berühmten Cavendish-Laboratorium in Cambridge (GB), das von Ernest Rutherford geleitet wurde. Sie beschossen Lithiumatome mit beschleunigten Protonen und zertrümmerten sie dadurch in zwei Alphateilchen (Heliumkerne). Die Beschleunigungsspannung betrug nur 770 000 Volt (das entspricht 770 Kilovolt).

Schon 1929 hatte der US-amerikanische Physiker Robert Van de Graaff einen Hochspannungsgenerator entwickelt, mit dem sich Gleichspannungen bis zu einigen Millionen Volt (Megavolt) erzeugen ließen. Über ein rotierendes Gummiband werden dabei durch Reibung erzeugte positive Ladungen in eine Metallkugel transportiert, den sogenannten Hochspannungsterminal. Dieser Hochspannungsgenerator wurde in den Van-de-Graaff-Beschleunigern eingesetzt. Sie werden auch heute noch in Medizin und Technik verwendet, liefern aber für kernphysikalische Experimente keine hinreichend hohen Teilchengeschwindigkeiten.

Da man auf diesem Weg offenbar an eine unüberschreitbare Grenze gelangt war, überlegte sich ein junger, brillanter Experimentator namens Ernest O. Lawrence in den USA einen genialen Trick, der ihn schließlich zum eigentlichen Vater der modernen Beschleuniger werden ließ. Lawrence war erst 27 Jahre alt, als ihm 1928 die Idee kam, die zu beschleunigenden Teilchen dasselbe elektrische Feld mehrmals durchlaufen zu lassen. Er führte die Teilchen durch ein Magnetfeld auf eine kreisförmige Bahn, die aufgrund der zunehmenden Geschwindigkeit der Teilchen spiralförmig verlief.

Das Prinzip funktionierte (vgl. Abb. rechts). Der erste Prototyp dieses »Zyklotrons«, den Lawrence baute, war eine Blechdose, nicht größer als eine Käseschachtel. Damit begann die lange Entwicklung zu den heutigen modernen, großen Beschleunigeranlagen – eine Auf-

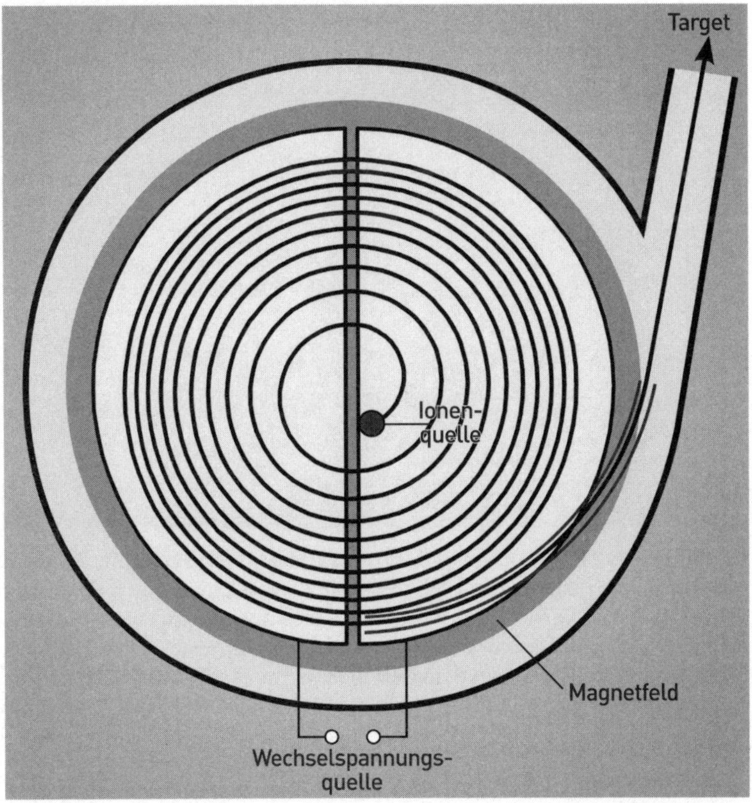

Das Prinzip eines Zyklotrons: Die aus einer Ionenquelle stammenden geladenen Teilchen werden durch ein Magnetfeld auf eine kreisförmige Bahn geführt und durchlaufen dadurch mehrmals dasselbe elektrische Feld. Dabei werden sie jedes Mal beschleunigt, was jeweils zu einer Vergrößerung ihres Bahnradius führt. So ergibt sich insgesamt eine spiralförmige Teilchenbahn. Eine Ablenkelektrode lenkt den Teilchenstrahl bei genügend hoher Energie auf ein Ziel (Target).

gabenstellung mit höchsten Anforderungen an den menschlichen Erfindergeist und an technische Innovationen. Herwig F. Schopper, als ehemaliger Direktor des DESY (Deutsches Elektronen-SYnchrotron)

Das Sechzig-Inch-Zyklotron am Lawrence Radiation Laboratoy in Berkeley, USA, kurz nach seiner Fertigstellung im Jahr 1939. Ernest Lawrence ist der dritte von links. Die Maschine wurde zur Krebstherapie eingesetzt und hatte bereits einen Ringdurchmesser von 1,52 Metern. Das erste von Ernest Lawrence gebaute Zyklotron aus dem Jahr 1928 war nur zehn Zentimeter groß.

in Hamburg und des CERN ein kompetenter Kenner dieser Entwicklungen, hat die ersten Phasen der Geschichte der Beschleuniger in seinem Buch *Materie und Antimaterie* detailliert beschrieben. Wir können sie hier nur skizzieren.

Grundsätzlich kann man natürlich nur elektrisch geladene Teilchen beschleunigen: Protonen (Wasserstoffatomkerne), Elektronen oder Ionen (von ihren Hüllenelektronen befreite Atomkerne auch schwererer Elemente). Dazu muss man über eine genügend große Anzahl solcher Teilchen verfügen. Das ist das erste Problem. Bei Elektronen ist dies noch am einfachsten. Allein die Erwärmung eines Metalls auf hohe Temperaturen genügt, damit die in dem Metall vorhandenen freien Elektronen aus seiner Oberfläche austreten und dann durch ein elektrisches Feld abgesaugt werden können. Protonen kann man durch Entfernen der Hüllenelektronen aus Wasserstoffatomen gewinnen – ein Vorgang, der in Gasentladungsröhren abläuft.

Eine weitere wichtige Bedingung für die Entwicklung von Beschleunigern betrifft das Vakuum. Ließe man die geladenen Teilchen durch einen mit Luft erfüllten Raum fliegen, würden sie beim Zusammenstoß mit den Luftmolekülen unablässig Energie verlieren und sich nicht auf die erforderlichen Energien beschleunigen lassen. Schließlich hängt die Beschleunigung natürlich noch entscheidend davon ab, welche Spannungen zur Verfügung stehen. Das letztere Problem wurde durch die Idee des Zyklotrons gelöst.

Teilchenbeschleuniger als Mikroskope

Nachdem man nun wusste, wie man Teilchen beschleunigen kann, und die ersten Experimente erfolgreich abgeschlossen waren, stand für die Elementarteilchenphysiker fest: Beschleuniger sind »Mikroskope« für die Welt des Kleinsten und ihnen stand offensichtlich eine große Zukunft bevor.

Dass wir Atome nicht sehen können, liegt nämlich daran, dass sie zu klein sind. Mit einem herkömmlichen Lichtmikroskop kann man nur Objekte sehen, deren Abmessungen größer sind als die Wellenlänge des Lichts, das an ihnen gestreut wird. Einen großen Schritt in kleinere Dimensionen brachte daher das Elektronenmikroskop. Auch Elektronen haben bekanntlich Welleneigenschaften, wie wir seit den Erkenntnissen von Louis de Broglie aus den 1920er-Jahren wissen. Je höher man sie beschleunigt, umso kleiner werden die entsprechenden Wellenlängen. So kann man mit Elektronenmikroskopen, in denen hochbeschleunigte und daher kurzwellige Elektronen anstelle von gewöhnlichem Licht agieren, bereits viel kleinere Strukturen sichtbar machen als mit einem Lichtmikroskop.

Mit Teilchenbeschleunigern lassen sich natürlich noch viel kürzere Wellenlängen der Partikel erzielen und folglich noch kleinere Objekte »mikroskopieren«. Will man etwa in den Bereich unterhalb von Protonen und Neutronen vordringen, so benötigt man dazu »Geschosse« mit einer Wellenlänge von weniger als 10^{-15} Metern. Um das zu erreichen, muss beispielsweise ein Proton auf eine Energie von zwanzig Megaelektronenvolt beschleunigt werden. Deshalb gelang es erst 1967 mit dem damals stärksten Elektronenbeschleuniger in Kalifornien (USA), dem Stanford Linear Accelerator Center (SLAC), in das Innere des Protons zu »schauen«, dessen Durchmesser nur etwa eben jene winzigen 10^{-15} (und damit 0, 000 000 000 000 001) Meter beträgt. Dabei wurden später auch die Quarks als Bestandteile des Protons entdeckt.

Auf der Suche nach den Gesetzen und Zusammenhängen in der Mikrowelt bemühten sich Experimentalphysiker und Techniker verständlicherweise in mehreren Ländern, diese instrumentelle Entwicklung rasch voranzutreiben. Und ihnen gelang das Erstaunliche: Immer wenn ein Beschleunigertyp an seine technischen Grenzen gelangt war, wurde ein neues Prinzip gefunden, mit dem noch höhere Energien erzielt werden konnten. Etwa alle sieben Jahre wurde so seit 1930 die Energie der beschleunigten Teilchen um eine Größenordnung gesteigert, das heißt, verzehnfacht. Dabei behielt das »Käseschachtelmodell« von Ernest Lawrence nur für etwa zwanzig Jahre die Nase vorn. Von anfangs 80 000 Elektronenvolt brachte man es schließlich bis auf 590 Millionen Elektronenvolt.

Dann kam ein neuer Beschleunigertyp ins Spiel: das Synchrotron. Dass diese Idee inzwischen förmlich »in der Luft« lag, sieht man daran, dass die Erfindung um 1945 etwa zeitgleich in der Sowjetunion (durch Wladimir I. Weksler), den USA (Edwin McMillan) und in Norwegen (Rolf Wideröe) gemacht wurde. Wieder handelte es sich um eine einfache Idee, deren Schwierigkeiten sich aber beim Versuch ihrer Realisierung offenbarten.

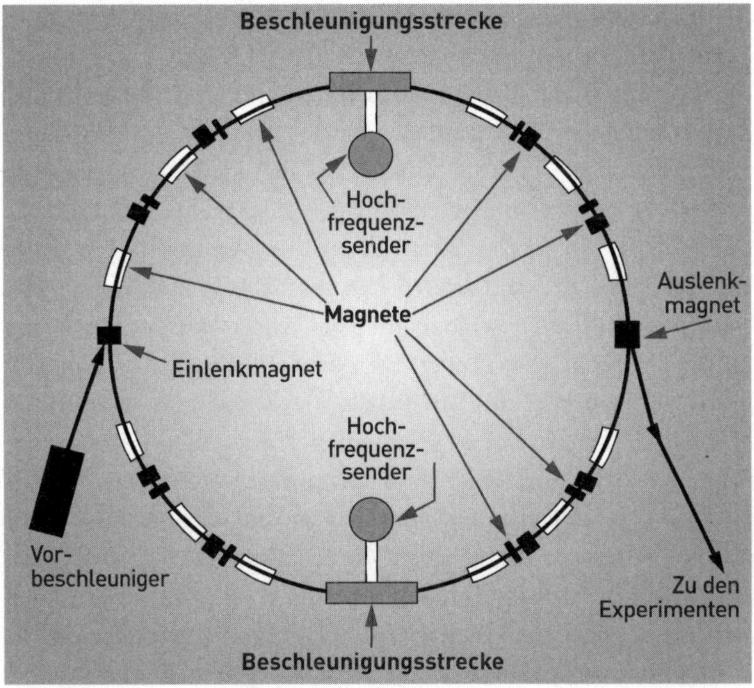

Das Prinzip eines Synchrotrons: Die (bereits vorbeschleunigten) Teilchen durchlaufen im Unterschied zum Zyklotron dieselbe kreisförmige Strecke beliebig oft und werden dabei fast bis auf Lichtgeschwindigkeit beschleunigt. Das beschleunigende elektrische Wechselfeld und das bahnführende Magnetfeld müssen dabei allerdings genau auf die zunehmende Umlauffrequenz der Teilchen abgestimmt werden. Ein Auslenkmagnet führt den hochenergetischen Teilchenstrahl schließlich den Experimenten zu.

Das beschleunigende elektrische Feld wird durch zwei Metallplatten erzeugt, an die man eine Spannungsquelle anlegt. Die Elektronen (oder Protonen) treten durch ein Loch in der Plattenmitte und werden beschleunigt. Mit Hilfe eines Magnetfelds werden die Teilchen auf eine gekrümmte Bahn geführt, so dass sie immer wieder dieselbe (gerade) Beschleunigungsstrecke durchlaufen und dabei weitere

Energie aufnehmen (vgl. Abb. S. 231). Die Teilchenbahn verläuft im Unterschied zum Zyklotron als geschlossener Ring.

Theoretisch müssten die Teilchen nach millionenfachen Umläufen extrem hohe Geschwindigkeiten erreichen. Da das elektrische Feld aber am Rand der spannungführenden Platten unvermeidbar austritt, kommt es zur Abbremsung der Teilchen. Deshalb legt man an die Platten – wie beim Zyklotron auch – ein Wechselfeld an, das jedes Mal beim Durchtritt der Teilchen durch die Öffnung so gepolt ist, dass es zur weiteren Beschleunigung der Teilchen kommt. Nach dem Durchlauf der Teilchen ändert man die Feldrichtung und kehrt sie erst wieder um, wenn die Partikel die Strecke abermals durchlaufen.

Da die Teilchen auf ihrer Kreisbahn immer schneller werden, muss der Rhythmus der Feldumkehrung – anders als beim Zyklotron – auf die Umlaufgeschwindigkeit genau abgestimmt werden. Mit anderen Worten: Umlauffrequenz der Teilchen und Wechselfrequenz des Beschleunigungsfelds müssen synchron sein. Diese Bedingung hat dem Beschleuniger seinen Namen Synchrotron verliehen. Selbstverständlich muss auch das Magnetfeld, das die Teilchen auf ihrer gekrümmten Bahn führt, auf komplizierte Weise gesteuert werden, da ja die Energie der Teilchen zunimmt. Kurz: Teilchengeschwindigkeit, Beschleunigungsfrequenz und Magnetfeld müssen zueinander passen, wenn die Teilchen stets auf derselben Kreisbahn umlaufen sollen.

Das ist kein einfaches Problem. Erst die Erfindung der Phasenfokussierung – eine Art Bündelung zu Teilchenpaketen – machte es möglich, ein Synchrotron tatsächlich zu betreiben. In der Realität haben die Teilchen nämlich ganz unterschiedliche Geschwindigkeiten, die von Umlauf zu Umlauf immer weiter auseinanderdriften. Das hat zwangsläufig zur Folge, dass ein Teil der Partikel die Beschleunigungsstrecke zu spät, ein anderer zu früh erreicht. Der erwünschte Effekt bleibt dadurch aus. Die Zahl der Teilchen, die tatsächlich beschleunigt werden, wird immer geringer. Die Phasenfokussierung behebt dieses Problem, indem die zu langsamen Teilchen etwas stärker und die zu schnellen Teilchen etwas schwächer beschleunigt werden, so dass alle Teilchen schließlich eine gemeinsame mittlere Geschwindigkeit annehmen und während des gesamten Vorgangs auch behalten.

Die Entwicklung des Synchrotrons erwies sich als ein sehr komplexes intellektuelles Abenteuer. Da die Trägheit der Teilchen nach Einstein mit zunehmenden Geschwindigkeiten immer größer wird, benötigt man in der Nähe der Grenzgeschwindigkeit (der Lichtgeschwindigkeit c) sehr große Energien, ohne dass die Teilchengeschwindigkeiten dadurch noch nennenswert anwachsen. Zudem bedarf es für höhere Energien auch größerer Beschleuniger, so dass Kostenfragen zunehmend in die Überlegungen einfließen. Und schließlich sind die Probleme sehr verschiedenartig, je nachdem, ob man Elektronen oder Protonen beschleunigen will.

Elektronen- und Protonensynchrotrons

Elektronen treten heutzutage aus einem Vorbeschleuniger wegen ihrer geringen Masse schon nahezu mit Lichtgeschwindigkeit in ein Synchrotron ein und verändern ihre Geschwindigkeit mit zunehmender Energie praktisch nicht mehr. Daher sind die oben genannten Probleme mit der Synchronisation des Wechselfelds und der Magnetführung bei ihnen weniger schwierig.

Bei der Beschleunigung von Elektronen kommt es aber zu starken Energieverlusten durch die sogenannte Synchrotronstrahlung, die bei der Ablenkung extrem schneller geladener Teilchen entsteht. Der Name erinnert daran, dass diese Strahlung bei Elektronensynchrotrons entdeckt wurde. Für die Hochenergiephysik bedeutet dieses interessante und für viele Zwecke auch praktisch nutzbare Phänomen einen großen Nachteil: Es kommt zu überproportionalen Energieverlusten. Bei nur doppelter Energie sind die Einbußen bereits

16-mal so hoch. Das Beschleunigungssystem muss also entsprechend dimensioniert werden: entweder höhere Kosten für die Leistungsversorgung oder größere Durchmesser und somit deutlich höhere Investitions- und Betriebskosten.

Bei Protonen zog die Vergrößerung der Energie jahrzehntelang zugleich eine Vergrößerung des Radius der Maschinen nach sich. Das änderte sich erst, als das bereits 1911 von Heike Kamerlingh Onnes entdeckte Phänomen der Supraleitung ins Spiel kam (vgl. Exkurs rechts). Man konnte nun Spulenmagnete verwenden, die bei sehr niedrigen Temperaturen von wenigen Graden über dem absoluten Nullpunkt praktisch keinen elektrischen Widerstand mehr aufweisen. Dadurch lassen sich sehr starke Magnetfelder mit eisenlosen Spulen erzeugen. Supraleitende Magnete sind daher in allen modernen Protonenbeschleunigern unentbehrlich. Diese Unterschiede führten lange Zeit zu einer praktisch getrennt verlaufenden Entwicklung von Protonen- und Elektronensynchrotronen, die gleichzeitig mit einer Spezialisierung der Wissenschaftler auf eine der beiden Methoden von »Hochenergiemikroskopie« einherging.

Das erste leistungsfähige Synchrotron wurde 1954 in Berkeley (Kalifornien, USA) unter der Leitung von Ernest Lawrence gebaut. Dieses »Bevatron« hatte ein ganz klares Ziel: den Nachweis von Antiprotonen. Seit der Entdeckung des Positrons (des Antiteilchens des Elektrons) 1932 waren viele Jahre vergangen. Die Physiker waren sich natürlich darüber im Klaren, dass sie wegen der fast zweitausendmal größeren Masse des Protons hohe Energien benötigten, um die Paarbildung Proton/Antiproton künstlich herbeizuführen. Theoretisch bestanden durchaus noch etliche Zweifel daran, ob es dieses Antiproton tatsächlich geben würde. Nur ein Experiment konnte entscheiden.

Das Bevatron war auf eine Maximalenergie von 6,2 Millionen Elektronenvolt (amerikanisch: 6,2 billion electron volts, daher der Name Bevatron, BEV) ausgelegt. Schießt man ein Proton dieser Energie auf ein ruhendes Proton, dann werden gerade zwei Gigaelektro-

Exkurs

Das Phänomen der Supraleitung

Unter Supraleitung versteht man die Eigenschaft bestimmter Metalle, unterhalb einer bestimmten Temperatur (der sogenannten Sprungtemperatur) praktisch keinen elektrischen Widerstand mehr aufzuweisen. Elektrischer Strom fließt dann widerstandslos durch den Supraleiter. Dadurch ist es möglich, in Spulen aus supraleitendem Material extrem hohe Magnetfelder zu erzeugen. Der Magnet arbeitet dauerhaft ohne eine äußere Versorgungsspannung.

Allerdings sind dazu extrem niedrige Temperaturen erforderlich, weil die Supraleitung bei den meisten Materialien erst in der Nähe des absoluten Nullpunkts einsetzt, bei Aluminium beispielsweise unterhalb von 1,2 Kelvin und bei Titan unterhalb von 0,4 Kelvin. Damit erklärt sich auch der hohe Verbrauch an flüssigem Stickstoff und Helium bei großen Protonenbeschleunigeranlagen wie dem Large Hadron Collider (LHC, s. S. 255) am CERN, wo die Magnetspulwicklungen aus harten Legierungen bestehen, die nach besonderen metallurgischen Verfahren hergestellt werden und auf 1,9 Kelvin gekühlt werden müssen (vgl. auch Abb. S. 240).

---

nenvolt frei, die ein Proton-Antiprotonpaar erzeugen können. Mehr als zwei Jahrzehnte nach der Entdeckung des Positrons konnte auf diese Weise die Existenz des Antiprotons 1955 tatsächlich nachgewiesen werden. Das war ein entscheidendes wissenschaftliches Ergebnis. Denn fortan konnte niemand mehr daran zweifeln, dass es zu jedem Fermion auch ein Antifermion gibt. Diese Symmetrie zwischen Materie und Antimaterie ist heute eine Grundfeste der Elementarteilchenphysik. Das Antineutron wurde bereits 1956 gefunden. Heute sind zu allen Fermionen auch deren Antiteilchen bekannt mit exakt gleicher Masse und dem Betrag nach gleichen, aber im Vorzeichen umgekehrten Ladungen oder ladungsartigen Eigenschaften.

Das Synchrophasotron des Vereinigten Instituts für Kernforschung im russischen Dubna war der größte Beschleuniger der ersten Synchrotrongeneration. Es war zunächst zur Beschleunigung von Protonen ausgelegt, später auch von Deuteriumkernen und Atomkernen anderer leichter Elemente. Auf der Abbildung steht eine Besuchergruppe oberhalb des großen Magnettorus mit 208 Meter Umfang.

Die mit Beschleunigern erreichbaren Höchstenergien hatten etwa drei Jahrzehnte nach Einführung des Synchrotrons Werte von einem Teraelektronenvolt (tausend Gigaelektronenvolt, entspricht einer Billion Elektronenvolt) erreicht. Alle führenden Industrienationen hatten sich an dieser Entwicklung durch den Bau großer Maschinen aktiv beteiligt: die USA, die Sowjetunion, Europa, Japan und sogar China. Die bis zum Ende des Zweiten Weltkriegs unbestrittene Vorreiter- und Führungsrolle der USA wurde dadurch stark relativiert.

Bekannt wurde insbesondere das 1956 gegründete sowjetische »Vereinigte Institut für Kernforschung« in Dubna unweit von Moskau (vgl. Abb. oben). Es war inhaltlich auf eine breite Erforschung der Mikrowelt ausgelegt. So wurden hier beispielsweise eine Reihe von

Transuranen (Elemente mit einer höheren Ordnungszahl als Uran) erstmals synthetisiert. Doch auch in Dubna strebte man nach hohen Teilchenenergien und baute deshalb entsprechende Beschleuniger. Das 1957 dort in Betrieb genommene »Synchrophasotron« hielt jahrelang die Weltspitze mit Protonenenergien bis zu zehn Gigaelektronenvolt. Die damaligen sozialistischen Staaten des sogenannten Ostblocks waren Mitglieder des Instituts, später zählten aber auch andere Länder dazu. Heute stehen die Einrichtungen von Dubna Forschern aus aller Welt zur Verfügung. Auf die westeuropäische Entwicklung werden wir später noch ausführlicher eingehen.

Eine neue Idee: Kollisionsmaschinen

Ein neuer großer Technologiesprung öffnete nun das Tor zu noch höheren Energien. Die Kernidee besteht darin, dass man hochbeschleunigte Teilchen nicht mehr auf ruhende Teilchen schießt (wie dies zum Beispiel bei der Erzeugung eines Proton-Antiprotonpaars im Bevatron geschehen war), sondern den »frontalen Zusammenstoß« von gegenläufig bewegten Teilchen organisiert. Beschleuniger, mit denen solche Vorgänge möglich sind, werden daher auch als Kollisionsmaschinen (engl.: collider) bezeichnet.

Dadurch wird eine enorme Steigerung der Effizienz bewirkt. Rast nämlich ein hochbeschleunigtes Proton auf ein ruhendes, wird nur ein geringer Teil der Energie für den beabsichtigten physikalischen Effekt verwendet. Der größere Rest wird vielmehr in die Bewegungsenergie des getroffenen Partikels, statt in dessen »Deformation« fließen. Wenn aber zwei Teilchen mit hoher Geschwindigkeit frontal gegeneinanderprallen, steht ihre gesamte Bewegungsenergie für die beabsichtigte Reaktion zur Verfügung.

Mehr noch: Die sehr hohen Geschwindigkeiten in der Nähe der Lichtgeschwindigkeit bewirken eine relativistische Massenzunahme der Partikel. Ein Proton mit einer Energie von fünfhundert Gigaelektronenvolt ist fünfhundertmal so schwer wie ein ruhendes Proton! Wenn nun zwei Protonenstrahlen dieser Energie kollidieren, nutzen sie also eine ungleich größere Energie für die entsprechenden Umwandlungsprozesse aus, als dies bei den Vorläufergenerationen der Teilchenbeschleuniger möglich war. Auch in den älteren Maschinen wächst zwar das Gewicht eines Protons mit seiner Geschwindigkeit. Aber der Beschuss eines ruhenden Teilchens ist vergleichbar mit dem Zusammenstoß einer schwergewichtigen, schnellen Lokomotive und einem viel leichteren, auf den Gleisen stehenden Auto, das einfach weggeschleudert wird, während die Lokomotive kaum eine Deformation zu erwarten hat.

Auch bei der Idee der Kollisionsmaschine zeigte sich, dass anspruchsvolle technologische Entwicklungen hinzukommen mussten, ehe an eine Verwirklichung des scheinbar so einfachen Prinzips zu denken war. Eine dieser Innovationen war die Erfindung eines Speicherrings. Sie stammt bereits aus dem Jahr 1943, als der Norweger Rolf Wideröe ein deutsches Patent dafür anmeldete. Dabei handelt es sich nicht um einen Beschleuniger, sondern gleichsam nur um einen Aufbewahrungsort, einen »Speicher« für hochbeschleunigte Teilchen.

Das Patent von Wideröe wurde zunächst wenig beachtet, weil man keine Möglichkeiten zu seiner Verwirklichung sah. Erst auf einer internationalen Konferenz 1956 in Genf wurden Kollisionsmaschinen ernsthaft diskutiert, nachdem man sich über die Fülle der zu lösenden Probleme einigermaßen klar geworden war und sich auch Möglichkeiten zu ihrer technischen Bewältigung erkennen ließen. Vor allem zwei Anforderungen bereiteten erhebliche praktische und technologische Schwierigkeiten, die gemeistert werden mussten, bevor die erste Kollisionsmaschine in Betrieb gehen konnte: die Magnete und das Hochvakuum.

Natürlich waren die Synchrotronerfahrungen dabei hilfreich, aber nicht hinreichend. So wusste man bereits, dass geringe Abweichungen des Magnetfelds im Ring zu Bahnveränderungen der Teilchen führen, die sich unter bestimmten Bedingungen verstärken. Dadurch können sämtliche eingespeisten Teilchen in kürzester Zeit verloren gehen. Bei einem Synchrotron ist der Beschleunigungsvorgang jedoch in wenigen Sekunden beendet. Anders bei Kollisionsmaschinen: Hier kommt es ja gerade darauf an, die in den Speicherring eingebrachten Teilchen möglichst lange umlaufen zu lassen (gegebenenfalls sogar tagelang), um viele Zusammenstöße zu erzeugen. Die Teilchenpakete würden, selbst wenn sie stark gebündelt werden, bei einer einmaligen Begegnung wegen der großen Abstände der Teilchen im Verhältnis zu ihren winzigen Dimensionen einander vermutlich einfach durchdringen, ohne dass es zu einem einzigen Treffer käme. Die Wahrscheinlichkeit einer Wechselwirkung steigt aber mit der Zahl der Begegnungen, so dass die Teilchen entsprechend lange im Speicherring gehalten werden müssen.

Das steigert die Anforderungen an die Genauigkeit der Magnetführung in erheblichem Umfang (vgl. Abb. S. 240). Da ein Speicherring Tausende Magnete enthalten kann, müssen höchste Toleranzanforderungen trotz unabdingbarer industrieller Serienfertigung eingehalten werden. Die Aufstellung der Magnete muss über Kilometer hinweg höchst präzise erfolgen, was durch entsprechende Messverfahren zu sichern ist.

Doch es gibt noch ein weiteres Problem. Von den Elektronen wissen wir bereits, dass Energieverluste durch Synchrotronstrahlung auftreten. Die Teilchen müssen also ständig nachbeschleunigt werden. Auch Protonen können sich im Speicherring nicht stunden- oder tagelang selbst überlassen bleiben, weil die Pakete sonst auseinanderlaufen würden. In beiden Fällen sind also (unterschiedliche) Beschleunigungsfelder und die dazu erforderliche Hochfrequenztechnik erforderlich. Aber es kommt noch komplizierter: Die Teilchen in den Paketen beeinflussen sich auch noch gegenseitig. Um ihr Verhalten in gewünschter Weise zu steuern, sind spezielle Experimente

Am Large Hadron Collider (LHC), dem größten Beschleuniger der Welt, halten 1232 supraleitende Dipolmagneten den hochenergetischen Teilchenstrahl auf seiner 27 Kilometer langen Bahn. Die Magnete haben eine Länge von jeweils 15 Metern und werden durch das Kühlsystem auf einer Temperatur von 1,9 Kelvin gehalten.

erforderlich, die mit Computern analysiert werden müssen, ehe man das »chaotische« Verhalten der Teilchen in den Griff bekommt und kontrollieren kann.

Das Hochvakuum spielte bereits beim Synchrotron eine wichtige Rolle, weil ein Zusammenprall der hochbeschleunigten Teilchen mit Luftmolekülen natürlich die Bahn der Teilchen verändern würde. In einem Speicherring benötigt man aber wegen der langen Aufenthaltszeiten der beschleunigten Teilchen ein noch höheres Vakuum. In kleinen Volumina wäre das kein Problem, in kilometerlangen Metallröhren hingegen schon. Es bedurfte neuer Pumpen, Flanschverbindungen, luftdichter, elektrischer Durchgänge und Schweißverfahren, um die hohen Anforderungen erfüllen zu können.

Wir haben bis jetzt noch kein einziges Wort über die Detektoren verloren, mit denen die in den Beschleunigern ablaufenden Prozesse registriert und analysiert werden. Doch die Detektoren sind ein unverzichtbarer und natürlich ganz wesentlicher Bestandteil jener großen Maschinen, von denen die Rede ist. Sie stellen gleichsam die Augen dar, mit denen die komplex und ungeheuer schnell ablaufenden Prozesse in den Beschleunigern »gesehen« werden. Anstelle des Lichts, das wir mit unseren Augen wahrnehmen, geht es hier um Teilchenstrahlen, an die Stelle unserer Augenlinsen treten Magnete. Der eigentliche Detektor nimmt in diesem Vergleich die Stelle der Netzhaut unserer Augen ein.

Tatsächlich haben die Detektoren für den Erkenntnisprozess eine ebenso große Bedeutung wie die Beschleuniger selbst, denn ohne sie könnten wir nicht wahrnehmen, was bei den Wechselwirkungen der hochbeschleunigten Teilchen eigentlich geschieht. Deshalb ist es auch nicht verwunderlich, dass die Detektoren eine ebenso stürmische und innovative Entwicklung durchlaufen haben, wie die Beschleuniger selbst. Die Entwicklung und der Bau von Detektoren für die Hochenergiephysik sind zu einem eigenständigen, interessanten Forschungsgebiet geworden. Die anfänglich kleinen Geiger-Müller-Zählrohre und Nebelkammern haben sich inzwischen zu hochkomplizierten, riesigen Nachweisgeräten entwickelt, die durchaus die Größe eines Mehrfamilienhauses annehmen können.

Von guten Detektoren wird eine Menge erwartet: Sie sollen möglichst wenige Störungen des zu messenden Vorgangs zulassen, eine hohe Nachweiswahrscheinlichkeit der Prozesse gewährleisten, Energien, Impulse und Winkel der auftretenden Teilchen mit hoher Genauigkeit feststellen können und eine schnell arbeitende Elektronik und Signalverarbeitung besitzen. Diese Anforderungen können heute nur noch durch die internationale Zusammenarbeit hochspezialisierter Fachleute verwirklicht werden, ebenso wie die Konstruktion und der Bau der Beschleuniger selbst (s. auch S. 256ff).

Auf dem Weg zur größten Maschine der Welt

Bevor man technische Lösungen für den Bau einer Kollisionsmaschine finden kann, muss man sich entschieden haben, welche Teilchenarten miteinander kollidieren sollen. Am einfachsten ist es, eine Kollision von Elektronen mit ihren Antiteilchen herbeizuführen: Sie haben entgegengesetzte Ladungen, gleiche Massen und sind relativ leicht herzustellen. Die verschiedenen Ladungen ermöglichen es, die beiden Teilchensorten gegenläufig durch dasselbe Magnetfeld zu führen. Die gleiche Masse führt dazu, dass die Pakete sich jeweils am gleichen Ort treffen – eine wichtige Voraussetzung dafür, dass die Kollisionen immer dort stattfinden, wo sich die Nachweisgeräte für die stattfindenden Reaktionen befinden.

Das erkannte der damals in Rom arbeitende österreichische Physiker Bruno Touschek, der bereits 1961 den ersten Elektron-Positronspeicherring verwirklichen konnte. Die erreichte Energie betrug zwar nur 0,2 Gigaelektronenvolt und für Experimente wurde der Ring niemals verwendet. Dennoch bedeutete dieser Speicherring einen Durchbruch. Andere Physiker in den USA und der Sowjetunion gingen auf dem jetzt beschrittenen Weg weiter voran. Grundsätzlich ist die Situation ähnlich, wenn man Protonen und Antiprotonen kollidieren lassen möchte. Auch sie können im selben Magnetfeld umlaufen und haben gleiche Massen. Es müssen aber genügend Antiprotonen (also Kerne des Antiwasserstoffs) erst einmal zur Verfügung stehen. Und davon war man Anfang der Sechzigerjahre noch weit entfernt.

Bei Kollisionen von Teilchen der gleichen Art, also etwa Elektronen und Elektronen oder Protonen und Protonen, gibt es noch ein weiteres Problem: Man benötigt zwei Speicherringe, in denen die Teilchen gegenläufig geführt werden und sich an einer Überschneidung der beiden Ringe unter flachem Winkel begegnen können! Die Kosten sind natürlich deutlich höher. Von wenigen Ausnahmen abgesehen, ist dieser Weg auch in der Praxis zunächst nicht beschritten worden. Stattdessen gelang es in der Zwischenzeit, die Antiteilchen der Elektronen und Protonen in hinreichender Menge zu produzieren. Dadurch konnte man mit einem einzigen Speicherring auskommen.

Das war der Entwicklungsstand Anfang der Achtzigerjahre, der dann schließlich in den Bau einer riesigen, 27 Kilometer langen Röhre an der schweizerisch-französischen Grenze mündete. Er verlief in fünfzig bis 175 Meter Tiefe unter der Erdoberfläche (vgl. Abb. S. 257). 1988 wurde der Large Electron-Positron Collider (LEP), der Große Elektron-Positron-Speicherring, in Betrieb genommen. Elektronen und ihre Antiteilchen (Positronen) trafen in diesem Ring mit einer Energie von rund zweihundert Gigaelektronenvolt aufeinander, ein Mehrfaches dessen, was bis dahin am DESY in Hamburg möglich gewesen war. Elf Jahre lang wurden damit Experimente durchgeführt, die bedeutende Erkenntnisse über die Welt im Kleinsten zutage förderten. So konnten mit dem LEP unter anderem die Massen der W- und Z-Bosonen genau ermittelt werden, die bereits im Jahr 1983 nachgewiesen worden waren. Das sind jene Austauschteilchen der schwachen Wechselwirkung, mit denen man den radioaktiven Betazerfall erklären kann (vgl. S. 62 und 246). Am LEP konnte außerdem gezeigt werden, dass es drei verschiedene leichte Neutrinoarten gibt.

Bei einem derart aufwendigen und teuren Projekt wie dem LEP werden natürlich die verschiedensten Varianten diskutiert, um einerseits maximale Forschungsausbeute und andererseits möglichst geringe Kosten unter einen Hut zu bringen. Dazu zählen auch Überlegungen über die Zukunftsfähigkeit einer solchen Anlage. Der 1981 zum Generaldirektor ernannte Physiker Herwig Schopper hatte sich besonders intensiv mit der letzten Frage befasst und war zu einem Ergebnis gekommen, das sich noch auszahlen sollte. Er setzte durch, dass der Querschnitt des gewaltigen Tunnels groß genug gewählt wurde, um später noch einen zweiten Ring (eventuell für Protonen) unterbringen zu können. Gerade diese Entscheidung war maßgebend für den späteren Bau des Large Hadron Collider (LHC, s. S. 250ff), den Schopper schon damals für erstrebenswert hielt.

Das Projekt CERN

Die Geschichte des »Europäischen Rates für Kernforschung« (Conseil Européen pour la Recherche Nucléaire, abgekürzt: CERN) erinnert in vielem an die Entwicklung der »Europäischen Südsternwarte« (European Southern Observatory, abgekürzt: ESO). Sowohl in der Kernforschung als auch in der astronomischen Forschung mit Großteleskopen hatten die USA nach dem Ende des Zweiten Weltkriegs eine Führungsposition inne. Diese Spitzenstellung bezog sich nicht nur auf die instrumentelle Ausstattung, sondern auch auf die dort tätigen Wissenschaftler. Etliche der besten Köpfe waren in den USA tätig, die zum Teil auch aus anderen Ländern durch die guten Forschungsbedingungen angelockt worden waren.

In Europa war man besorgt um die Zukunft der hiesigen Grundlagenforschung. In dieser Situation entschlossen sich Wissenschaftler und Politiker, auf diesen Gebieten einen durchgreifenden Wandel herbeizuführen durch die Gründung von Instituten, die von mehreren europäischen Staaten gemeinsam finanziert werden sollten. Zugleich würde damit auch ein sichtbarer Schlussstrich unter den Zweiten Weltkrieg gezogen werden, denn das Ziel war die Zusammenarbeit von Staaten, deren Soldaten sich noch wenige Jahre zuvor als Vertreter verfeindeter Kriegsgegner auf den Schlachtfeldern gegenübergestanden hatten.

Die ersten Ideen zu solchen Projekten, sowohl für die Astronomie als auch für die Kernforschung, wurden fast zeitgleich bereits Anfang der 1950er-Jahre diskutiert. In beiden Fällen dauerte es noch Jahre, bis es endlich zu konkreten Schritten kam. Die Gründung von CERN erfolgte 1953, die der ESO sogar erst 1962. Damals waren zwölf europäische Staaten Mitglieder des CERN, heute sind es zwanzig, während 35 weitere Staaten an den Programmen mitwirken. Der erste Generaldirektor war Nobelpreisträger Felix Bloch, ein schweizerisch-amerikanischer Physiker, der bei Werner Heisenberg in Leipzig studiert hatte, dann aber vor den Nationalsozialisten hatte fliehen müssen und in den USA im Rahmen des »Manhattan-Projekts« an der Entwicklung der amerikanischen Atombombe mitgearbeitet hatte.

Der Name CERN hat heute nur noch historische Bedeutung. Inzwischen geht es nicht mehr um die Erforschung des Atomkerns, sondern um viel tiefere Schichten der Mikrowelt, und die Beteiligung an diesen Forschungen steht keineswegs nur Wissenschaftlern der Mitgliedsstaaten, sondern aus der ganzen Welt offen. Auch in dieser Hinsicht liegen die Verhältnisse bei der ESO ganz ähnlich.

Die Entwicklung der Forschungsschwerpunkte führte dazu, dass bereits 1957 der erste Beschleuniger für Protonen beim CERN in Betrieb genommen wurde, dem 1959 das Proton-Synchrotron mit der damals weltweit höchsten Protonenenergie von 28 Gigaelektronenvolt folgte. Kurz darauf lagen aber die USA wieder knapp vorn, als sie am Brookhaven National Laboratory eine Maschine mit dreißig Gigaelektronenvolt in Betrieb nahmen. Die Russen gingen dann 1967 mit einem Protonensynchrotron in Serpuchow in Führung, das eine Höchstenergie von siebzig Gigaelektronenvolt ermöglichte.

Bei diesem Wettlauf mögen zwar Prestigeüberlegungen und »Rekorde« eine Rolle gespielt haben. Die Fachleute wussten aber nur zu gut, dass mit höheren Energien auch ganz andere Fragestellungen bearbeitet werden konnten. Das hatte sich schon beim Deutschen Elektronen-Synchrotron (DESY) in Hamburg gezeigt. Dort war es 1979 gelungen, das von der Standardtheorie geforderte Gluon nachzuweisen, den »Klebstoff« der Atomkerne. Dies erwies sich nun erneut beim CERN besonders eindrucksvoll, als man zunächst 1976 das Super-Proton-Synchrotron in Betrieb nahm, mit dem Protonen auf einem Bahnumfang von siebentausend Metern auf bis zu vierhundert Gigaelektronenvolt beschleunigt werden konnten. Diese Maschine wurde 1981 zum Proton-Antiproton-Collider umgebaut. Man setzte sich das Ziel, die bis dahin nur theoretisch geforderten W- und Z-Bosonen erstmalig experimentell nachzuweisen (vgl. S. 62).

Der US-amerikanische Physiker Sheldon Lee Glashow hatte bereits im Jahr 1960 zwei W-Bosonen (W^+ und W^-) und ein Z-Boson als Austauschteilchen der schwachen Wechselwirkung vorgeschlagen. Die Massen dieser hypothetischen Bosonen konnten aufgrund von Messungen schon Anfang der Siebzigerjahre zu etwa achtzig beziehungsweise neunzig Gigaelektronenvolt (pro Quadrat der Lichtgeschwindigkeit) abgeschätzt werden. Aber, ob es diese Teilchen in der Realität tatsächlich gab, oder ob man hier Hirngespinsten nachjagte – das war die große Frage. Die Anhänger des Standardmodells hatten – besonders nach dem inzwischen gefundenen Gluon – keinerlei Zweifel. Nach vielerlei Überlegungen entschlossen sich die Physiker am CERN schließlich, den Nachweis durch Kollisionen von Protonen und Antiprotonen zu versuchen.

Dazu musste man die Antiprotonen speichern, hatte aber immer noch das Problem, dass diese zu »heiß« waren. Nun wurde das Super-Proton-Synchrotron von CERN zum Proton-Antiproton-Collider ausgebaut und eine spezielle Methode zur Kühlung der Antiprotonen eingesetzt. Im Mai 1983 erreichten dann schließlich die Teams um Carlo Rubbia und Simon van der Meer ihr Ziel: Es gelang ihnen, die seit Jahrzehnten vermuteten und erwarteten W- und Z-Bosonen nachzuweisen und ihre Massen zu bestimmen.

Die aus den Experimenten ermittelten Werte stimmten recht gut mit den früheren Abschätzungen überein. Sie ergaben sich zu 82,1 Gigaelektronenvolt für die W-Bosonen und 93 Gigaelektronenvolt für die Z-Bosonen. Die Teilchen haben somit eine Masse, die etwa jener eines Silberatoms entspricht! Die heutigen (genaueren) Werte betragen 80,43 und 91,19 Gigaelektronenvolt. Diese wissenschaftli-

Blick auf das Areal von CERN an der schweizerisch-französischen Grenze. Der Kreis markiert den unterirdischen Verlauf des 27 Kilometer langen Beschleunigerkanals. Im Hintergrund sieht man den Genfer See.

che Leistung war dem schwedischen Nobelkomitee einen Preis wert. Für die Wissenschaft bedeutete diese Entdeckung eine weitgehende Bestätigung des Standardmodells der Elementarteilchenphysik. Die Photonen als Austauschteilchen des elektromagnetischen Felds kannte man schon lange, das Gluon und die W- und Z-Bosonen waren nun ebenfalls bekannt.

1988 wurde schließlich der riesige Large Electron-Proton Collider (LEP) in Betrieb genommen, von dem vorher schon die Rede gewesen ist und mit dem die Massen der W- und Z-Bosonen genau ermittelt werden konnten. Seine Länge musste wegen der angestrebten Energie auf knapp 27 Kilometer bemessen werden. Somit handelte es sich beim LEP, der unterirdisch im Grenzgebiet von Schweiz und Frankreich verläuft, um die damals größte Maschine der Welt.

Der Kosmos im Labor

Forscherdrang und Forschungsangst

Der Large Hadron Collider ist das größte »Mikroskop« der Welt und inzwischen ebenso prominent wie das HUBBLE-Weltraumteleskop. Während die Forscher diese gigantische Maschine bejubeln, löst sie bei vielen Menschen auch Ängste aus.

Mit hochenergetischen Kollisionen von Bleiionen versuchen die Forscher Bedingungen herzustellen, wie sie kurz nach dem Urknall geherrscht haben.

Die Weltmaschine

Der Large Hadron Collider (LHC) ist zwar nur die konsequente Weiterführung einer schon seit Jahrzehnten laufenden erfolgreichen Entwicklung, dennoch wird gerade diese Maschine aller Wahrscheinlichkeit nach eine entscheidende neue Etappe menschlichen Suchens nach dem Anfang aller Dinge einleiten. Die jetzt herangereiften Fragen sind von einschneidender Bedeutung für das grundlegende Verständnis des Universums. Ihre Lösung könnte viele der noch vorhandenen Ungereimtheiten aus dem Weg räumen. Der Collider könnte uns aber auch in das größte Denkchaos seit Begründung der Elementarteilchenphysik stürzen und ein wahrhaftiges »Fünf-Sterne-Desaster« auslösen – wie es der bedeutende CERN-Theoretiker John Ellis formulierte –, wenn wir nicht finden sollten, wonach wir suchen.

Die ersten Ideen zum Bau dieser Kollisionsmaschine reichen schon bis in die Achtzigerjahre des 20. Jahrhunderts zurück – eine solche Entwicklungsspanne ist typisch für derart riesige Vorhaben. Sowohl bei der Planung der großen Teleskope zur Erforschung des Makrokosmos als auch bei den gigantischen Mikroskopen für den Blick in die Welt der Elementarteilchen ist strategisches Denken gefragt. Die genaue Analyse der bereits gesicherten Aussagen und die Formulierung der richtigen Fragestellungen entscheiden maßgeblich darüber, ob sich die Aufwendungen für die neuen Maschinen und Apparate später einmal als gerechtfertigt erweisen werden.

Die besondere Kunst der Planung besteht darin, die langen Entwicklungszeiten mit einzukalkulieren, um dann, nach der Fertigstellung viele Jahre später, immer noch an der Front der Forschung agieren zu können. Bereits beim Bau des Large Electron-Positron Collider (LEP) wurden daher Überlegungen angestellt, den Tunnel so groß zu gestalten, dass man dort später noch einen zweiten Ring mit supraleitenden Magneten unterbringen konnte, um auch Proton-

Anhand dieses Modells können sich Besucher beim CERN einen Eindruck von der Konstruktion des Beschleunigertunnels verschaffen. Im gewaltigen Beschleunigerring (dem großen Rohr) befinden sich zwei Röhren, in denen die Teilchenströme gegenläufig umlaufen. Die Besichtigung des unterirdischen Originaltunnels ist im Allgemeinen nicht möglich.

Proton-Kollisionen realisieren zu können. Das war die Ausgangsidee für den Large Hadron Collider.

Die Amerikaner fühlten sich damals von Europa überrundet und wollten nach dem Schwarzweißprinzip »winner or loser« die Führung zurückerobern. Sie entwarfen daher das Projekt des Superconducting Super Collider mit einem Tunnelumfang von 87 Kilometern! Ausländische Interessenten sollten zwei Milliarden US-Dollar beisteuern, das heißt, etwa ein Drittel der Gesamtkosten übernehmen, und dann auch dort mitarbeiten dürfen. Nachdem der US-amerikanische Präsident Ronald Reagan das Mammutprojekt zunächst genehmigt hatte, kam 1993 jedoch das Aus. Der Kongress bewilligte keine Mittel dafür. In Europa hatte sich schon damals die Meinung durchgesetzt, dass internationale Konkurrenz bei den technischen und finanziellen Dimensionen der aktuellen Projekte letztlich ein altmodisches Relikt darstelle.

1994 schließlich war die Planung des LHC so weit gediehen, dass der CERN Council beschloss, mit dem Bau zu beginnen. Der bereits vorhandene Tunnel des (seit dem Jahr 2000 stillgelegten) Large Electron-Positron Colliders mit 3,8 Metern Durchmesser hatte sich als das überzeugendste Argument zugunsten des neuen Colliders in Genf erwiesen. Er reduzierte die Kosten gegenüber einem völligen Neubau erheblich. An der Finanzierung beteiligten sich neben den zwanzig Mitgliedsstaaten des CERN auch acht Staaten mit Beobachterstatus, darunter Russland, Indien und Kanada. Deutschland brachte achthundert Millionen Euro von den insgesamt erforderlichen etwa drei Milliarden Euro auf. Der Beschleuniger und die vier großen Detektoren, auf die wir noch zurückkommen, wurden in einer internationalen Kooperation ohne Beispiel von Wissenschaftlern und Technikern aus 34 Ländern entwickelt und gebaut.

Das Kernstück des LHC sind zwei Vakuumröhren, in denen Teilchenströme gegenläufig umlaufen (vgl. Abb. S. 251). Bei den Teilchen handelt es sich um Protonen oder um Bleiionen (Atomkerne des Elements Blei). Beide sind Vertreter der sogenannten Hadronenfamilie, also Teilchen, die der starken Wechselwirkung unterliegen (daher der Name des Beschleunigers). Durch rund 1300 eigens für den Collider entwickelte supraleitende Magnete mit einer Feldstärke von bis zu knapp neun Tesla – das Erdmagnetfeld hat lediglich eine Stärke von dreißig bis sechzig Mikrotesla! – werden die Teilchen auf ihren Bahnen gehalten. An vier Schnittstellen treffen die Teilchenströme aufeinander. Dort befinden sich auch die Detektoren oder Experimente zur Beobachtung der Vorgänge, die bei den Kollisionen auftreten. Die Energie der Teilchen ist weitaus höher als in allen bisherigen Anlagen. Die für die Untersuchungen erforderlichen Protonen werden in einer Duoplasmatron-Ionenquelle erzeugt, die der Wissenschaftler Man-

Eine Duoplasmatron-Ionenquelle zur Erzeugung von Protonen beim CERN. Die tatsächlich verwendete Quelle befindet sich in einem geschützten Raum, dieses baugleiche Gerät dient als Ausstellungsstück für Besucher.

fred von Ardenne während seines Aufenthalts in der Sowjetunion 1948 erfunden und entwickelt hatte und später in Dresden serienweise produzieren ließ (vgl. Abb. oben). Die Funktionsweise beruht auf zunächst freigesetzten Elektronen, die dann beschleunigt auf Wasserstoffatome treffen. Dabei wird diesen ihr Elektron entrissen,

Der Linearbeschleuniger LINAC2 fungiert als einer der Vorbeschleuniger für den Large Hadron Collider beim CERN. Er folgt unmittelbar im Anschluss an die Protonenquelle und ist rund dreißig Meter lang. Die Protonen werden darin bereits auf 31 Prozent der Lichtgeschwindigkeit beschleunigt.

so dass nur die Kerne, also die positiv geladenen Protonen, übrig bleiben. Dank dieser doppelten Ladungsverdichtung wird ein fast hundertprozentiger Gasteilchen-Ionen-Wirkungsgrad erreicht – sicher einer der Gründe, warum die längst in die Jahre gekommene Ionenquelle immer noch erfolgreich eingesetzt wird.

Die so erzeugten Protonen werden zunächst in einem Linearbeschleuniger (LINAC2, vgl. Abb. oben) auf eine Energie von fünfzig Megaelektronenvolt beschleunigt, dann erfolgt ihre weitere Energieanreicherung auf 450 Megaelektronenvolt im Proton- und im Super-Proton-Synchrotron. Anschließend erhalten die Protonen im Hauptring des LHC ihre endgültige Energie von sieben Teraelektronenvolt. An den Kollisionsstellen prallen sie somit mit 14 Teraelektronenvolt aufeinander. Die Protonenstrahlen werden dabei fokussiert, womit

Exkurs

Die Luminosität

Die Luminosität eines Kollisionsbeschleunigers beschreibt die Anzahl der Teilchenbegegnungen, die pro Quadratzentimeter und Sekunde stattfinden. Im Large Hadron Collider wird eine Luminosität von 10^{34} pro Quadratzentimeter und Sekunde angestrebt. Je höher die Luminosität ist, umso mehr steigt die Wahrscheinlichkeit für statistisch abgesicherte Entdeckungen. Somit ist die Luminosität neben der erreichten Kollisionsenergie die wichtigste Kenngröße für die Leistungsfähigkeit eines Colliders.

sich die »Trefferquote«, also die Kollisionsrate, erheblich vergrößern lässt. Für die Fokussierung werden vierhundert weitere supraleitende Spezialmagnete eingesetzt, die auf eine Temperatur von –271,25 Grad Celsius gekühlt werden müssen. Zur Kühlung der Magnete sind nicht weniger als zehntausend Tonnen (eine Tonne entspricht jeweils tausend Kilogramm!) flüssiger Stickstoff und knapp hundert Tonnen flüssiges Helium erforderlich. Der Collider ist also in jeder Hinsicht eine Maschine der Superlative.

Die etwa 2800 auf diese Weise erzeugten kleinen Teilchenpakete, acht Zentimeter lang und 16 Mikrometer im Durchmesser – ein menschliches Haar ist dreimal so dick! –, enthalten jeweils 115 Milliarden Protonen und durchrasen den Ring in jeder Sekunde elftausendmal! Begegnen sich die Pakete an den Kreuzungsstellen, so kommt es im Zeitabstand von jeweils dreißig Milliardstel Sekunden zu einer Kollision, jenem Ereignis, das uns alle Geheimnisse der Materie offenbaren könnte. Dabei ergibt sich eine Fülle von Reaktionen, darunter hoffentlich auch solche, deren Eintreten über das Standardmodell der Elementarteilchenphysik und damit über das gesamte gegenwärtige Weltbild der Physik entscheiden. Übrigens ist es vorgesehen, die Effizienz der Kollisionen im Lauf der Jahre noch zu steigern. Die Zahl der Reaktionen vergrößert sich dadurch entsprechend. Die angestrebte maximale Luminosität des LHC (s. Exkurs S. 255) soll später noch um einen Faktor zehn vergrößert werden. Aus dem Large Hadron Collider wird dann der Super Large Hadron Collider (SLHC).

Detektoren und Datenflut

Nun kommen die Detektoren ins Spiel, hochkomplizierte Nachweisgeräte, an deren Konzeption und Bau ebenfalls Tausende Wissenschaftler und Techniker aus Hunderten wissenschaftlicher Institute verschiedener Länder mitgewirkt haben. Die Aufgabe der Detektoren besteht darin, die auftretenden Reaktionsprodukte der Kollisionen festzustellen. Sie müssen daher für den Nachweis unterschiedlichster Teilchen geeignet sein, was ihren komplizierten Aufbau bedingt.

Vier solche Detektoren mit ziemlich nüchtern klingenden Kurznamen sind die Hauptbestandteile des Colliders: ATLAS (ursprünglich für: A Toroidal LHC AparatuS), CMS (Compact Muon Selenoid), ALICE (A Large Ion Collider Experiment) und LHCb (Large Hadron Collider beauty). Hinzu kommen noch für spezielle Zwecke die kleineren Detektoren LHCf (Large Hadron Collider forward) und TOTEM (TOTal Elastic and Diffractive Cross Section Measurement). Die beiden Letztgenannten untersuchen Teilchen, die sich bei den Kollisionen nur streifen, anstatt frontal aufeinanderzuprallen. Die vier großen Detektoren (vgl. Abb. rechts) sollen an dieser Stelle kurz beschrieben werden.[3]

---

3 – Wer sich für die Funktion der Detektoren genauer interessiert, findet auf den LHC-Seiten des CERN im Internet eine Reihe von Informationen. Startseite: http://home.web.cern.ch/about.

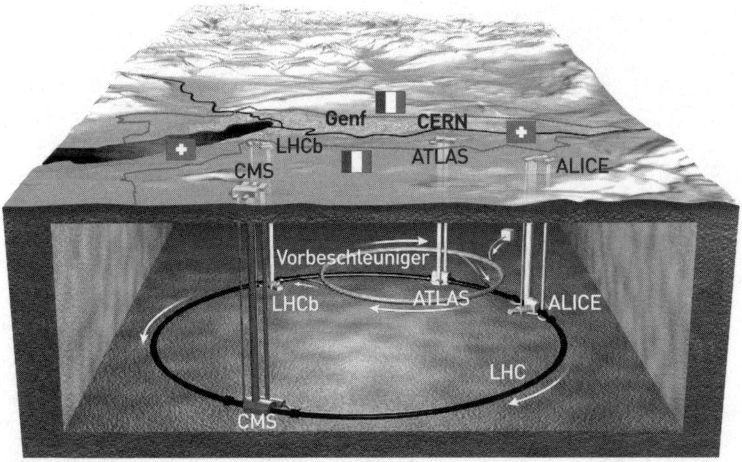

Der unterirdische Verlauf des LHC-Beschleunigerkanals mit den vier Hauptexperimenten CMS, LHCb, ATLAS und ALICE. Das CERN-Gebäude befindet in der Nähe des ATLAS-Experiments. Der Hauptteil des Beschleunigerrings liegt auf (oder unter) französischem Boden.

Der ATLAS-Detektor ist 45 Meter lang, misst 22 Meter im Durchmesser und wiegt siebentausend Tonnen. Er ist nach dem Zwiebelschalenprinzip aufgebaut, wobei jedes der vier übergeordneten Systeme andere Teilchen und unterschiedliche Eigenschaften dieser Teilchen zu erfassen vermag. ATLAS ist nicht spezialisiert auf bestimmte physikalische Prozesse, sondern erfasst eine möglichst große Bandbreite an Signalen. Die vier Schichten der »ATLAS-Zwiebel« (vgl. Abb. S. 258) sind von innen nach außen: der Innere Detektor (mit drei Subdetektoren), das Kalorimetersystem, das Magnetsystem und zwei Myondetektoren.

Bei den Kollisionen im Zentrum des Detektors werden neue Teilchen erzeugt, die vom Kollisionspunkt aus in alle Richtungen davonfliegen. Die inneren Teile des Detektors sind fast durchlässig, die äußeren werden immer dichter und kompakter – das hängt mit dem unterschiedlichen Verhalten der Teilchen in den einzelnen Schichten

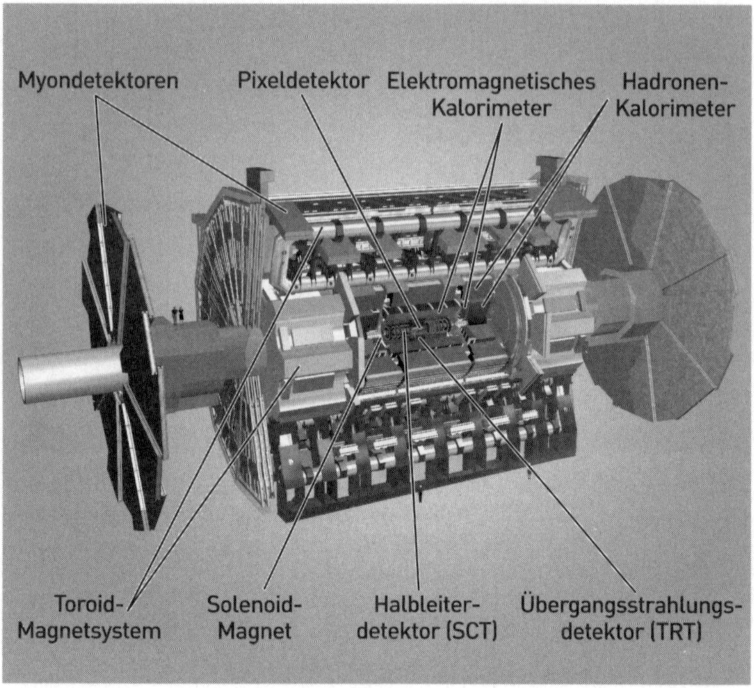

Schnitt durch den zwiebelschalenförmig aufgebauten ATLAS-Detektor mit seinen Unterdetektoren: Der Innere Detektor mit den Teilsystemen Pixeldetektor, Halbleiterdetektor (SCT) und Übergangsstrahlungsdetektor (TRT) dient zur Bestimmung der Teilchenflugbahnen. Zwei Magnetsysteme (Solenoid und Toroid) lenken die geladenen Teilchen ab, woraus sich ihr Impuls ableiten lässt. Das Elektromagnetische und das Hadronen-Kalorimeter ermöglichen die Bestimmung der Energie von Elektronen und Photonen sowie von eintreffenden Hadronen. Die Myondetektoren schließlich dienen zur Messung von Spurverlauf und Impuls der schweren Myonen, die die Kalorimeter weitgehend ungestört durchqueren.

zusammen. Bestimmt werden Flugbahn, Impuls und Energie der Teilchen, anhand derer man sie identifizieren kann. Elektrisch geladene Teilchen wie Elektronen, Myonen und Protonen ionisieren ihre Umgebung und hinterlassen dadurch ihre Spuren. Protonen allerdings besitzen wegen ihrer größeren Masse eine größere Reichweite als beispielsweise Elektronen. In den Kalorimetern wird auch die Energie der entstehenden Photonen gemessen – indirekt, denn sie verwandeln sich in Elektron-Positron-Paare. Die Energie von Neutronen wird ebenfalls indirekt bestimmt. Sie übertragen nämlich ihre Energie an Protonen, die dann erfasst wird.

Um die mit ATLAS gewonnenen Ergebnisse zu sichern und zu überprüfen, wurde der Detektor CMS gebaut. Die Fragestellungen, die man mit diesem Detektor verfolgt, sind weitgehend dieselben, der experimentelle Ansatz unterscheidet sich jedoch von jenem bei ATLAS, so dass man sicher sein kann, die richtigen Aussagen aus den Messungen abzuleiten, wenn beide Detektoren dasselbe Resultat liefern. Auch der CMS-Detektor ist zylindrisch gestaltet, wiegt 12 500 Tonnen bei einer Länge von 21 und einem Durchmesser von 16 Metern. Gemeinsam mit dem ATLAS-Experiment wurde hier das berühmte Higgs-Boson entdeckt (vgl. Abb. S. 303 und 315).

ATLAS und CMS erforschen aber auch die Physik jenseits des Standardmodells, also etwa die Fragestellungen der Supersymmetrie (vgl. S. 269ff). Auch die Untersuchung der CP-Verletzung ist eine Domäne von ATLAS und CMS (vgl. S. 190ff) sowie darüber hinaus des Detektors LHCb, der außerdem über seltene Teilchenzerfälle sensitive Tests des Standardmodells vornimmt. ALICE (vgl. Abb. S. 260) schließlich dient der Schwerionenphysik. Hier werden Bleiionen aufeinandergeschossen und das dabei (hoffentlich) entstehende Quark-Gluon-Plasma untersucht. ALICE ist damit der entscheidende Beobachter des »künstlichen Urknalls« (s. S. 273ff).

Die für viele Laien überraschenden Dimensionen der Detektoren hängen unmittelbar mit der geforderten extremen Genauigkeit der Messungen zusammen. Die Teilchen verfügen über hohe Bewegungsenergien, Geschwindigkeiten also. Will man sie genau bestimmen, bedarf es der Ablenkung der geladenen Teilchen durch Magnetfelder. Starke Felder und große Detektoren sind dazu unabdingbar erfor-

Das ALICE-Experiment am CERN ist das eigentliche Urknall-Experiment. Es dient dazu, den Zustand der Materie kurz nach dem Urknall zu untersuchen. Durch die Kollision hochenergetischer Bleiatomkerne soll kurzzeitig ein Quark-Gluon-Plasma hergestellt und vermessen werden. Wie ATLAS und CMS besteht auch der ALICE-Detektor aus zahlreichen Einzelsystemen mit unterschiedlichen Zielsetzungen. Der gesamte Aufbau ist 26 Meter lang, 16 Meter breit und wiegt zehntausend Tonnen.

derlich. In den Kalorimetern soll möglichst die gesamte Energie der Teilchen »abgefangen« werden, damit man genaue Energiebilanzen der ablaufenden Vorgänge aufstellen kann. Auch dazu bedarf es großer Dimensionen.

Ein weiterer Superlativ ist die bei den Experimenten entstehende Datenflut. Praktisch jeder Computernutzer weiß heute, was ein Byte ist, und er weiß sicher auch, dass sein persönlicher Computer eine Speicherkapazität von vielleicht 750 Gigabyte besitzt. Wer etwas mehr Geld investiert, kann sich möglicherweise auch eine Festplatte mit einem Terabyte (tausend Gigabyte) Speicherplatz leisten. Doch beim LHC fällt *jährlich* eine Datenmenge von 15 Petabyte an – das sind

Blick in das Rechenzentrum des CERN: In einem 1450 Quadratmeter großen Raum befinden sich mehrere tausend untereinander vernetzte Server. Zur Sicherung der Daten stehen etwa 5,5 Petabyte Festplattenspeicher und 17 Petabyte Magnetbandspeicher zur Verfügung. Dieses riesige Rechenzentrum stellt aber nur einen Teil der untersten Ebene zur Datenverarbeitung dar. Nach einer ersten Analyse der Rohdaten aus den einzelnen Experimenten werden die Ergebnisse an weitere Verarbeitungsebenen des weltweiten LHC Computing Grid weitergeleitet.

15 Millionen Gigabyte! Man würde einige hunderttausend DVDs benötigen, um diese Informationsmenge zu speichern.

Doch diese Daten sind ja kein Selbstzweck. Sie müssen vielmehr ausgewertet werden. Erst die Auswertung liefert schließlich jene Erkenntnisse, die den eigentlichen Zweck des Colliders darstellen. Um die unfassbar gewaltigen Datenmengen zu speichern und zu verarbeiten, haben sich die führenden Köpfe beim CERN das System des »LHC Computing Grid« ausgedacht. Die Informationen sollen auf diese Weise Tausenden von Wissenschaftlern in aller Welt zugänglich sein, die auch die Möglichkeit erhalten, sich an deren Auswertung zu beteiligen.

Nachdem die Daten zunächst beim CERN gesichert werden, gelangen sie an verschiedene Rechenzentren in aller Welt. Alle diese Zentren sind ständig untereinander verbunden und stellen Teile der Daten weiteren Zentren zur Verfügung. So sind schließlich Zehntausende Rechner in mehr als 140 internationalen Institutionen auf verschiedenen Hierarchiestufen miteinander in Kontakt.

Dennoch wäre es unmöglich und auch nicht sinnvoll, jedes beliebige Ereignis, das man beobachtet, auch zu analysieren. Daher werden zunächst von besonders interessanten (erwarteten) Daten Detektorsimulationen berechnet. Wie könnten bestimmte Wechselwirkungen aussehen, wenn man das eine oder andere theoretische Modell voraussetzt? Schließlich vergleicht man die tatsächlich beobachteten Signaturen mit diesen »Fahndungsfotos« und erst, wenn sich Übereinstimmungen zwischen »Täterbild« und »Phantombild« erkennen lassen, wird der entsprechende Prozess genauer unter die Lupe genommen. Sogenannte »Trigger« wählen auf diese Weise bestimmte Ereignisse aus, die dann weiterverarbeitet werden.

Jetzt haben wir die technischen Grundlagen des Large Hadron Collider und seiner Detektoren in groben Zügen kennengelernt. Nun wollen wir uns, unter Berücksichtigung jener Fakten, die in den früheren Kapiteln besprochen wurden, der Frage zuwenden, welche Antworten die Forscher von dieser großen Maschine zu erhalten hoffen, und was diese Antworten bedeuten könnten.

Was suchen wir eigentlich?

Bis vor wenigen Jahrzehnten noch galt der Satz: Der Kosmos ist für die Forschung ein gigantisches Labor – und zwar eines der außerirdischen Art. In den Tiefen des Universums hatte man immer neue Materiezustände unter derartig extremen Bedingungen entdeckt, dass man Vergleichbares in irdischen Labors schlechterdings für unnachahmbar hielt. Das »passive« Laboratorium Kosmos musste genügen, um aus den beobachteten Zustandsformen der Materie unter Berücksichtigung all unseres Wissens gedankliche, also theoretische, Rückschlüsse, auf die Zusammenhänge der Vorgänge zu ziehen. Und in der Tat hat diese Strategie große Erfolge gezeitigt. Die von den Kosmologen entworfene Lebensgeschichte des Universums vom Urknall bis heute ist – jedenfalls in ihren Grundzügen – das Ergebnis dieser Vorgehensweise.

Inzwischen hat die experimentelle Forschung aber derartig rapide Fortschritte gemacht, dass man sich tatsächlich anschicken kann, kosmische Extremzustände in kleinsten Raumgebieten nachzuahmen und mit den zur Verfügung stehenden Hilfsmitteln auch zu studieren. Die Ergebnisse dieser Experimente werden darüber entscheiden, ob das bisherige Bild vom Weltall im Großen wie auch in der Mikrowelt zutreffend ist oder nicht. Mit entsprechend hohen Erwartungen sahen die Forscher deshalb auch von Anbeginn an den Experimenten mit dem Large Hadron Collider entgegen. Kein Geringerer als Robert Aymar, der frühere Generaldirektor des CERN – ein gewöhnlich sehr nüchterner Wissenschaftler –, kleidete die Situation in die dramatischen Worte:

> Wenn wir mit dem LHC nichts finden, wird sich die gesamte Elementarteilchenphysik davon nicht wieder erholen [28].

Doch was suchen die Forscher mit dem Large Hadron Collider, dass sie in eine derartige Verzweiflung stürzen würden, falls sie es nicht fänden? Vertiefen wir noch einmal die weiter oben nur im Telegrammstil dargestellten Problemstellungen in dieser Hinsicht.

Die Hauptaufmerksamkeit der Forscher richtete sich zunächst auf den Nachweis eines Teilchens, das der britische Physiker Peter Higgs bereits im Jahr 1964 vorgeschlagen hat, das sogenannte Higgs-Boson. Es war – außer dem immer noch hypothetischen Graviton –

das letzte, noch nicht nachgewiesene Teilchen des Standardmodells. Higgs und andere erkannten Anfang der Sechzigerjahre des vergangenen Jahrhunderts, dass die Standardtheorie der Elementarteilchen alle beobachteten Vorgänge der uns umgebenden Welt einerseits exakt zu beschreiben vermochte, zugleich aber viele Parameter enthielt, für die es keinerlei Erklärung gab. So wusste man zwar, dass es drei sogenannte Teilchenfamilien oder -generationen gibt – jede Familie besteht aus einem elektrisch geladenen Lepton (dem Elektron, Myon oder Tauon), dem zugehörigen Neutrino und zwei Quarks (vgl. Abb. S. 62) –, aber der *Grund* dafür war unbekannt.

Weshalb treten gerade die beobachteten Massen, Wechselwirkungsstärken und Zerfallswahrscheinlichkeiten auf, die sogenannten »freien Parameter« der Theorie, von denen viele existieren? Das Myon zum Beispiel – eine der besonders ins Auge fallenden Merkwürdigkeiten – verfügt über die 206-fache Masse des Elektrons, ist aber ansonsten mit ihm völlig identisch. Wie kommen diese Unterschiede und Gemeinsamkeiten zustande?

Man hatte inzwischen gelernt, dass sich die elektromagnetische, schwache und starke Wechselwirkung jeweils aus einem Symmetrieprinzip ableiten ließen, das als »Eichinvarianz« bezeichnet wird. Das funktioniert in der Theorie jedoch nur, solange die die Wechselwirkungen vermittelnden »Eichbosonen« keine Ruhemasse besitzen. Das ist zwar beim Photon und auch bei den Gluonen der Fall, doch die W- und Z-Bosonen, jene Austauschteilchen, die man zur Beschreibung der schwachen Wechselwirkung benötigt, verfügen über eine experimentell zuverlässig bestimmte Ruhemasse. Darüber hinaus konnte man sich auch die Masse der fermionischen Elementarteilchen, der Quarks und Leptonen, nicht erklären. Da die Massen aller dieser Teilchen aber mehr oder weniger gut bekannt waren, setzte man sie nun einfach in die theoretischen Gleichungen ein. Als Ergebnis erhielt man teilweise unendlich große Zerfallswahrscheinlichkeiten oder – wie die Physiker gerne sagen – »unsinnige« Resultate.

Peter Higgs fand nun einen Ausweg aus diesem Dilemma durch eine Idee, die zunächst ähnlich abenteuerlich klingt, wie seinerzeit die Bohr'sche Annahme von den Quantenbahnen der Elektronen oder die Vorhersage des Neutrinos durch Wolfgang Pauli. Higgs schlug vor, dass der gesamte Raum von einem Feld (heute als Higgs-Feld bezeichnet) erfüllt ist, durch dessen Wechselwirkung mit den Elementarteilchen diese ihre Masse erhalten. Ein »leerer« Raum, angefüllt mit masselosen Elementarteilchen, wäre demnach nicht der niedrigste Energiezustand eines Raums, sondern stattdessen ein Zustand instabilen Gleichgewichts. Die kleinste Fluktuation würde ein »Umkippen« bewirken, die Elementarteilchen erhielten ihre Masse und der Raum würde den Minimalzustand seiner Energie annehmen. Durch diese »spontane Symmetriebrechung« wäre die Standardtheorie wieder in Ordnung und es träten keine Unendlichkeiten mehr auf. Dass dies tatsächlich der Fall ist, haben Gerard 't Hooft und Martinus Veltman 1971 theoretisch gezeigt, wofür sie 1999 mit dem Nobelpreis ausgezeichnet wurden.

Das ersehnte »Gottesteilchen«

Dem Higgs-Feld musste natürlich ein Teilchen entsprechen, das als »Austauschteilchen« dieses Feldes die entsprechende Wirkung vermittelt, wie zum Beispiel das Photon in der elektromagnetischen Wechselwirkung. Dieses »Feldquant« des Higgs-Feldes ist nichts anderes als das viel zitierte »Higgs-Boson«. Es wundert also nicht, dass man nach diesem Teilchen seit Jahrzehnten fieberhaft fahndete. Das Higgs-Boson selbst soll übrigens seine Masse nicht erst aus der Wechselwirkung mit dem Higgs-Feld beziehen, sondern gleichsam bereits »mitbringen«. Es ist gemäß dem Standardmodell elektrisch neutral, sein Spin beträgt null, er ist damit ganzzahlig und das Teilchen gehört folglich zu den Bosonen.

In diesem Zusammenhang muss noch angemerkt werden, dass der Beitrag des Higgs-Feldes zur messbaren Masse der Materie ein vergleichsweise bescheidener ist. Die Wechselwirkung mit dem Higgs-Feld bedingt nur etwa ein Prozent der bekannten Massen der Atome. Der Löwenanteil beruht nach der Äquivalenz von Masse und Energie auf den Wechselwirkungen der atomaren Bestandteile untereinander, vornehmlich derjenigen im Kern. Hierbei dominiert vor allem die starke Bindung der Quarks innerhalb der Nukleonen.

Selbst für die unanschaulichsten Eigenschaften der Mikrowelt hat man oft versucht, anschauliche Vergleiche zu finden, so existiert auch einer für das Higgs-Feld. Um es in die Nähe unserer alltäglichen Erlebniswelt zu rücken, stelle man sich vor, auf einem großen Empfang seien viele Gäste versammelt. Sie stellen das Higgs-Feld dar. Betritt nun ein prominenter Gast den Raum, auf den viele Gäste zustürzen, um ein Autogramm zu erhalten oder um ihn zu begrüßen, so kann sich der prominente Gast nur schwer durch die Gästeschar bewegen. Das Higgs-Feld hat ihm eine große Masse (»Trägheit«) verliehen, so dass seine Beschleunigung einer entsprechend größeren Kraft bedarf. Ein weniger prominenter Gast hingegen bewegt sich rasch durch die versammelten Gäste hindurch (er hat weniger »träge Masse«) und erreicht schnell das andere Ende des Saals, wo sich vielleicht die Bar befindet [29]. Ein Vertreter der namenloseren Gäste wäre in diesem Vergleich zum Beispiel das verhältnismäßig leichte Elektron – zu den »Prominenten« würde etwa das schwere Z-Boson gehören.

Die Rolle des Higgs-Bosons in der Standardtheorie ist also klar: Es ist *unverzichtbar*, wenn wir die Welt verstehen wollen. Alles, was wir um uns herum wahrnehmen, von den winzigen mit Masse behafteten Elementarteilchen bis zu den größten Strukturen im Kosmos, verdankt seine Stabilität nach der Standardtheorie dem Higgs-Teilchen. Gewitzte Journalisten haben es gar als »Gottesteilchen« bezeichnet. Das mag ein sehr effektvoller Name sein, dennoch hat das Higgs-Teilchen mit Religion nichts tun. Für die Elementarteilchenphysiker be-

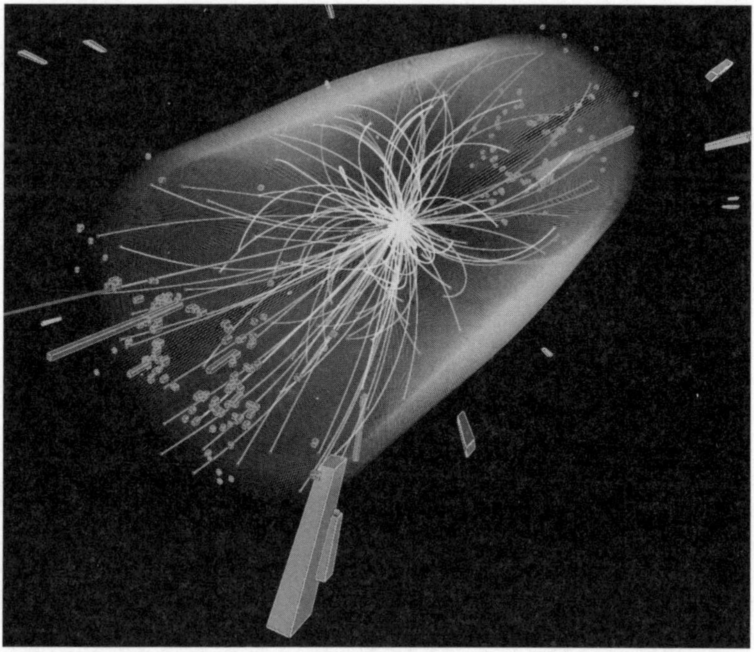

Dieses Ereignis, das im Jahr 2012 im CMS-Detektor registriert wurde, zeigt typische Zerfallsspuren eines mutmaßlichen Higgs-Bosons. Sie wurden bei der Kollision von Protonen mit einer Schwerpunktenergie von acht Teraelektronenvolt aufgezeichnet. Nachgewiesen werden konnten zwei Teilchenjets in Vorwärtsrichtung, ein Myon (Linie, die am linken Bildrand verschwindet), ein geladenes Hadron (dicke Klötze unten) sowie Neutrinos. Dieses Ereignis lässt die Fülle an Reaktionen erahnen, die beim Nachweis eines Higgs-Bosons kurzzeitig auftreten und messtechnisch zu bewältigen sind.

sitzt es aber eine derart große Bedeutung, wie sie Gläubige vielleicht sonst nur dem lieben Gott zuschreiben. Hätte man dieses Teilchen nicht gefunden, ja, gar einräumen müssen, dass es gar nicht existiert, wäre das gesamte Standardmodell der Elementarteilchenphysik in einen unreparierbaren Scherbenhaufen zerbrochen!

Dass das Higgs-Teilchen nicht sofort nach der Inbetriebnahme des LHC gefunden wurde, beunruhigte aber niemanden. Seine Masse ist einfach zu groß. Während die Massen von Proton und Neutron in Einheiten der Energie bei etwa einem Gigaelektronenvolt liegen, wurde für das Higgs-Boson eine Masse zwischen 117 und 153 Gigaelektronenvolt erwartet. Die bis dahin zur Verfügung stehenden Beschleuniger hatten das Higgs-Boson einfach deshalb nicht nachweisen können, weil seine Produktionsrate in ihrem Energiebereich zu gering ist. Hingegen wurde der Large Hadron Collider von vornherein so ausgelegt, dass er sich zum Nachweis des Higgs-Bosons eignet, falls es überhaupt existieren würde.

Speziell das ATLAS- und das CMS-Experiment am LHC waren dafür konzipiert (aber keineswegs *nur* dafür), das Higgs-Boson anhand seiner theoretisch vorausgesagten Zerfälle zu entdecken (vgl. Abb. S. 267). Wie anspruchsvoll diese Aufgabe ist, geht bereits daraus hervor, dass ein Higgs-Boson als instabiles Teilchen extrem schnell zerfällt. Innerhalb seiner Lebenszeit könnte selbst ein Lichtstrahl, der bekanntlich im Vakuum rund dreihunderttausend Kilometer in einer Sekunde zurücklegt, einen Protondurchmesser nur knapp zwanzigmal durchlaufen, das sind etwa zweimal 10^{-14} Meter!

Die heutige Generation von Physikern ist aber ebenso unbescheiden wie ihre Vorgänger in den vergangenen Jahrhunderten. Was sich Wissenschaftlern als Frage aufdrängt, wollen sie geklärt wissen. Die alte Atomtheorie der Griechen war zunächst vergessen, doch bald nach ihrer Wiederentdeckung und Anerkennung in ihrer ursprünglichen Form gescheitert, als man die Zusammensetzung des Atoms aus kleineren Bausteinen entdeckte. Aber woher wollen wir wissen, dass Elektronen und Quarks nun wirklich die letzten Bausteine der Materie sind? Könnten nicht auch sie eine Substruktur besitzen, etwas, aus dem sie bestehen? Die bisherigen »Mikroskope« waren vielleicht nur noch nicht leistungsfähig genug, um diese Frage zu beantworten. Sollte sich eine solche Substruktur der bislang kleinsten Teilchen nachweisen lassen, könnte sich daraus möglicherweise eine Antwort auf die Frage ergeben, warum es gerade drei unterschiedliche Familien von Elementarteilchen gibt. Die Physiker am LHC wären glücklich, wenn sich aus ihren Experimenten vielleicht auch diesbezüglich Hinweise ergeben würden.

Symmetriebrechungen und Supersymmetrie

Eine weitere Frage von höchster Brisanz betrifft das bisher ungelöste Problem der Vereinheitlichung der vier Grundkräfte. Bislang hat sich die weitreichendste aller Grundkräfte, die Gravitation, allen Bemühungen der Physiker widersetzt, in eine Quantenfeldtheorie einbezogen werden zu können. Somit ist es bisher nicht gelungen, alle physikalischen Kräfte auf eine einheitliche Grundkraft zurückzuführen. Alle sogenannten Großen Vereinheitlichten Theorien (Grand Unified Theories, abgekürzt: GUTs) – und es gibt deren eine ganze Menge, die miteinander konkurrieren – sind sich darin einig, dass die »Große Vereinheitlichung« (wenn überhaupt) nur ganz früh in der Geschichte des Universums vorhanden gewesen ist. Die vier verschiedenen Grundkräfte, die wir heute beobachten (die starke Wechselwirkung, die elektromagnetische Wechselwirkung, die schwache Wechselwirkung und die Gravitation), seien nacheinander durch fortlaufende Symmetriebrechungen aus der Einheitsgrundkraft hervorgegangen, behaupten die Theoretiker (vgl. Abb. S. 270 und 271).

Doch die Energieskalen, die vor der Abspaltung der verschiedenen Kräfte geherrscht haben, sind bis auf Weiteres (und wahrscheinlich sogar auf immer) experimentell unzugänglich. Damit haben wir auch keine Aussicht, die (angenommene) Vereinheitlichung unmittelbar durch Beobachtung festzustellen. Doch hier kommt die sogenannte Supersymmetrie (SUSY) ins Spiel. Die ersten Ideen dazu stammen bereits aus den Siebzigerjahren des 20. Jahrhunderts. 1974 entdeckten der Deutsche Julius Wess und der Italiener Bruno Zumino unabhängig voneinander die Bedeutung der Supersymmetrie für die Welt der

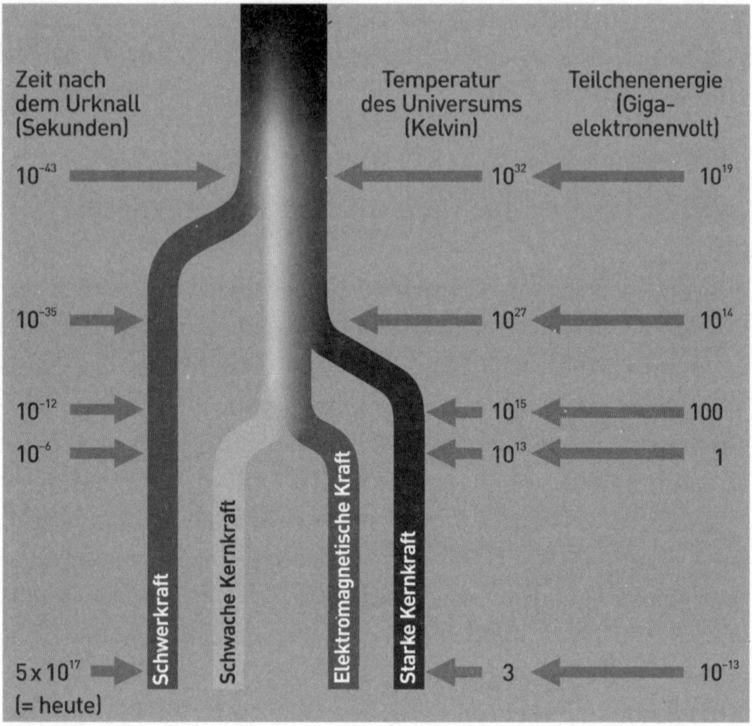

Anfangs waren alle Kräfte in einer einzigen Urkraft vereinigt. Durch Symmetriebrechungen spaltete sich zunächst die Schwerkraft, dann die starke Kernkraft ab. Schließlich zerfiel die verbleibende »elektroschwache« Kraft in die schwache Kernkraft und die elektromagnetische Kraft. Die Skala auf der linken Seite zeigt den Zeitpunkt nach dem Urknall an, die Skalen rechts die zugehörigen Temperaturen und Teilchenenergien im Universum.

Elementarteilchen. Demnach soll es neben der bereits behandelten CPT-Symmetrie (vgl. S. 190ff) noch eine überlagerte Supersymmetrie geben, die den im Standardmodell etwas künstlich anmutenden Unterschied zwischen den elementaren Materieteilchen (etwa den Elektronen und Quarks) und den Austauschteilchen (zum Beispiel den Photonen und Gluonen) aufhebt. Und wodurch?

Ein einfaches Beispiel zur Veranschaulichung einer Symmetriebrechung ist ein auf seiner Spitze rotierender Bleistift, der schließlich umfällt. Solange der Stift auf der Spitze steht, sind alle Richtungen gleichberechtigt – es herrscht vollkommene Symmetrie. Doch die Situation ist nicht stabil. Der kleinste Anlass führt zum Umfallen des Stifts und die Symmetrie ist gebrochen.

Nach der Supersymmetrie soll es zu jedem bekannten Teilchen (ob elementarem Materieteilchen, also Fermion, oder Austauschteilchen und damit Boson) einen supersymmetrischen Partner geben. Zu den Elektronen kämen die »Selektronen«, zu den Quarks die »Squarks« und zu den Gluonen die »Gluinos« wie die »Higgsinos« zu den Higgs-Teilchen. Die Teilchen und ihre supersymmetrischen Partner sollen stets paarweise vorkommen. Der supersymmetrische Partner eines Materieteilchens verhält sich dabei wie ein Austauschteilchen und der eines Austauschteilchens wie ein Materieteilchen. SUSY vereinigt also die Materie und die Kräfte und stellt zugleich eine Erweiterung des Standardmodells dar.

Für die Entwicklungsversuche einer Großen Vereinheitlichten Theorie, die alle Kräfte unter extremen Bedingungen auf eine einzige Grundkraft zurückführt, ist die Supersymmetrie sehr hilfreich. Es zeigt sich nämlich bei Berechnungen, dass sich die verschiedenen Wechselwirkungen unter Berücksichtigung der supersymmetrischen Partner der Teilchen tatsächlich unter den extremen Bedingungen des sehr frühen Weltalls zu einer einzigen Wechselwirkung vereinen. Ohne die supersymmetrischen Teilchen würde dies nicht der

Fall sein. Die meisten Großen Vereinheitlichten Theorien sind daher supersymmetrisch. Von den supersymmetrischen Erweiterungen der Standardtheorie wird auch bei Experimenten an Beschleunigern besonders jene ins Blickfeld genommen, die als »Minimales Supersymmetrisches Standardmodell« (MSSM) bezeichnet wird und gleichsam die kleinstmögliche Erweiterung der Standardtheorie zu einem supersymmetrischen Modell darstellt. Der Wermutstropfen besteht allerdings darin, dass man bisher noch kein einziges der »geforderten« supersymmetrischen Teilchen nachgewiesen hat!

Das ist jedoch ähnlich verständlich wie der anfänglich fehlende Nachweis des Higgs-Bosons. Die Massen der noch nicht gefundenen supersymmetrischen Teilchen sollen sehr groß sein, so dass es bisher einfach keine genügend leistungsfähigen »Maschinen« gab, mit denen man sie hätte entdecken können. Damit sind wir wieder beim Large Hadron Collider. Er könnte in der Lage sein, solche Teilchen zu finden – falls sie tatsächlich existieren. Dieses Forschungsziel ist kaum geringer einzuschätzen als die Suche nach dem Higgs-Teilchen. Während dieses aber den letzten experimentellen Baustein des Standardmodells der Teilchenphysik darstellt, würden die anderen Teilchen bereits den Weg über das bisherige Modell hinausweisen.

Auch das Higgs-Boson wäre davon betroffen, denn es müsste in der MSSM gleich in fünf verschiedenen Sorten vorkommen – zwei geladenen (H^+, H^-) und drei elektrisch neutralen Teilchen (h, H, A). Ein qualitativ bedeutend erweitertes Modell wäre die Folge, das uns zugleich auf dem Weg zur Entdeckung der »Grundkraft der Welt« einen großen Schritt weiterbringen könnte. Von manchen Physikern wird diese Grundkraft allerdings noch immer als eine Illusion bezeichnet. Und es gibt bisher tatsächlich keine Experimente, die dieser Ansicht widersprechen würden.

Schließlich erhoffen sich die CERN-Physiker auch neue Aufschlüsse über das Fehlen von Antimaterie im Universum. Die kosmologische Story von der gegenseitigen Vernichtung der Teilchen und Antiteilchen klingt zwar plausibel, ist aber quantitativ noch keineswegs gesichert. Das vermutete (geringfügig ungleiche) Verhältnis von Teilchen und Antiteilchen im frühen Universum verlangt eine Symmetriebrechung, die wesentlich größer sein müsste als das, was man bisher gefunden hat. Deshalb will man im LHCb-Experiment des Large Hadron Collider die Zerfälle von B-Mesonen und ihrer Antiteilchen studieren, um eventuelle CP-Verletzungen festzustellen (vgl. S. 190ff). Die Erwartungen richten sich auch auf bisher noch unbekannte CP-Verletzungen. Diese Resultate könnten vielleicht dazu beitragen, das Überwiegen von Materie gegenüber Antimaterie im frühen Universum und damit das Fehlen von Antimaterie im heutigen Universum zu verstehen.

Die Ursuppe im Miniaturformat

Das eigentliche Objekt der Begierde am LHC ist aber der »Urknall im Labor«. Er wird sich im ALICE-Experiment vollziehen. Dort prallen hochbeschleunigte Bleiionen aufeinander – also Kerne des Bleiatoms, die zweihundertmal so schwer sind wie ein Proton. Die Wissenschaftler gehen davon aus, dass sie auf diese Weise den Zustand des Universums wenige Millionstel Sekunden nach dem Urknall in winzigstem Maßstab nachahmen können.

Versetzen wir uns in jene frühesten Zeiten des Universums, wie wir sie heute verstehen, und beschreiben, was dann geschah. Die inflationäre Expansion des Universums ist gerade vorüber. Atome, Sterne und Galaxien sind noch nicht vorhanden. Die Temperaturen liegen in Bereichen, die jene 15,6 Millionen Kelvin im Zentrum unserer Sonne mindestens um den Faktor einhunderttausend übertreffen! Unter diesen extremen Umständen sollten die Bestandteile der Atomkerne, die Quarks und jene Austauschteilchen, die sie im Kern zusammenhalten, die Gluonen, frei existieren. Dieses gasartige

Gemisch von extremer Dichte bezeichnen die Forscher als »Quark-Gluon-Plasma« (vgl. Abb. rechts).

Quarks und Gluonen kommen nun aber – anders als Protonen, Neutronen oder Elektronen – seit Urzeiten nicht mehr als freie Teilchen vor.[4] Sie sind in den Bausteinen der Atomkerne gefangen und garantieren durch ihre Eigenschaften deren Zusammenhalt. Um diese Eigenschaften näher zu untersuchen, bemüht man sich schon seit Längerem in irdischen Experimenten, Plasmen aus Quarks und Gluonen zu erzeugen. Die Physiker gehen davon aus, dass Quarks und Gluonen nicht allen beliebigen Umständen zu widerstehen vermögen und dass es deshalb gelingen könnte, sie durch gewaltige Energieeinwirkungen voneinander zu lösen. Ohne solche experimentellen Daten über das Verhalten der freien Teilchen ist man auf Computerrechnungen angewiesen, über deren Realitätsnähe wenig bekannt ist, da theoretische Annahmen die Rechnungen beeinflussen.

Um ein solches Plasma zu erhalten und dann zu untersuchen, werden in Teilchenbeschleunigern schwere Ionen aufeinandergeschossen. Bei den dadurch entstehenden enormen Temperaturen von etlichen Billionen Grad sollen die Quarks und Gluonen, die Kernbausteine, gleichsam freigeschlagen werden. Solche Untersuchungen werden bereits seit einiger Zeit sowohl im Helmholtzzentrum für Schwerionenforschung in Darmstadt als auch beim CERN in Genf, aber auch in den USA durchgeführt. So ließ man zum Beispiel im Relativistic Heavy Ion Collider (RHIC) auf Long Island im US-Bundesstaat New York – wo übrigens 2011 mit Antihelium-4-Kernen die bislang schwersten Antimateriekerne hergestellt wurden – schon 2005 Atomkerne des schweren Elements Gold mit zweihundert

---

4 – Neuerdings gibt es jedoch einige noch wenig gesicherte Hinweise auf sogenannte Quarksterne, ein Zwischenstadium zwischen Neutronensternen und Schwarzen Löchern. Sie könnten teilweise oder ganz aus einem Quark-Gluon-Plasma bestehen.

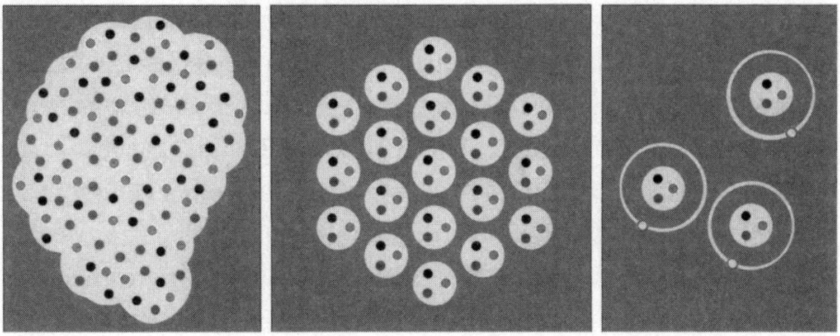

In einem Quark-Gluon-Plasma kommen die Quarks, die Bestandteile der Protonen und Neutronen, ebenso wie die Austauschteilchen, die Gluonen, frei vor. Sie verhalten sich quasi wie ein Gas (linkes Bild). Normalerweise sind die Quarks jedoch durch die Gluonen beispielsweise in einem Proton gebunden (Mitte), das im neutralen Wasserstoffatom noch von einem Elektron umkreist wird (rechts).

Gigaelektronenvolt je Nukleonenpaar aufeinanderprallen. Dabei zerfallen die Bestandteile des Atomkerns in Abertausende andere Teilchen. In den ersten Milliardstel Sekunden nach der Kollision beobachtete man einen Ausgleich von Druckschwankungen im Inneren der Kerne, wie er sonst nur in Flüssigkeiten vorkommt.

Die Forscher zogen daraus zunächst den Schluss, dass es sich um das kurzzeitige Auftreten eines Gemischs aus freien Quarks und Gluonen gehandelt hatte, also eines Quark-Gluon-Plasmas. Da dieser Zustand nur extrem kurze Zeit anhielt, ließ er sich nicht direkt nachweisen. Er wurde vielmehr aus den beobachteten Reaktionen erschlossen, in deren Interpretation wieder eine ganze Reihe theoretischer Voraussetzungen mit eingeflossen waren.

Schlussendlich kam man am RHIC jedoch zu dem Ergebnis, dass man wohl doch noch kein »echtes« Quark-Gluon-Plasma erzeugt hatte. Die Quarks und Gluonen verhielten sich nicht wie völlig freie Teilchen. Die Energie der Kollisionen lag bei dem Experiment nur knapp oberhalb der Bildungsenergie. Ein echtes Plasma sollte sich wie ein Gas verhalten, man beobachtete jedoch das Verhalten einer Art Flüssigkeit. Somit hatte das Experiment ein von Theoretikern bereits vermutetes Stadium im Grenzbereich des Phasenübergangs bestätigt oder zumindest wahrscheinlich gemacht. Es hatte gleichsam für Quadrillionstel Sekunden ein winziges Tröpfchen einer »Flüssigkeit« erzeugt, die kurz davorstand, zur kosmischen Ursuppe zu werden. Um die Bestandteile und Klebeteilchen der Atomkerne vollständig aus ihrem nuklearen Gefängnis zu befreien, bedarf es offenbar noch höherer Energien. Diese stehen jetzt mit dem Large Hadron Collider zur Verfügung. Einerseits sind die Bleiionen noch schwerer als die beim RHIC verwendeten Goldionen, andererseits werden die Kerne sogar auf knapp 2,8 Teraelektronenvolt beschleunigt!

Zurück zur Lebensgeschichte des Kosmos: Bereits eine Millionstel Sekunde nach dem Urknall beträgt die Temperatur »nur« noch 10^{14} Kelvin und es beginnt die große »Vernichtungsschlacht« von Teilchen und Antiteilchen. Etwa eine Tausendstel Sekunde nach dem Urknall geht das »Quark-Gluon-Plasma« durch einen Phasenübergang in das »Hadronenplasma« über. Protonen und Neutronen (Hadronen) entstehen, während die Quarks und Gluonen in den Bausteinen künftiger Atomkerne verschwinden. Es handelt sich also um einen extrem kurzen, aber entscheidenden Moment in der Geschichte des Universums, in dem sich jene Bausteine gebildet haben, aus denen unsere Welt besteht. Die Beobachtung des Quark-Gluon-Plasmas, dieser noch niemals geschauten »Ursuppe im Miniaturformat« in einem irdischen Experiment, könnte also Aufklärung darüber bringen, was damals wirklich geschah. Insofern ist die oft strapazierte Metapher von unserer »kosmischen Herkunft« in diesem Fall tatsächlich berechtigt. Denn das entscheidende Experiment könnte die genaueren Umstände aufzeigen, unter denen sich die Bestandteile jener Atome gebildet haben, aus denen wir alle bestehen.

Jeder Wissenschaftler, der schon einmal Experimente an der Front der Forschung durchgeführt hat, aber auch jeder Kenner der Wissenschaftsgeschichte, kann mit fast traumwandlerischer Sicherheit die Prognose wagen, dass mit dem Large Hadron Collider in Zukunft auch noch andere Entdeckungen gemacht werden, dass man jenseits des Gesuchten auch noch Überraschendes finden wird. Da aber eine Überraschung nun einmal etwas Unerwartetes darstellt, vermag niemand zu sagen, welche nicht gesuchten Funde sich bei diesen Experimenten noch ergeben könnten. Dass daraus wiederum völlig neue, bisher noch nie gestellte Fragen erwachsen werden, ist hingegen jetzt schon sicher. Der Large Hadron Collider ist nicht nur die größte Maschine der Welt – er widmet sich auch den tiefgründigsten Fragen, die wir Menschen bisher jemals an die Natur gestellt haben.

Theoretische Überlegungen: Strings

An der Front der theoretischen Forschung gibt es zu diesen Fragen verschiedene Theorien, darunter auch einige, die sich nur in Details unterscheiden. Dabei handelt es sich gleichsam um Varianten einer zusammengehörigen Theoriengruppe. Die Theorien über die Existenz supersymmetrischer Teilchen sind dabei mehrheitlich im Angebot. Welche davon der Realität entspricht oder ihr am nächsten kommt? Wir wissen ja noch nicht einmal, ob dies überhaupt ein richtiger Ansatz ist! Deshalb haben andere Forscher auch noch gänzlich alternative Theorien entwickelt. Doch dazu später mehr.

Seit Jahrzehnten schon diskutiert und von vielen Forschern favorisiert wird die Theorie der »Strings«. Diese Stringtheorie verwirft überraschenderweise den klassischen Teilchenbegriff völlig. Weder handelt sie von winzigen, kugelartigen oder punktförmigen Partikeln noch von den durch die Schrödinger'sche Wellenfunktion beschriebenen Aufenthaltswahrscheinlichkeiten solcher Partikel. All jene durch vielfältige Experimente festgestellten Teilchen werden stattdessen als Schwingungszustände eines elementaren eindimen-

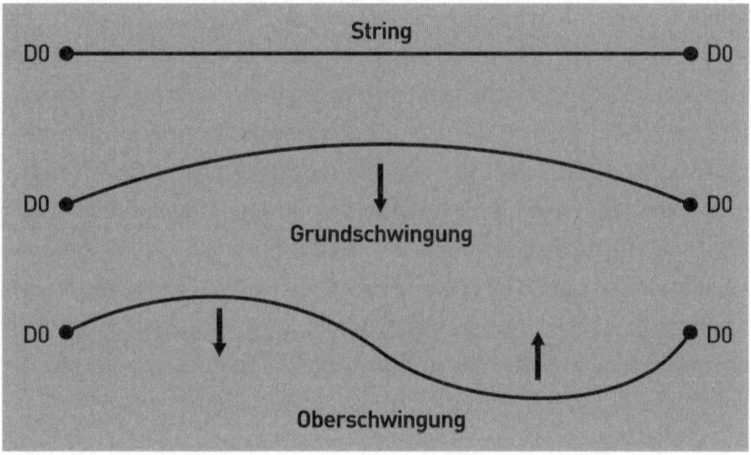

In der Stringtheorie stellt man sich vor, dass die in der Natur beobachteten Teilchen durch die Schwingungen eines Strings hervorgebracht werden. Hier ist ein String zwischen zwei sogenannten D0-Branen gespannt. D-Branen sind Objekte, an welchen die Enden offener Strings ansetzen. Die »Null« gibt die räumliche Dimension des Objekts an, eine D0-Brane ist also ein Punkt.

sionalen Objekts aufgefasst, das als »String« (engl., Saite) bezeichnet wird. Ein String ist gleichsam ein fadenförmiges Etwas von extrem kurzer Länge (10^{-35} Meter). Solch ein String kann auf unterschiedliche Weise schwingen und bringt so durch seine »kosmische Musik« die Teilchen verschiedener Energien oder Massen hervor, ähnlich wie eine Klaviersaite durch ihre Schwingungen Töne unterschiedlicher Frequenzen zu erzeugen vermag (vgl. Abb. oben).

Die ersten Ideen zu dieser dem Laien zunächst geradezu aberwitzig erscheinenden Theorie gehen bereits bis in das Jahr 1921 zurück. Damals hatten Theodor Kaluza und Oskar Klein den Versuch gemacht, Elektromagnetismus und Gravitation miteinander zu verbinden. Die beiden Forscher mussten zu diesem Zweck der Einstein'schen Raumzeit eine fünfte Dimension hinzufügen, um die Maxwell'schen Gleichungen in die Gravitationstheorie integrieren zu können. Selbst Einstein war zunächst begeistert von dem Ansatz. Bald aber stellten sich bei ihm Zweifel ein, ob die eingeführte fünfte Dimension, von der wir nichts bemerken, nicht letztlich nur eine mathematische Fiktion darstellen könnte. Die vierte Dimension Einsteins (die Zeit) war ja »beobachtbar«, die fünfte hingegen nicht. Einstein sah bei seinen Arbeiten stets die Gefahr, dass sich die mathematischen Konstrukte verselbstständigen könnten und dass wir somit Einbildungen zu unterliegen drohen, denen keinerlei physikalische Realität zukommt. In einer zugespitzten Formulierung lässt sich seine Skepsis gegenüber einer Verselbstständigung der Mathematik in der Physik deutlich erkennen:

> [...] insofern sich die Sätze der Mathematik auf die Wirklichkeit beziehen, sind sie nicht sicher, und insofern sie sicher sind, beziehen sie sich nicht auf die Wirklichkeit [30].

Andere dachten offenbar ähnlich, und so verschwand die Kaluza-Klein-Theorie wieder von der Bildfläche, zumal die Fortschritte der Quantentheorie das Denken der Physiker in jener Zeit zunehmend in Anspruch nahmen.

Doch die Ansätze von Kaluza und Klein wurden wieder aufgenommen, wenn auch erst wesentlich später und durch eine konkrete Entdeckung begünstigt. Der italienische Physiker Gabriele Veneziano hatte im Jahr 1968 rein zufällig einen Zusammenhang zwischen einer bereits von Leonhard Euler eingeführten mathematischen Funktion, der sogenannten Betafunktion, und der starken Kernkraft entdeckt. Das war eine der Grundideen für die heutige Stringtheorie. Deren weitere Entwicklung hat schließlich immer mehr Physiker davon überzeugt, mit der Stringtheorie auf dem richtigen Weg zur Vereinigung aller bekannten Kräfte – einschließlich der Gravitation – zu sein. Diese Überzeugung verstärkte sich bei den Anhängern der Theorie noch, als sich 1974 herausstellte, dass eines der Schwingungsmuster der Strings einem masselosen Teilchen mit dem Spin zwei entspricht. Da das innerhalb der Standardtheorie geforderte Graviton, das Austauschteilchen des Gravitationsfelds, genau diese Eigenschaften besitzt, schien nunmehr die Vereinigung der vier Grundkräfte in greifbare Nähe gerückt. Gerade dieses Kunststück wollte ja den Physikern, die sich um eine Quantentheorie der Gravitation bemühten, absolut nicht gelingen.

So frohlockten die Stringanhänger und wähnten sich ihrem Ziel nahe, besonders, als es schließlich 1980 auch noch gelang, die Vorstellungen von der Supersymmetrie in die Stringtheorie einzubauen und dadurch die heute so genannte »Superstringtheorie« zu entwickeln. Die Vertreter dieser Theorie blicken daher auch den weiteren Experimenten und Ergebnissen des LHC mit größter Spannung entgegen. Vor allem die Entdeckung der Supersymmetrie sähen sie als eine Bestätigung für ihr Konzept an, weil nämlich dadurch etliche gravierende mathematische Schwierigkeiten der Stringtheorie beseitigt würden. Die Vertreter des Standardmodells hingegen verweisen darauf, dass Supersymmetrie auch ohne eine Stringtheorie möglich sei.

Immerhin sind aber seit jenen ersten »Triumphen« der Stringtheorie inzwischen Jahrzehnte vergangen, ohne dass man sagen könnte, die Vereinheitlichung der Grundkräfte sei ein gelöstes Problem. Das liegt vor allem an zwei Schwierigkeiten, mit denen sich die Stringtheoretiker herumschlagen müssen. Aus der von Einstein bereits angezweifelten fünften Dimension bei Kaluza und Klein sind inzwischen bei den Stringtheoretikern zehn, bei einigen Varianten der Theorie auch noch mehr Dimensionen geworden. Mathematisch ist das trotz der Kompliziertheit kein ernstes Problem – alle Punkte des Raums werden statt durch drei Abstände durch entsprechend mehr Abstände beschrieben. Aber was steckt dahinter? Haben die Dimensionen irgendeine physikalische Bedeutung?

Den Gedanken der Anschaulichkeit haben wir längst aufgegeben – Anschaulichkeit ist auch kein Wahrheitskriterium. Wir könnten uns sogar erklären, warum wir von diesen Dimensionen bisher nichts bemerkt haben. Schließlich bewegen wir uns hier in Bereichen winzigster Abstände, die in unserer täglichen Erfahrungswelt gar keine Rolle spielen. Die in der Stringtheorie vorkommenden Zusatzdimensionen könnten derart winzig sein, dass wir sie einfach nicht festzustellen vermögen. Wenn wir ein Blatt Papier einrollen und aus großer Entfernung betrachten, würde es uns wie eine eindimensionale Linie erscheinen. Von der Zweidimensionalität des Blatts würden wir nichts wahrnehmen. Doch den Dimensionen muss natürlich eine physikalische Bedeutung entsprechen. Die Stringtheoretiker weisen den verborgenen Dimensionen die verschiedenen Parameter der Elementarteilchen zu. Einer ihrer führenden Vertreter schreibt:

> Die große Hoffnung der Stringtheorie besteht darin, dass alle unsere Vorstellungen und Begriffe hinsichtlich Ladung und Eichsymmetrie von einer verborgenen höherdimensionalen Beschaffenheit der Welt herrühren [31].

Doch die Theorie hat noch ein weiteres Problem, das an ihrer Brauchbarkeit ernste Zweifel aufkommen lässt: Die komplizierten mathematischen Gleichungen, in denen die Theorie formuliert ist, liefern eine Unmenge von Lösungen. Aus der »Theorie von Allem« wird dadurch gleichsam eine »Theorie von Nichts«. Es bleibt völlig unbestimmt, welche der unzähligen Lösungen die von uns beobachtete reale Welt tatsächlich (wenn überhaupt) widerspiegelt. Das mag an noch ungelösten, mit der Theorie verbundenen mathematischen Schwierigkeiten liegen, wie viele Experten meinen. Doch andere akzeptieren die Vielzahl der Lösungen und sehen ihr Ziel inzwischen darin, die unter allen Lösungen wahrscheinlichste herauszufinden.

Für die Beschreibung des Urknalls, also der ominösen Singularität, zeichnet sich aber auch im Rahmen dieser Theorie bisher keine Lösung ab. Die elfdimensionale Supergravitation, die die Prinzipien der Allgemeinen Relativitätstheorie und der Supersymmetrie vereinigt, ist auch in der Superstringtheorie nicht mit der Quantenmechanik zusammenzubringen. Einen Versuch dazu stellt die sogenannte M-Theorie dar, an ihr wird intensiv geforscht (vgl. S. 345).

Inzwischen diskutieren Philosophen mit Physikern heftig über die Stringtheorie und die damit verbundenen grundsätzlichen Fragen der Erkenntnistheorie. Eine mathematisch noch so elegante Theorie, die inzwischen so viele Lösungen zulässt, dass auch ein Universum denkbar wäre, in dem es statt Wassertropfen Elefanten regnet, erscheint den meisten als geradezu widersinnig. Doch vielleicht ist die Stringtheorie nur ein Zwischenstadium auf der Suche nach der wirklich allumfassenden Beschreibung der Welt?

Die Schleifenquantengravitation

Die neueste Alternativtheorie – auch deren erste gedankliche Ansätze liegen übrigens bereits Jahrzehnte zurück – ist die Schleifenquantengravitation. Sie beinhaltet eine direkte Anwendung der Quantentheorie auf Raum und Zeit. Die Einstein'sche Raumzeit und das Konzept der Quantentheorie werden in einer mathematisch höchst komplizierten Theorie zusammengebracht. Das hat zur Folge, dass nicht nur Orte und Geschwindigkeiten von Teilchen »unscharf« sind, wie dies aus der Quantentheorie folgt, sondern auch die geometrischen Dimensionen des Raums. Der gesamte Raum ist den Gesetzen der Quantenmechanik unterworfen.

Ein Quantenzustand des Raums soll ein Netz von Knoten darstellen, denen bestimmte Eigenschaften zugeordnet werden und die durch Linien verbunden sind. Jedem Knoten entspricht ein »Elementarvolumen«, die Knoten sind jeweils um eine Planck-Länge voneinander entfernt. Somit befindet sich in einem einzigen Kubikzentimeter die gigantische Anzahl von 10^{99} Knoten! Das von diesen Knoten gebildete Netz ist der Raum selbst. Wird nun die Zeit nach Einstein als vierte Dimension hinzugefügt, entstehen aus den Knoten Linien in der Raumzeit, während die Linien, welche die Knoten verbinden, nun zu Flächen werden.

Die heutige Schleifenquantengravitationstheorie ist aus einer Formulierung der Allgemeinen Relativitätstheorie des indisch-amerikanischen Physikers Abhay Ashtekar hervorgegangen, die dieser bereits 1986 vorlegte. Sie ist formal stark an die Maxwell'sche Theorie des Elektromagnetismus angelehnt. Hier, wie auch in der Quantentheorie der starken Kernkraft, der sogenannten Quantenchromodynamik, spielen die Feldlinien eine entscheidende Rolle. Mitte bis Ende der 1980er-Jahre kamen schließlich Theodore Jacobson, Carlo Rovelli und Lee Smolin auf die Idee, in solchen Schleifen die Grundbausteine des Raums zu sehen. Sie fanden nämlich exakte Lösungen für die entsprechenden Gleichungen und begründeten damit die Schleifenquantengravitation. Ashtekar beschrieb seinen Ansatz so:

> In der Schleifenquantengravitation sind sowohl die Materie als auch die Geometrie der Raumzeit der Quantenmechanik unterworfen. Das Raumzeitkontinuum ist nur eine Näherung. Sie können es sich wie einen Stoff vorstellen, der aus eindimensionalen Quantenfäden gewoben ist. Dieses Gewebe ist so fein, dass es uns wie ein Kontinuum erscheint. Unter extremen Bedingungen, wie sie kurz nach dem Urknall herrschten, zerreißt es. Wir können es dann nicht mehr als Kontinuum beschreiben, sondern müssen das Schicksal einzelner Quantenfäden berechnen. Deren Verhalten wird durch die Einstein-Quantengleichungen bestimmt, die aus der Schleifenquantenkosmologie abgeleitet wurden, einer Theorie, die entsteht, wenn man die Schleifenquantengravitation auf symmetrische kosmologische Probleme anwendet [32].

Mit anderen Worten: Auch Raum und Zeit sind in winzigsten Bereichen gequantelt. Es gibt keinen »kontinuierlichen Fluss« der Zeit und keine kontinuierliche Bewegung im Raum. Doch von den einzelnen Quantensprüngen bemerken wir bei den uns gewohnten makroskopischen Vorgängen im Universum nichts. Hingegen spielen die Quanteneffekte des Raums und der Zeit bei sehr kleinen Abständen, wie sie im frühen Universum geherrscht haben, eine entscheidende Rolle. Die Anhänger der Theorie hoffen deshalb, die Singularität – gleichsam den Moment des Urknalls – umgehen zu können. Es türmen sich aber noch enorme mathematische Schwierigkeiten auf, die bewältigt werden müssen.

Gegenwärtig befindet sich die Theorie in einer ähnlichen Situation wie ihre Konkurrenten: Einige Fakten, die durch Beobachtungen gesichert sind, kann sie gut erklären, andere hingegen nicht. Sie sagt aber auch Phänomene voraus, die prinzipiell überprüfbar sein sollten, wie zum Beispiel eine Abhängigkeit der Ausbreitungsgeschwindigkeit des Lichts von der Wellenlänge. Dieser Effekt macht sich jedoch erst bemerkbar, wenn die Wellenlänge der Strahlung mit den Knotenabständen (das heißt, der Planck-Länge) vergleichbar wird, so dass die Photonen gleichsam die Quantenstruktur der Raumzeit spüren, von der wir in unserem »makroskopischen Alltag« nichts bemerken. Ideale Testobjekte sind sehr weit entfernte Quellen von Gammastrahlenblitzen. Sie senden ihre hochenergetische Strahlung nur kurzzeitig aus, sind hell genug, um über große Distanzen wahrgenommen werden zu können, und strahlen in verschiedenen Frequenzen. Da die »gekörnte« Raumzeit für die elektromagnetischen Wellen einen Brechungsindex zur Folge hat, der von der Strahlungsfrequenz abhängt, müssten sich also entsprechende Laufzeitunterschiede ergeben, die man durch Messungen versuchen kann zu entdecken.

Der im Sommer 2008 von der NASA gestartete Gammastrahlensatellit Fermi hatte unter anderem auch zum Ziel, solche Effekte nachzuweisen. Doch das ist bislang noch nicht gelungen. Der Effekt ist offenbar kleiner als erwartet, falls die »körnige Raumzeit« überhaupt real ist. Auch bei Messungen am Pierre-Auger-Observatorium (vgl. S. 220ff), das ultrahochenergetische kosmische Strahlung beobachtet, sind bisher keinerlei Hinweise auf die körnige Raumzeitstruktur gefunden worden. Doch selbst, wenn dies gelänge, blieben immer noch andere wichtige Einwände gegen die Schleifenquantengravitation, die bislang noch niemand ausräumen konnte – zum Beispiel die Frage, wie sich aus dem kleinskaligen Knotennetz der Raumzeit im Großen ihr kontinuierliches und stetiges Verhalten ergeben soll. Ausgehend von der Schleifenquantengravitation hat übrigens der Physiker Martin Bojowald 2008 sein »Universum vor dem Urknall« entwickelt (vgl. S. 182f).

Angst vor dem künstlichen Urknall

Während die Astrophysiker und Teilchenphysiker auf der ganzen Welt schon vor der Inbetriebnahme des LHC gespannt nach Genf blickten wie auf die Jury eines gigantischen Ideenwettbewerbs, von der jeder Akteur sich einen guten Platz im Endausscheid erhofft, sahen weniger professionelle und weniger vorgebildete Menschen im Large Hadron Collider eher eine »Höllenmaschine«. Das ist im Zusammenhang mit der Entwicklung von Beschleunigern keine Neuheit. Bereits vor dem Start des Relativistic Heavy Ion Collider in New York tauchten dieselben Argumente gegen die geplanten Experimente auf wie jetzt gegen den LHC. Ein Expertenteam des Brookhaven National Laboratory entkräftete damals die Befürchtungen von Teilen der Öffentlichkeit und die Maschine wurde im Jahr 2000 in Betrieb genommen.

Wortführer der »Mahner und Warner« ist diesmal ein in Fachkreisen der Wissenschaft wenig bekannter Dr. Walter Wagner auf Hawaii (USA). Seine Argumentation gegen den Collider ist einfach:

Würden die Forscher schon wissen, was bei den Experimenten herauskommt, dann brauchten sie sie nicht durchzuführen. Wenn sie die Ergebnisse aber nicht vorhersagen können, dann sind sie auch nicht in der Lage, die Risiken abzuschätzen, die mit diesen Versuchen verbunden sind. »Stoppt den LHC, bis wir wissen, dass er sicher ist«, lautet deshalb die Forderung der von Wagner initiierten »Non-Profit-Organisation« mit eigener Webseite [33]. Wagner hat sogar Klage gegen das amerikanische Energieministerium und gegen CERN vor einem Gericht in Honolulu eingereicht, um die Inbetriebnahme des LHC zu verhindern.

Die so schlicht und scheinbar so logisch formulierte »Verängstigungsformel« hat rasch weltweite Verbreitung gefunden und starke Verunsicherung in bestimmten Kreisen der Bevölkerung ausgelöst. So wurde zum Beispiel am 20. August 2008 eine Beschwerde gegen alle zwanzig am CERN beteiligten europäischen Staaten beim Europäischen Gerichtshof für Menschenrechte in Straßburg eingebracht. Das Dokument umfasst 51 Seiten und mahnt die »menschenrechtliche Schutzpflicht« der Staaten an sowie eine noch gründlichere Risikoabschätzung vor der Inbetriebnahme des Colliders.

Neuerdings hat sich ein Chemiker, der früher einmal an einem Institut der Max-Planck-Gesellschaft beschäftigt war, seit über zwanzig Jahren aber hauptsächlich als Journalist und Buchautor tätig ist, sogar in einem Roman dem Thema der Bedrohung der Erde durch die Experimente am Collider zugewendet. In seinem Buch *Sekunde Null* verarbeitet Dr. Rolf Froböse die geplanten LHC-Forschungen literarisch zu einem handfesten Thriller, der im Jahr 2016 spielt und in dessen Handlung genau das geschieht, wovor die Kritiker des LHC schon lange warnen.

Ein karrieresüchtiger Projektleiter am CERN will dort nach jahrelangen Misserfolgen bei der Suche nach neuen Teilchen endlich »Fakten sehen« und ändert die Versuchsbedingungen am Collider, entgegen den Vorschriften, nach seinem Gutdünken leichtfertig ab.

Dadurch kommt es zur Entstehung eines Schwarzen Minilochs, das sich aber ganz anders verhält, als die Physiker zuvor behauptet hatten. Auch Stephen Hawkings Vorstellung vom spontanen Zerfall solcher Minilöcher erweist sich im Buch als falsch, und der extrem winzige »Piranha im Teilchenzoo« beginnt sein zerstörerisches Werk. Das Schwarze Miniloch muss magnetisch gefangen gehalten werden, doch das ist nicht dauerhaft möglich und bietet folglich keine Gewähr für seine Unschädlichkeit. So wird es schließlich samt Kammer, Magneten und Kühlmasse von Cape Canaveral aus ins Weltall geschossen – gerade noch rechtzeitig, um sich die Erde nicht einverleiben zu können. Irgendwann in hundert Millionen Jahren wird es dann das Zentrum der Galaxis erreichen und sich dort mit seinem »großen Bruder«, dem gigantischen galaktischen Schwarzen Loch unseres Sternsystems vereinigen. Der Autor hat seinen Thriller sämtlichen Erdenbürgern gewidmet, in der Hoffnung, dass ein ähnliches Szenario niemals eintreten wird.

Die Verunsicherung von Laien wird besonders geschürt, wenn Wissenschaftler selbst, ausgestattet mit allen akademischen Titeln und Ehren, als Mahner und Warner auftreten. Auf diesem Gebiet ist in Deutschland besonders Professor Dr. Otto Rössler von der Universität Tübingen in Sachen LHC aktiv, der auch 2008 die Klage am Europäischen Gerichtshof für Menschenrechte in Straßburg mit initiiert hat. Der Biochemiker und Chaosforscher behauptet, dass beim Aufeinanderprallen von Protonen im LHC genau das geschehen könnte, was Froböse in seinem Roman dargestellt hat.

Auf den Hinweis der CERN-Physiker, dass solche Schwarzen Minilöcher – selbst, wenn sie entstünden, was kaum jemand erwartet – nur etwa ein Millionstel der Größe eines Staubkorns erreichen würden und durch sogenannte Hawking-Strahlung binnen 10^{-26} Sekunden wieder verschwinden, antwortet Rössler, die Existenz der Hawking-Strahlung sei experimentell nicht nachgewiesen. Auf das Argument der Experten aus Genf, solche Minilöcher müssten im Fall

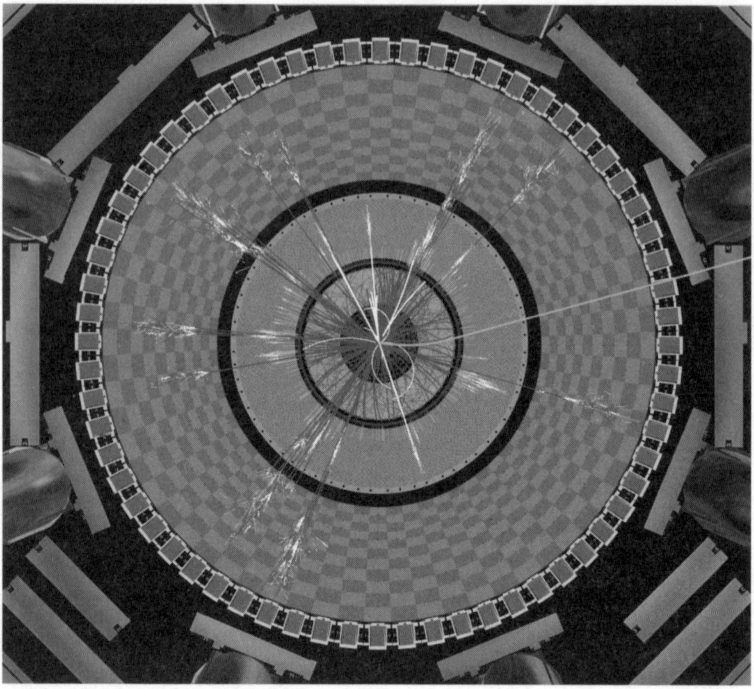

Einigen Theorien zufolge könnten bei einer hochenergetischen Kollision von Teilchen – sowohl im LHC in Genf als auch durch die Kosmische Strahlung in der Erdatmosphäre – kurzzeitig Schwarze Minilöcher entstehen. Innerhalb von kleinsten Sekundenbruchteilen würden sie wieder »zerstrahlen« und dabei messbare Sekundärteilchen freisetzen. In der Erdatmosphäre wären sie extrem schwierig nachzuweisen, mit dem ATLAS-Experiment am LHC könnten sie aber untersucht werden. Bisher gibt es jedoch nur Simulationen eines solchen Szenarios (hier im ATLAS-Detektor des LHC), tatsächlich beobachtet hat man noch kein Schwarzes Miniloch.

ihrer Existenz auch seit Jahrmilliarden im Kosmos entstehen, ohne dass die Sterne, die Sonne oder die Planeten deshalb aufgefressen worden wären, antwortet Rössler mit dem Hinweis auf den grundsätzlichen Unterschied zwischen natürlichen Minilöchern und jenen, die im LHC vielleicht entstehen könnten. Während die natürlichen

Schwarzen Minilöcher, die durch extrem energiereiche Strahlung entstünden, mit hoher Geschwindigkeit davonfliegen, würde ein Miniloch aus dem LHC sich in der Erde festsetzen und dort wachsen. Man wisse nur nicht genau, wie schnell.

Rössler geht von einem exponentiellen Wachstum der Masse eines solchen Lochs aus, was zu wesentlich rascherer Massenzunahme führte als eine lineare Entwicklung. Dagegen spricht allerdings die Existenz der extrem dichten Neutronensterne. Diese würden die im Weltall umherfliegenden Minilöcher – wie eine Spinne die Fliegen – in ihr Gravitationsnetz hineinlocken und müssten so binnen Kurzem selbst zu Schwarzen Löchern werden. Astronomische Messungen belegen hingegen die Existenz von Neutronensternen, die bereits hundert Millionen Jahre alt sind.

Noch vor der geplanten (und dann gescheiterten) ersten Inbetriebnahme des LHC (s. S. 296) im Jahr 2008 hat sich die offizielle Vertretung der deutschen Teilchenphysiker, das »Komitee für Elementarteilchenphysik«, mit Rösslers Behauptungen auseinandergesetzt und eine ausführliche Stellungnahme dazu abgegeben. Rösslers Vorstellungen basierten auf längst widerlegten Annahmen und einer falschen Interpretation der Relativitätstheorie, heißt es dort. Wenn der Zerfall Schwarzer Löcher aus den von Rössler angeführten Gründen nicht möglich sei, dann könne es aus denselben Gründen auch nicht zur Entstehung solcher Minilöcher kommen.

Weltuntergangspropheten und Sparer

In Diskussionen kann man immer wieder erleben, dass sich Menschen dem Agieren modernster Wissenschaft und Technik »ausgeliefert« fühlen und sich vor deren Risiken fürchten. Das hängt auch mit ihrer mangelnden Fähigkeit zusammen, die komplizierten Vorgänge und Zusammenhänge aus eigener Kenntnis heraus zu beurteilen.

Schon Albert Einstein hatte anlässlich der siebten Deutschen Funkausstellung in Berlin 1930 eine drastische Formulierung gebraucht, die diesen Zusammenhang grell beleuchtet. Angesichts der damals modernen Kommunikationstechnik sagte er:

> Sollen sich auch alle schämen, die gedankenlos sich der Wunder der Wissenschaft und Technik bedienen und nicht mehr davon geistig erfasst haben als die Kuh von der Botanik der Pflanzen, die sie mit Wohlbehagen frisst [34].

Heute würde man wohl nicht gar so zugespitzt formulieren, aber an der Sachlage hat sich leider wenig geändert. Rolf-Dieter Heuer, der Direktor des CERN, hat in diesem Zusammenhang erklärt, dass er die Befürchtungen der Menschen durchaus ernst nehme. Es gebe immer Ängste, wenn große, innovative Projekte in Angriff genommen würden [35]. Übrigens nicht nur dann.

Auch ungewöhnliche Naturereignisse lösen noch heute in vielen Regionen der Welt panikartige Befürchtungen aus. In China haben erst im Juli 2009 anlässlich der dortigen totalen Sonnenfinsternis wieder zahlreiche Menschen versucht, mittels Trommeln den »Hund« zu vertreiben, der die Sonne zu verschlingen drohte. Auch in Europa herrschte noch vor einhundert Jahren eine weit verbreitete Furcht vor dem Kometen Halley und seinem »giftigen Schweif«. Weltuntergangsprognosen machen auch regelmäßig zum Ende eines jeden Jahrhunderts die Runde oder in Zeiten allgemeiner Verunsicherung wie zum Beispiel bei der letzten globalen Finanzkrise. Dabei handelt es sich aber wohl eher um ein soziologisches Problem.

Oft drückt sich die Verunsicherung breiter Kreise der Bevölkerung gerade im Zusammenhang mit besonders seltenen Naturphänomenen aus, deren Auswirkungen von Scharlatanen hochgespielt und vom Einzelnen nicht sachkundig beurteilt werden können. Da genügt es durchaus, wenn sich einmal alle Planeten gelegentlich in einer Region des Himmels versammeln. Dann werden die schlimmsten Befürchtungen über die katastrophalen Auswirkungen der ungebändigten Gravitationskräfte laut. Einfache Rechnungen über die Geringfügigkeit dadurch entstehender zusätzlicher Kräftewirkungen vermögen die Gemüter oft kaum zu besänftigen. Erst, wenn der prophezeite Weltuntergang wieder einmal ausgeblieben ist, kehrt wieder Ruhe ein.

Auch im Fall der Experimente mit dem Large Hadron Collider geben die Tatsachen keinerlei Anlass zu der Annahme, dass die Umgebung des Beschleunigers oder gar die ganze Erde in Gefahr seien. Das wird aber wahrscheinlich erst Allgemeingut sein, wenn der Collider noch weitere Jahre gelaufen ist und alle Befürchtungen sich als gegenstandslos erwiesen haben. CERN hat inzwischen eine Webseite eingerichtet, auf der die verschiedenen von den Gegnern des LHC geäußerten Risiken sachkundig diskutiert werden [36]. Dort sind auch Erklärungen namhafter Physiker zitiert, zum Beispiel von Stephen Hawking (Cambridge) und Roger Penrose (Oxford) sowie von den Nobelpreisträgern Sheldon Glashow (Boston) und Witali Ginsburg (Moskau). Dennoch halten sich die Ängste bis in die jüngste Zeit. So forderten im Februar 2014 zwei Juristen in den USA, die Sicherheitsrisiken geplanter Experimente am Relativistic Heavy Ion Collider auf Long Island erneut zu bewerten.

Zu den Mahnern und Warnern vor den Risiken der Collider-Experimente gesellen sich aber auch nicht wenige Kritiker, die einfach fragen: Müssen wir angesichts der allgemeinen Probleme auf unserer Erde so viel Geld für derartig kostspielige Experimente ausgeben – nur, um die Neugierde der Physiker zu befriedigen? Diesen Zweiflern muss man – mit Verlaub – ins Gedächtnis rufen, dass eine unübersehbare Fülle von wissenschaftlichen und technischen Errungenschaften, die heute das Leben der Menschen weltweit erleichtern, auf ebensolchen Grundlagenforschungen beruhen, wie sie am LHC gerade betrieben werden.

Auf einer französischen Karikatur aus dem Jahr 1857 macht sich der Autor über seine Zeitgenossen lustig, die davon ausgingen, dass die Erde bei der erwarteten Begegnung mit einem Kometen zerstört würde.

Dass jeder Einzelne – zumindest in den hochindustrialisierten Ländern – heute mehr von seinem Leben hat als noch unsere Vorfahren, ist das Resultat der mitunter auch kostspieligen Neugier von Spezialisten, die sich mit oft scheinbar ganz fern liegenden Fragen beschäftigt haben, von denen der »normale Zeitgenosse« wenig verstand. Um den geistigen Bogen von Johannes Keplers Bewegungsgesetzen der Planeten bis zur modernen Raumfahrt mit ihren unzähligen praktischen Nutzeffekten zu spannen, bedarf es vielleicht einiger wissenschaftshistorischer Kenntnisse. Näher liegend ist da schon der Sprung von Einsteins Relativitätstheorie zu den heute allseits unentbehrlich gewordenen Navigationssystemen.

Noch überzeugender kann jedoch CERN selbst darauf verweisen, dass wir ihm das »World Wide Web« (www) zu verdanken haben, das eine neue, weltweite Kommunikationsära zur Folge hatte. Im CERN wurde dieses Kommunikationssystem nämlich 1989 geboren, als Tim Berners-Lee unter dem bescheidenen Titel *Information Management. A Proposal* einen entsprechenden Vorschlag unterbreitete. Selbst Lees Chef hielt die Idee damals für »vage«, widersetzte sich ihr aber glücklicherweise nicht. Schon 1991 wurde das World Wide Web zur allgemeinen Nutzung freigegeben, obwohl es ursprünglich als Hypertextsystem nur zum Austausch wissenschaftlicher Informationen unter Fachleuten gedacht war. Heute besteht Einigkeit, dass mit dem World Wide Web eine Informationsrevolution stattgefunden hat, die der Erfindung des Buchdrucks mit beweglichen Lettern durch Johannes Gutenberg im 15. Jahrhundert keineswegs nachsteht und deren Auswirkungen wir noch gar nicht zu überblicken vermögen.

Es ließen sich unzählige weitere Beispiele hinzufügen. Sie alle belegen Einsteins Erkenntnis: Die Neugier ist einer der Urtriebe des Menschen und trägt letztlich dazu bei, sein Überleben in der Welt zu sichern. Deshalb wäre es kurzsichtig gehandelt und gegen alle geschichtliche Erfahrung, wenn wir nicht auch heute große Investitionen tätigen würden, die scheinbar »nur« einem besseren Verstehen unserer Welt zugutekommen. Ob es sich dabei um einen bemannten Flug zum Planeten Mars oder um die Nachahmung des Urknalls in einem gewaltigen Beschleuniger handelt, ist zweitrangig. Sich die Natur zunutze zu machen, beruht in unserer Zeit stets auf dem Verstehen ihres Funktionierens. Letztlich wird sich auch im aktuellen Fall erweisen: Alle Resultate solcher Bemühungen verbessern eines Tages das Leben der Menschen, und sei es auch nur in Form von »Spin-offs«, unerwarteten Nebeneffekten und »Abfallprodukten« der eigentlichen Forschung. Dass mit ebenso großer Intensität der Kampf gegen Kriege, Krankheiten und zur Lösung sozialer Probleme geführt werden muss, steht außer jedem Zweifel.

An der Front der Forschung

Erfolge, neue Fragen und Skepsis

An den großen Beschleunigern – vor allem am LHC – werden Geheimnisse gelüftet und Erfolge gefeiert. Schon jetzt plant man für die Zukunft noch gigantischere Anlagen. Unterdessen fragen Kritiker, ob die Wissenschaft nicht in die falsche Richtung läuft.

Während am LHC – hier am ATLAS-Detektor – noch intensiv gearbeitet und geforscht wird, denkt man längst über weitaus größere Beschleuniger nach.

LHC-Start mit Hindernissen

Vom 3. bis 7. März 2008 traf sich die geballte deutsche Physikerkompetenz in Freiburg gemeinsam mit vielen hochrangigen ausländischen Gästen im Rahmen der Frühjahrstagung der bereits seit 1845 bestehenden »Deutschen Physikalischen Gesellschaft«. Man behandelte einen umfangreichen Fragenkatalog aktuellster Forschungsprobleme von der Kosmischen Strahlung bis zum Grid Computing, von neuen Tendenzen beim Bau von Beschleunigern bis hin zu philosophischen Fragen über die Erkennbarkeit der Welt. Auch über den Status des ATLAS-Experiments und die Inbetriebnahme des großen Colliders in Genf wurde berichtet. Es war immerhin die letzte Begegnung der Fachexperten in diesem großen Kreis vor der Inbetriebnahme der großen Entdeckungsmaschine.

Als die Physiker sich in Freiburg die Köpfe heiß redeten, war der Collider längst angeschaltet, aber noch keineswegs »schussbereit«. Es dauert ja Monate, ehe der gesamte, 27 Kilometer lange Ring des Beschleunigers auf 1,9 Kelvin heruntergekühlt ist, alle 1600 supraleitenden Magnete getestet und sämtliche Sektoren miteinander synchronisiert sind. Am 7. August wurde dann bekannt gegeben, dass die Maschine am 10. September 2008 in Betrieb gehen sollte.

Tatsächlich sausten an jenem Mittwoch im Spätsommer die ersten Protonen durch den gigantischen Ring. Doch die Freude dauerte nicht lang. Schon nach neun Tagen des Probebetriebs kam es zu einer Havarie, die den Tausenden beteiligten Wissenschaftlern und Technikern kalte Schauer über den Rücken jagte: Mehrere Tonnen flüssigen Heliums ergossen sich in den Tunnel und beschädigten dabei über fünfzig Magnete, die für die Führung der Teilchen auf ihrer Bahn unerlässlich sind. Die Weltmaschine musste stillgelegt werden. Was war geschehen? Das wusste zunächst niemand. Man richtete eine Untersuchungskommission ein, der alle beteiligten Experten vom Tieftemperaturspezialisten bis zum Elektrotechniker angehörten. Dennoch dauerte es fast ein halbes Jahr, ehe endgültige Klarheit bestand. Don Lincoln, der US-amerikanische Mitentdecker des top-Quarks und Mitarbeiter am Tevatron und am CERN, berichtet darüber:

> Jeder einzelne Magnet war vorher unter vollen Betriebsbedingungen getestet worden. Außerdem war jeder Magnet mit einem ausgefeilten System zum Schutz gegen elektrische Störungen oder Temperaturprobleme ausgestattet. [...] Es gab jedoch einen Schwachpunkt. Die Magneten mussten in einen einzigen großen Stromkreis eingebunden werden. Dazu hatte man die supraleitenden Kabel von einem Magneten mit dem nächsten verlötet. Diese [...] Kabel waren zur Sicherheit in große Kupferblöcke eingebettet. Abgesehen von der physikalischen Stabilität sollte damit erreicht werden, dass diese kräftigen Kupferschienen die Stromleitung übernehmen konnten, falls das supraleitende Kabel aus irgendeinem Grund so warm würde, dass die Supraleitung zusammenbricht. Doch durch ein technisches Versehen hatte man versäumt, diese Sicherheitsleitungen auch auf die verlöteten Verbindungsstellen auszuweiten. Genau hier lag die Wurzel des Problems [37].

Eine der Lötstellen war entweder gar nicht vorhanden oder schlecht ausgeführt. Dadurch kam es bei zunehmender Temperatur zu einem derart starken Widerstand, dass zuerst die Lötstelle und dann die ganze Kupferleitung schmolz. Ein Lichtbogen entlud sich mit einer Stromstärke von knapp zehntausend Ampere und brannte ein Loch in einen Heliumbehälter. In wenigen Minuten strömten zweitausend Kilogramm Helium aus und drückten die Luft über dreitausend Meter aus dem Tunnel. Der dabei entstehende Druck war so gewaltig, dass selbst 35 Tonnen schwere Magnete aus ihrer Verankerung geris-

Bei dem schweren Unfall am 19. September 2008 am CERN entstanden an einigen Magneten des Large Hadron Collider starke Schäden.

sen und die Verbindungen zwischen den Magneten sowie elektrische und Kühlleitungen zerstört wurden (vgl. Abb. oben).

Zum Schluss waren 16 Tonnen Helium ausgeströmt und noch Stunden später zeigten sich selbst auf weiter entfernt stehenden Magneten dicke Frostschichten. Bereits die ersten Inspektionen ließen deutlich werden, dass man Monate benötigen würde, um den entstandenen Schaden (mit erheblichem Kostenaufwand) zu beheben. Außerdem galt es, eine Strategie für den Weiterbetrieb des LHC unter Berücksichtigung dieser unangenehmen Erfahrung auszuarbeiten.

Der enttäuschende Start des LHC erinnert ein wenig an die Geschichte des Hubble-Weltraumteleskops, das nach jahrzehntelanger Vorbereitung und erfolgreichem Start in die Erdumlaufbahn zunächst unscharfe Bilder lieferte, also ebenfalls nicht richtig funktionierte. Auch damals war die Enttäuschung groß und es kostete geraume Zeit, viel Geld und Mühe, das größte frei fliegende, optische Teleskop im Zuge einer Spaceshuttle-Mission einsatztauglich zu machen. Inzwischen arbeitet das HUBBLE-Teleskop weitaus länger als geplant und stellt für die beobachtende Astronomie eine wirkliche Erfolgsgeschichte dar. Vergessen ist der unglückliche Beginn des Unternehmens.

Beim LHC allerdings war der Termin einer großen »Inaugurationsfeier« seit Langem angesagt und mancher von den weniger »Eingeweihten« hatte vielleicht sogar insgeheim schon gehofft, bei dieser Gelegenheit auf die Entdeckung des Higgs-Teilchens anstoßen zu können. Der Tag der großen Feier mit dreitausend Gästen aus der europäischen Politik und Wissenschaft war auf den 21. Oktober 2008 anberaumt und konnte nicht mehr abgesagt werden. Die Partikelkanone lag an diesem Tag bereits still unter der Erde, während hundert Meter weiter oben ein rauschendes Fest gefeiert wurde. Dass die Szenerie eines makabren Zugs nicht völlig entbehrte, lässt sich wohl kaum bestreiten. Die Gegner des Colliders mögen darin einen Wink des Schicksals gesehen oder zumindest kräftig frohlockt haben. Die Wissenschaftler tendierten eher zu Anflügen von Schwermut.

Hoffnung am Fermilab

Nachdem die genaue Analyse des entstandenen Schadens gezeigt hatte, dass man wohl fast ein Jahr benötigen würde, ehe ein Neustart des LHC möglich wäre (beim HUBBLE-Teleskop waren es drei Jahre gewesen!), wurden auch die »Konkurrenten« wieder hellhörig. Viele gab es zwar nicht, aber das »Fermilab« (Fermi National Accelerator Laboratory) in den USA musste durchaus als ein ernst zu nehmender Mitspieler in der »Oberliga« der Beschleuniger angesehen werden.

Das bereits 1968 gegründete Forschungszentrum – die ersten zehn Jahre seines Bestehens von Robert R. Wilson geleitet – betrieb das sogenannte Tevatron (vgl. Abb. rechts), das bis zum Ende seiner Laufzeit im September 2011 immerhin der leistungsfähigste Teilchenbeschleuniger der Welt war, solange der LHC nicht arbeitete. Mit dem Tevatron war man in der Lage, Protonen auf rund ein Teraelektronenvolt zu beschleunigen. Den Nachweis des Higgs-Teilchens hatte man sich auch dort zum Ziel gesetzt.

Obwohl das Tevatron schon seit 1983 in Betrieb war, wurde das Teilchen jedoch nicht gefunden. Dessen ungeachtet hatten die Wissenschaftler am Fermilab die Hoffnung aber noch nicht aufgegeben, es zu guter Letzt doch noch in ihrem Labor zu entdecken. Das Hauptproblem sahen sie in der zu geringen Produktionsrate des Teilchens im Energiebereich ihres Beschleunigers. Die Havarie des Large Hadron Collider entfachte aber sofort die alten »Rivalitäten« aufs Neue. Die Fermilab-Forscher hatten jetzt unerwartet ein zusätzliches Zeitfenster zur Verfügung und wünschten nichts eindringlicher, als das ominöse Teilchen vor der Wiederinbetriebnahme des Colliders doch noch zu finden.

Schon kurz nach dem Abbruch der Aktivitäten des Genfer Colliders ging eine Information durch die Medien, der ein Journalist sogar den provokanten Titel gegeben hatte: *Vergessen Sie den LHC. Das alternde Tevatron könnte einiges zu einer neuen Physik aufgedeckt haben* [38]. Worum handelte es sich dabei? Bei den seit Jahren laufenden Kollisionen von Protonen und Antiprotonen im Rahmen des Experiments CDF (Collider Detector at Fermilab) hatten sich Hinweise auf ungewöhnliche Myonenbeobachtungen ergeben. Diese den Elektronen ähnelnden negativ geladenen Elementarteilchen mit deutlich höherer Masse sind in dem Experiment weitaus häufiger aufgetreten, als nach dem Standardmodell der Teilchenphysik zu erwarten gewesen wäre. Aus dreihunderttausend Einzelmessungen war diese Schlussfolgerung gezogen worden, von denen siebzigtausend die erhöhten Werte zeigten. Doch eine Erklärung für den Befund hatte niemand.

Luftbild des Tevatrons am Fermilab im US-Bundesstaat Illinois. Das Tevatron war zu Betriebszeiten der leistungsfähigste Teilchenbeschleuniger nach dem LHC. Der kleinere Ring zeigt einen Vorbeschleuniger, der größere Ring das Tevatron selbst. Der Hauptring hat einen Umfang von etwa 6,5 Kilometern.

Etliche Wissenschaftler hielten es nicht für ausgeschlossen, dass man lediglich einen bisher noch nicht verstandenen Detektoreffekt beobachtet hatte. Andere sprachen von der Entdeckung eines neuen, bislang unbekannten Teilchens, das nicht in das Standardmodell passt und dessen Zerfall die beobachteten Myonen produzieren könnte. Die Interpretation des merkwürdigen Befundes ist sogar immer noch nicht abgeschlossen. Doch wir ersehen daran, dass man bei Fermilab die entstandene »Verschnaufpause« intensiv genutzt hatte.

Das betrifft auch das gesuchte Higgs-Boson selbst. Die Masse des Teilchens wurde jetzt zwischen 114 und 185 Gigaelektronenvolt erwartet. Im März 2009 gaben die Fermilab-Leute darüber hinaus bekannt, dass die Masse mit großer Wahrscheinlichkeit *nicht* zwischen 160 und 170 Gigaelektronenvolt liege, was sie aus Experimenten erschlossen hatten. Dabei handelte es sich um den Nachweis einzelner top-Quarks, die durch die schwache Wechselwirkung sehr schnell in ein bottom-Quark und ein W-Boson zerfallen. Die Masse der top-Quarks hängt unmittelbar mit der Masse des Higgs-Bosons zusammen, da das top-Quark sehr stark an das Higgs-Feld koppelt. Das top-Quark selbst war am Fermilab bereits 1995 entdeckt worden. Über die starke Kernkraft wurde damals aus einem hochenergetischen Gluon ein top-antitop-Quarkpaar erzeugt. Im Weltall sind solche Quarks längst nicht mehr vorhanden. Sie sollen zwar beim Urknall in großer Zahl entstanden sein, haben aber nur eine Lebensdauer von einer Zehntausendstel Trilliardstel Sekunde (10^{-25} Sekunden).

Der Nachweis des top-Quarks wurde von den Fermi-Wissenschaftlern, darunter auch Forschern der Universität Göttingen, als großer Erfolg angesehen. Die Wahrscheinlichkeit, dass es sich um ein vorgetäuschtes Untergrundsignal handele, betrage nur eins zu vier Millionen, versicherten die Wissenschaftler. Das top-Quark wird nur sehr selten erzeugt. Im Schnitt sind zwanzig Milliarden Proton-Antiproton-Kollisionen erforderlich, um ein einziges dieser Teilchen zu produzieren. Der Triumph bestand also weniger darin, zu zeigen, dass dieses Teilchen existiert – das hatte man erwartet. Das Großartige war der gelungene, extrem schwierige Nachweis. Am Fermilab ließ man daher nun durchblicken, dass der Schwierigkeitsgrad dieses Nachweises keineswegs geringer einzuschätzen sei als jener für den Nachweis des Higgs-Bosons.

Vorsichtiger Neustart und freudige Nachrichten

Inzwischen kamen die ersten Meldungen über einen geplanten Neustart des LHC im September 2009. Bald aber entdeckte man in einem weiteren Sektor des Beschleunigers ähnliche Probleme wie diejenigen, die im September 2008 zu der Havarie der Maschine geführt hatten. Nun war höchste Vorsicht geboten, und man entschloss sich, auch diesen Sektor auf Zimmertemperatur zu erwärmen und die

Reparatur- und Wartungsarbeiten am CMS-Detektor des Large Hadron Collider im Jahr 2009. Man hatte aus dem schweren Unfall im September 2008 gelernt und achtete fortan noch mehr auf Sicherheit.

Lötstellen genau zu untersuchen. Ein eigens dafür geschaffenes neues Sicherheitssystem sollte die Wiederholung ähnlicher Vorfälle künftig verhindern.

Die Experten des CERN hatten aus dem Desaster beim Start die richtigen Lehren gezogen. Die folgenden Jahre der Weltmaschine waren durch eine Kultur der Behutsamkeit geprägt. So wurde der Neustart zunächst auf Oktober und dann schließlich auf Mitte November 2009 verschoben. Die Kosten für die Reparatur hatten sich nach offiziellen Angaben auf rund 25 Millionen Euro belaufen. Durch den missglückten Start gewarnt, wollte man nun vorsichtshalber mit niedrigeren Strahlenergien beginnen und erst, wenn man einige praktische Erfahrungen gewonnen hätte, auf fünf Teraelektronenvolt hochfahren.

Am 30. November 2009 konnte nun aus Genf endlich ein erster Weltrekord gemeldet werden: Die Strahlenergie betrug zu diesem Zeitpunkt 1,08 Teraelektronenvolt und war damit um hundert Gigaelektronenvolt höher als beim ehemals leistungsstärksten US-amerikanischen Tevatron. Mit einer Energie von schlussendlich 1,18 Teraelektronenvolt wurde der Collider bis zum 16. Dezember betrieben und die entsprechenden Kollisionen aufgezeichnet. Dann folgte eine weitere Umbaupause, um bei den erforderlichen noch höheren Stromstärken für die Magnete möglichst alle Risiken für weitere Havarien auszuschließen.

Die neue Entscheidung lautete jetzt: Der Collider soll für eine längere Arbeitsphase bis in das Jahr 2011 hinein mit 3,5 Teraelektronenvolt betrieben werden, also mit halber maximaler Strahlenergie. Man erwartete auch für diese Betriebsdaten bereits wichtige Entdeckungen. Und am 30. März 2010 war es endlich so weit: Der Collider brachte erstmals für mehr als drei Stunden Protonen bei 3,5 Teraelektronenvolt zur Kollision und zeichnete die in den Detektoren durchgeführten Messungen dieser rund fünfhunderttausend Kollisionen auf. Das war gleichsam – etwa 18 Monate später als ursprünglich vorgesehen – der eigentliche Beginn des physikalischen Messprogramms.

Zunächst wurde nur ein einziges Protonenpaket auf den Weg geschickt. Mit äußerster Vorsicht speiste man anschließend immer mehr Pakete in den Ring, so dass die Kollisionsrate bis zum Monat Mai auf das Zweihundertfache stieg. Damit war man aber noch weit davon entfernt, die Möglichkeiten auch nur annähernd auszuschöpfen. Die Rate sollte bis zum Ende des Jahres nochmals um den Faktor fünfhundert gesteigert werden und dann in der Folgezeit abermals um das Hundertfache. Bereits in dieser Betriebsphase wurden erste seltene Teilchen »wiederentdeckt«, wie zum Beispiel das Z-Boson und die bekannten Quarks. Doch offensichtlich war die Zahl der Kollisionen insgesamt noch zu klein, um schon etwas Neues zu entdecken.

Deshalb blieben die Experten auch weiterhin gelassen, ohne eine Prognose zu wagen, wie lange es noch dauern könnte, bis man das Higgs-Teilchen fände. Da die Masse des Teilchens nach wie vor nicht exakt bekannt war – der Bereich wurde im Juli 2010 aufgrund von Messungen am Tevatron zwischen 114 und 158 oder zwischen 175 und 185 Gigaelektronenvolt angegeben –, ergaben sich auch ganz unterschiedliche Zeitfenster. Ein vergleichsweise schweres Higgs-Boson ließe sich wegen des erwarteten Zerfalls in W- und Z-Bosonenpaare relativ leicht nachweisen. Beim Zerfall eines leichten Higgs-Bosons wären jedoch Teilchen zu erwarten, die auch auf andere Weise zustande kommen könnten. Daher würde man dann für eine Identifizierung eines leichten Higgs-Teilchens viel mehr Daten benötigen. So schwankten denn die Vorhersagen für eine experimentelle Entscheidung »Higgs: ja oder nein« im Sommer 2010 auch zwischen ein bis zwei und vier bis fünf Jahren. Dass es möglicherweise gar nicht existiere, wurde in mehreren Verlautbarungen des Generaldirektors auch immer wieder eingeräumt.

Man muss sich immer wieder vor Augen halten, dass zu diesem Zeitpunkt selbst bei vollem Betrieb der Maschine zwar etwa sechshundert Millionen Teilchenkollisionen pro Sekunde stattfanden, von denen aber nur ein kleiner Teil für die Physiker wirklich interessant ist. Es sind nur jene Kollisionen, bei denen genau das geschieht, was wir aufgrund unseres bisherigen Vorwissens erwarten oder in dem etwas ganz anderes »Neues« passiert. Man stelle sich vor, ein Fotograf macht zehn Billionen Schnappschüsse von einer Szene und will dann aus seinem Material ein einziges gelungenes Bild herausfinden! Da genügt selbst die Ausleseelektronik der verschiedenen Detektorteile, die einem sehr schnellen Computer die Daten zuspielt und diesen dann entscheiden lässt, was »interessant« sein könnte, noch nicht, um eine begründete Auswahl zu treffen. Der Anteil eventuell aussagekräftiger Kollisionen liegt bei etwa hundert von sechshundert Millionen!

Folglich müssen die gespeicherten Daten an jenen »virtuellen Supercomputer« weitergegeben werden, der aus Zehntausenden von hoch leistungsfähigen Einzelrechnern besteht, die im Rahmen des Grid-Computing-Systems zusammenarbeiten und sich an der Analyse der Ereignisse beteiligen (vgl. S. 261f). Die Geduld der Physiker, aber auch der weltweit interessierten Öffentlichkeit, wird so auf eine harte Probe gestellt. Auch wenn bereits Milliarden von Kollisionen stattgefunden haben, kennt zunächst noch niemand das Ergebnis.

Im September 2010 rasten schließlich 56 Protonenpakete je Strahl für vierzig Stunden durch die Ringe. Man entdeckte ungewöhnliche Ablenkwinkel der neu entstandenen Teilchen und hielt es für möglich, dass hier für kurze Zeit ein Quark-Gluon-Plasma entstanden sein könnte. Anfang November wurden die Proton-Proton-Kollisionen beendet. Es folgte eine rund vierwöchige Phase, in der Bleikerne aufeinandergeschossen wurden, um sich der Herstellung eines Quark-Gluon-Plasmas weiter zu nähern. Danach wurde eine mehrmonatige Wartungspause eingelegt, ehe im März 2011 wieder Protonen auf den Weg geschickt werden sollten.

Zu diesem Zeitpunkt kam aus den USA die Meldung, dass das Tevatron gegen Ende 2011 endgültig außer Betrieb genommen werden sollte. Nun entschlossen sich die CERN-Experten, den LHC ein Jahr länger als geplant, bis Ende 2012, mit 3,5 Teraelektronenvolt laufen zu lassen, um möglichst viele Daten zu gewinnen. Die ursprüngliche Absicht, ihn schon früher an seine Leistungsgrenze von sieben Teraelektronenvolt zu führen, verschob sich damit um ein ganzes Jahr.

Das Higgs-Teilchen und ein Blick in die Zukunft

Ende Mai 2011 wurden noch mehr Teilchen, nämlich 1092 Protonenpakete je Strahl, durch die engen Röhren geschickt. Auch die Luminosität, jenes Maß für den Querschnitt eines Teilchenstrahls (vgl. S. 255), wurde immer weiter gesteigert. Beides erhöht die Zahl der tatsächlichen Zusammenstöße von Protonen. Im Dezember verdichteten sich die Anzeichen, dass im Massenbereich zwischen 115 und 130 Gigaelektronenvolt das Higgs-Teilchen existieren könnte. Da der Betrieb problemlos lief, entschlossen sich die CERN-Experten nunmehr, noch etwas »mehr Gas« zu geben und den Collider ab März 2012 mit vier Teraelektronenvolt zu betreiben.

Am 4. Juli 2012 war es dann endlich so weit, und auf einer Pressekonferenz im CERN spielten sich ungewöhnliche Szenen ab: Das Forschungszentrum CERN gab die Entdeckung des Higgs-Teilchens mit einer Masse von etwa 125 Gigaelektronenvolt unter Verwendung von zwei unabhängigen Detektoren (ATLAS und CMS) bekannt (s. Abb. S. 309). Die Masse beträgt rund das Doppelte eines Eisenatoms. Der Journalist Patrick Illinger berichtete darüber in der Süddeutschen Zeitung:

> Es besteht fast kein Zweifel mehr: Ein neues Elementarteilchen ist entdeckt [...], alle bisher gemessenen Eigenschaften passen zu dem seit Jahren gesuchten Higgs-Partikel. [...] Ein bisschen ist es wie nach einem Bankraub, bei dem die Polizei zwei Straßen weiter einen Mann mit Strumpfmaske und Waffe aufgreift. Theoretisch könnte das auch ein Missverständnis sein. Aber wahrscheinlich ist das nicht [39].

Immerhin – es klingen hier noch Zweifel durch. Doch die Wahrscheinlichkeit eines »Missverständnisses« ist gering. Joseph Incandela, der Sprecher des CMS-Experiments am LHC, gab die Zuverlässigkeit des Resultats auf der Pressekonferenz unter frenetischem Beifall der sonst eher zurückhaltenden Zuhörer mit einer Signifikanz von 5,0 Sigma bekannt. Das ist für Statistiker eine magische Zahl. Sie besagt, dass ein Zufallsergebnis ebenso unwahrscheinlich ist, wie wenn ein Würfel neunmal in Folge dieselbe Zahl zeigen würde.

Am 14. März 2013 erklärte CERN nach Auswertung der inzwischen bis zum Dezember des Vorjahres noch zusätzlich gesammelten Daten, dass es sich bei dem gefundenen Teilchen tatsächlich um ein Higgs-Boson handelt. Wohlgemerkt: *ein* Higgs-Boson. Ob es tatsächlich das Higgs-Boson des Standardmodells ist, kann erst durch weitere Untersuchungen festgestellt werden. Dabei kommt es insbesondere auf die Häufigkeit der verschiedenen »Zerfallskanäle« an, denn das Higgs-Boson »lebt« nur rund 10^{-22} Sekunden. Es gibt aber Vorhersagen über das Verhältnis der unterschiedlichen Zerfallskanäle, die mit dem Standardmodell im Einklang sind. Die Ergebnisse sind jedoch bislang noch zu unsicher, um eine endgültige Aussage zu machen. Dazu meinten zwei Experten:

> Die Entdeckung eines Higgs-artigen Teilchens nach jahrzehntelangen Anstrengungen ist ein Meilenstein in der Physik, unabhängig davon, ob es sich letztendlich als das Higgs-Boson des Standardmodells, das einer erweiterten Theorie oder etwas völlig Unerwartetes erweist [40].

Wie bei einem spannenden Film folgt ausgerechnet jetzt eine »Werbepause«. Alle Interessierten und Beteiligten müssen sich nun in Geduld üben, denn am 16. Februar 2013 wurde der LHC heruntergefahren. Für die Techniker folgt nun eine außerordentlich arbeitsintensive Phase. Dabei wird der Collider in seiner bisher längsten Stillstandszeit planvoll und sorgfältig auf die maximale Strahlenergie von sieben Teraelektronenvolt (Kollisionsenergie: 14 Teraelektronenvolt) und noch größere Luminositäten aufgerüstet. Erst im Jahr 2015 geht es dann mit den Experimenten weiter.

In den ganzen Jahren seit 2008 ist der Collider unzählige Male weltweit in den Schlagzeilen gewesen und hat längst auch die Bühne der Trivialkultur erobert. Sogar ein »Rap« über die Ziele und den Betrieb des LHC wurde komponiert und über YouTube als »Large

Am 4. Juli 2012 wurde am CERN die sehr wahrscheinliche Entdeckung des Higgs-Bosons bekannt gegeben. Die vermessenen Zerfallskanäle des vermuteten Higgs-Teilchens zeigten in den beiden unabhängigen Detektoren ATLAS und CMS ein statistisch signifikantes Signal. Zudem stimmten die bis dahin untersuchten Eigenschaften des Teilchens mit den Vorhersagen des Standardmodells für das Higgs-Boson überein.

Hadron Rap« weltweit zugänglich gemacht. Er wurde binnen eines Jahres mehr als fünf Millionen Mal angeschaut! Katherine McAlpine (»alpinekat«), die Urheberin des rhythmischen Opus, die sich selbst als eine »Abenteurerin im Reich der Ideen« bezeichnet und auch als Wissenschaftsjournalistin arbeitet, hat bereits einen zweiten Rap herausgebracht, in dem sie der Welt die Physik erklärt.

Während am CERN intensive Vorbereitungen auf den »Run 2« mit voller Leistung des Colliders im Gange sind, haben längst auch die Planungsarbeiten für einen Nachfolger des LHC begonnen. Mitte Februar 2014 trafen in Genf Experten aus aller Welt zusammen, um Konzepte für neue Collider zu beraten, die einerseits weitaus präzisere Messungen ermöglichen und sich gleichzeitig durch ein noch höheres Entdeckungspotenzial auszeichnen. In einer fünfjährigen Designstudie geht es um einen »Future Circular Collider« (FCC), der Kollisionen von Hadronen mit einer Energie von einhundert Teraelektronenvolt ermöglichen soll, also mehr als das Siebenfache des LHC bei voller Leistung. Da diese Maschine nach dem gleichen Prinzip arbeiten soll wie der LHC, wird der Umfang der Anlage wahrscheinlich achtzig bis hundert Kilometer betragen müssen.

Gleichzeitig wird das Konzept eines Linearbeschleunigers (Compact Linear Collider, CLIC) diskutiert, in dem Leptonen zur Kollision gebracht werden sollen. Die angestrebte Kollisionsenergie beträgt drei Teraelektronenvolt, was gegenüber dem bislang leistungsstärksten Beschleuniger für Elektronen und Positronen, dem Large Electron-Positron Collider (LEP) am CERN, eine Steigerung auf das über Vierzehnfache bedeutet. Neuerdings kommen auch Meldungen aus China, nach denen dort bis 2028 ein Elektron-Positron-Beschleunigerring von 52 Kilometern Umfang gebaut werden soll. Sogar ein noch größerer Protonenbeschleuniger ist geplant. Sicher entschieden ist derzeit jedoch noch nichts.

Kritiker melden sich zu Wort

Während die Mehrzahl der Physiker den Large Hadron Collider als ein einzigartiges Instrument der modernen Forschung bejubelt, der Vollendung oder auch Erweiterung des Standardmodells der Elementarteilchenphysik und der Kosmologie mit viel Fleiß und Einfallsreichtum entgegenarbeitet und -fiebert, lassen andere eher kritische und skeptische Töne anklingen. Damit sind hier keineswegs die »Konkurrenzmodelle« von Hobby-Kosmologen gemeint, die, meist unbekümmert von wissenschaftlich gesicherten Tatsachen und von wenig Sachkenntnis getrübt, das Weltall mit neuen Augen zu sehen versuchen. Ihre Arbeiten landen oft auf den Schreibtischen von Institutsdirektoren, von denen dann ein Urteil erwartet wird, das im Allgemeinen vernichtend ausfällt. Die Rede ist hier vielmehr von durchaus ernst zu nehmenden Kennern der Materie, die mit großem Sachverstand ihr Unbehagen an manchen Entwicklungen formulieren.

Auch diese Kritiker werden allerdings von der etablierten Wissenschaft kaum ernst genommen. Doch so leicht sollte man es sich nicht machen. Vielmehr muss daran erinnert werden, dass Wissenschaft auch von Konventionen abhängt und eine sogenannte wissenschaftliche Tatsache stets auch so etwas wie eine soziale Übereinkunft unter Wissenschaftlern darstellt. Und weil dies so ist, sollte »gute Wissenschaft« auch immer eine »skeptische Haltung gegenüber demjenigen ein(schließen), was mehrheitlich als wahr und gesichert gilt« [41].

Tatsächlich wimmelt es in der Geschichte der Wissenschaft von berühmten Beispielen, die bezeugen, dass skeptisch-kritische Denkhaltungen gegenüber etablierten und von der Mehrzahl der Wissenschaftler akzeptierten Vorstellungen auch oft große Erkenntnisfortschritte zur Folge hatten. Oftmals gingen von solchen neuen Denkansätzen ganze Paradigmenwechsel aus, das heißt, die Mehrzahl der Wissenschaftler einigte sich auf eine neue »Übereinkunft«. Das setzt allerdings voraus, dass alternative oder kritische Ansichten überhaupt zur Kenntnis genommen werden und auf dem Meinungsmarkt eine Chance erhalten.

Ein instruktives Beispiel für einen bis heute nicht beendeten Grundsatzstreit stellt die philosophische Interpretation der Quantenmechanik dar, in der sich einst Albert Einstein und Niels Bohr als Antagonisten gegenüberstanden. Während die »Kopenhagener Schule« die Ansicht vertrat, dass die Prozesse in der Mikrowelt zufallsbestimmt und nicht weiter aufklärbar seien, war Einstein davon überzeugt, dass die bisher bekannte Physik der Mikrowelt eben aus diesem Grund noch unvollständig sein müsse. Obwohl die Mehrheit der Physiker heute den Zufall als das eigentliche Wesen mikrophysikalischer Prozesse ansieht, gibt es nach wie vor andere Ansätze. So vertritt zum Beispiel der US-amerikanische Physiker Stephen L. Adler ein »Emergent-Quantum-Mechanics-Modell« (vgl. auch Exkurs S. 350), demzufolge die beobachteten Zufallsprozesse gleichsam nur eine Art Oberflächenstruktur darstellen, während auf einer tieferen Ebene deterministische Prozesse ablaufen. Dann wären die großen Erfolge der Quantenmechanik dadurch zu erklären, dass sie eine sehr gute Annäherung an die Realität darstellt, aber eben noch nicht die Realität selbst beschreibt.

»Kennen Sie das neue Buch von Herrn Unzicker?«, fragte mich ein Redakteur des österreichischen »Servus TV« im März 2010 am Telefon. Ich kannte es nicht. »Herr Unzicker hat einige Kritik an den gegenwärtigen Vorstellungen über Elementarteilchenphysik und Kosmologie, ich schicke Ihnen gern eine digitale Version seines Buches«, meinte der Redakteur und lud mich zu einer TV-Diskussion ein, an der auch der Altmeister der Kosmologiekritik, der amerikanische Astronom Halton Arp teilnehmen sollte. Inzwischen hatte ich Alexander Unzickers Buch *Vom Urknall zum Durchknall* gelesen und den Autor in Salzburg mit den Worten begrüßt: »Der traut sich was.« Vor den Kameras im Hangar sieben hatten wir dann ein durchaus kontroverses, aber »zivilisiertes« Gespräch, bei dem ich den Kern von Unzickers Kritik und außerdem noch den Wissenschaftsphilosophen Bernd Kanitscheider, den theoretischen Physiker und »Science Buster« (ein Mitglied des so benannten österreichischen Wissenschaftskabaretts) Heinz Oberhummer sowie den österreichischen Astronauten Franz Viehböck näher kennenlernte.

Unzickers witzig und kenntnisreich geschriebenes Buch ist immerhin in dem renommierten Wissenschaftsverlag Springer erschienen und wurde kurze Zeit später von der Zeitschrift *Bild der Wissenschaft* zum »Wissenschaftsbuch des Jahres 2010« erkoren. Die Kategorie hieß: »Zündstoff – das Buch, das ein brisantes Thema am kompetentesten darstellt«. Doch worin besteht die Brisanz? Dass dem Standardmodell der Elementarteilchenphysik noch zahlreiche Mängel und Ungereimtheiten anhaften, wissen auch dessen Vertreter. Unzickers Kritik ist jedoch von grundsätzlicherer Art. Er vertritt die Ansicht, die moderne Physik habe sich verlaufen und einige der Grundprinzipien vergessen oder aufgegeben, denen einst Forscher wie Albert Einstein, Paul Dirac oder Erwin Schrödinger ihre großen Erfolge zu verdanken hatten. Diese hätten nach einfachen Lösungen gesucht und seien von dem Gedanken beseelt gewesen, die Welt mit wenigen strengen Regeln und wenigen freien Parametern zu verstehen. Die heutige Physik hingegen führe immer neue, frei wählbare Parameter ein – in der Elementarteilchenphysik sind es inzwischen mehr als fünfzig Stück –, für die es keine physikalische Erklärung gebe und womit man letztlich alles (und genauso gut nichts) beweisen könne:

> [...] Wir haben heute zu viele Forscher, die für alles, was sie nicht verstehen, leichtfertig neue Teilchen und Felder erfinden. Zu Einsteins Zeit galt dies als ein Eingeständnis des Versagens. Heute gibt es dafür Wissenschaftspreise [42].

Unzicker führt seine Leser über weite Strecken durch die Geschichte physikalischer Ideen und kommt zu der Überzeugung, dass viele von ihnen viel zu früh abgetan wurden und einer weiteren ernsthaften Verfolgung wert gewesen wären. Das betrifft unter anderem auch die kosmische Zahl »zehn hoch vierzig« (10^{40}), die einst Arthur Eddington und Paul Dirac so faszinierte. Diese Zahl beschreibt nämlich das Verhältnis der starken Kernkraft im Inneren des Atomkerns zur Gravitationskraft. Berechnen lässt sich diese Zahl leider nicht und somit auch nicht als Folge von irgendetwas anderem verstehen. Dieselbe Zahl ergibt sich aber zum Beispiel auch, wenn man das Verhältnis des Radius des Weltalls durch den Radius des Protons dividiert. Dirac vermutete, dass sich diese Zahlenverhältnisse nicht zufällig ergeben, sondern aus einem »tiefen Zusammenhang in der Natur zwischen Kosmologie und Atomtheorie« heraus [43].

Die Suche nach solchen tiefen Zusammenhängen scheint aber derzeit niemanden mehr zu beschäftigen. Unzicker plädiert dafür, Diracs Ideen ernst zu nehmen, ebenso wie verwandte Ideen beispielsweise von Robert Dicke, der eine Alternative zur Allgemeinen Relativitätstheorie entwickelte, oder von Einstein selbst zur Variabilität der Lichtgeschwindigkeit aus dem Jahr 1911, die heute in Physikerkreisen kaum bekannt ist.

Unzicker fragt dazu in pointierten Formulierungen, ob nicht die sogenannten Standardmodelle der Kosmologie und der Teilchenphysik in ihrer Kompliziertheit einen ähnlichen Irrweg darstellen wie die antiken und mittelalterlichen Epizykel, die erst mit dem heliozentrischen Weltsystem des Nikolaus Kopernikus einer neuen Einfachheit und Wahrheit wichen. Unzickers kontroverseste These, die natürlich bei den Vertretern der Standardmodelle auf heftigen Widerspruch stößt, besagt, dass das gesamte Quarkmodell einschließlich der W- und Z-Bosonen sowie auch das Higgs-Teilchen überhaupt erst durch extensive Filterung von Daten und willkürliche Interpretation immer winzigerer Effekte entstanden seien. Dabei stützen sich seine Ansichten auf das Buch *Constructing Quarks (Die Konstruktion von Quarks)* des Soziologen und Physikers Andrew Pickering. Allerdings räumt Unzicker ein, dass erst die Geschichte zeigen wird, ob die kritischen Argumente sich als tragfähig erweisen werden.

Unzicker ist natürlich nicht der einzige Skeptiker gegenüber etablierten Vorstellungen. Bücher wie *Der Urknall kommt zu Fall* von Hans-Jörg Fahr oder *Das Reale des Universums* von Karl-Ernst Eiermann sind nur zwei Titel von zahlreichen weiteren, die in diesem Fall gegen das Standardmodell der Kosmologie Sturm laufen. »Zweifellose Wissenschaft zweifellos kein Wissen schafft« [44], dieses pointierte und »zweifellos« zutreffende Aperçu stellt Eiermann seinem Buch voran. Doch Zweifel allein schaffen noch kein Wissen.

Peter Higgs vor dem CMS-Detektor des LHC am CERN. Seine Vorhersage des Higgs-Teilchens sowie auch dessen experimenteller Nachweis sind nicht unumstritten. Einer der Kritiker behauptet, dass Teilchen allzu leichtfertig erfunden würden und zahlreiche, scheinbar nachgewiesene Effekte durch die Filterung und willkürliche Interpretation von Daten entstanden seien.

Auch ein bereits im Jahr 2004 im *New Scientist* veröffentlichter *Open Letter to the Scientific Community* [45], in dem Hunderte zum Teil sehr angesehene Wissenschaftler ihr Unbehagen an den zahlreichen unbewiesenen Annahmen zum Ausdruck bringen, die dem jetzigen kosmologischen Standardmodell einverleibt wurden, hat die »soziale Übereinkunft« über das Modell noch nicht aufbrechen können. Die Kritiker sollten sich allerdings dessen bewusst sein, dass auch die Vertreter der etablierten Theorien deren Schwachstellen durchaus erkennen. Der bekannte Physiker und Autor Jörg Resag spricht sogar von etlichen Hinweisen darauf,

> [...] dass weder das Standardmodell [der Teilchenphysik] noch das heute bekannte theoretische Konzept der Quan-

> tenfeldtheorien bereits die fundamentale Theorie der Naturgesetze darstellen können [46].

Oder man lese zum Beispiel das Kapitel *Fazit* in dem Büchlein *Elementarteilchen* des renommierten Physikers Harald Fritzsch. Er stellt dort fest:

> Im Standardmodell wird die Elektronenmasse durch die Kopplung des Elektronenfelds an das Higgs-Feld erzeugt. Die Stärke dieser Kopplung [...] wird jedoch durch keinerlei theoretische Bedingungen festgelegt. Sie ist frei wählbar – eine unbefriedigende Situation [47].

Bei Unzicker heißt es, das Higgs-Feld sage letztlich nicht das Geringste darüber aus, warum die Massen der Elementarteilchen die beobachtete Größe haben. »Anstatt über ihre Zahlenwerte kann man sich dann über die Stärke der Anbindung an das Higgs-Feld wundern [...]« [48]. Ist das nicht praktisch die gleiche Aussage? Möglicherweise wäre es für die weitere Entwicklung der Elementarteilchenphysik von großem Vorteil, wenn die Daten – wie dies in etlichen Bereichen der Wissenschaft inzwischen auch schon geschieht – öffentlich zur Verfügung gestellt würden, um auf diese Weise zudem die Transparenz ihrer Auswertung zu erhöhen. Diese Forderung erhebt Unzicker im Schlussteil seines ebenfalls sehr wissenschaftskritischen Buches *Auf dem Holzweg durchs Universum*. Für die Zukunft könnte es nach seiner Auffassung durchaus sinnvoll sein, Rohdaten generell im Internet zugänglich zu machen.

Doch hat sich die Physik tatsächlich verlaufen und bedarf es grundsätzlich neuer Ansätze, wie viele Kritiker meinen? Einigen Aspekten dieser Frage wollen wir uns nun zuwenden. Die kritische Sicht mancher »Fundamentalskeptiker« wird sich dabei vielleicht etwas relativieren.

Brauchen wir eine neue Physik?

Dass Wissenschaftler an eine Hypothese oder Theorie glauben, mag menschlich verständlich sein. Schließlich ist die Schaffung einer Theorie ein schöpferischer Akt, von dem man nicht wissen kann, ob er auch einen Bezug zur Realität besitzt. Oft entstehen wissenschaftliche Theorien auf ähnliche Weise wie Kunstwerke: durch Intuition (natürlich nicht ohne Fleiß!). Dann entwickelt sich eine ganz persönliche und keineswegs vorurteilsfreie Beziehung des Schöpfers einer solchen Theorie zu »seinem Kind«. Er ist von ihrer Richtigkeit überzeugt und glaubt an sie. Doch das Wort »Glauben« gehört eigentlich nicht in das Arsenal wissenschaftlicher Fachbegriffe. In der jüngeren Vergangenheit taucht es aber immer häufiger in wissenschaftlichen Veröffentlichungen auf. »Die meisten Physiker glauben«, heißt es dann zum Beispiel, »dass die Inflation des Universums tatsächlich stattgefunden hat« [49]. Ja, wissen sie es denn nicht? Hat vielleicht Carl Friedrich von Weizsäcker den Nagel auf den Kopf getroffen, wenn er in seinem Buch *Große Physiker* die These aufstellt:

> Der Glaube an die Wissenschaft ist die herrschende Religion unseres Zeitalters [50].

Die Situation der modernen Physik ist tatsächlich recht verworren und dies keineswegs nur in Bezug auf die Inflation des Universums. Da »glauben« viele Physiker an die String- und Superstringtheorie, andere nicht. Selbst die lange erwartete Entdeckung des Higgs-Teilchens kommt nicht unbedingt der Entdeckung der Herkunft der Teilchenmassen gleich, wie wir schon hörten, obwohl das zuvor bis zur Bewusstlosigkeit behauptet wurde. Es erinnert ein wenig an die immer wieder kolportierten Begründungen für bestimmte Raumfahrtunternehmungen, mit denen man angeblich die Herkunft unseres Sonnensystems endgültig aufklären wolle. Wenn die Aktionen dann gelaufen sind und selbst, wenn sie erfolgreich waren, erklären uns die Öffentlichkeitsarbeiter der wissenschaftlichen Institute beim nächsten Unternehmen wieder dasselbe.

In den durchaus pluralistischen Denkfabriken der theoretischen Physiker von heute entstehen auch Ideen abseits des Mainstreams, die von der Mehrheit der Physiker nicht geteilt werden. Sie glauben einfach nicht daran. Schon wieder begegnen wir dem Wörtchen »glauben«. Doch der Glaube ist kein Wahrheitskriterium und Mehrheitsmeinungen sind es ebenfalls nicht. So hinterlässt auch die Entdeckung des Higgs-Teilchens für den tiefer denkenden und suchenden Forscher noch weitere Fragen. Ein anderes Problem des Higgs-Mechanismus besteht nämlich darin, dass die Masse der Protonen und Neutronen, aus denen unsere Materie besteht, sich nur zu einem winzigen Teil aus der Masse der Quarks rekrutiert, aus denen sie zusammengesetzt sind. Den weitaus größeren Teil machen die »Klebeteilchen«, die Gluonen aus, die aber im Standardmodell als masselos angenommen werden. Bei ihnen drückt sich die Masse lediglich in ihrer Energie aus.

Energieinhalt von Masse ist für die moderne Physik nach Albert Einsteins Erkenntnis der Äquivalenz von Masse und Energie nichts Besonderes. Sogar die Trägheit der Masse, also ihr Widerstand gegen Bewegungsänderungen, und ihre Schwere, das Reagieren auf Schwerefelder, sind nur unterschiedliche Aspekte desselben Phänomens. Doch in der Higgs-Theorie gibt es keinerlei Hinweise darauf, warum die Massen überhaupt Trägheit und Schwere besitzen. So ist der US-amerikanische Astrophysiker Bernard Haisch vom California Institute for Physics and Astrophysics deshalb davon überzeugt, dass der Higgs-Mechanismus zwar die Ruhemasse der Teilchen erklärt, nicht aber die ihrer Masse außerdem innewohnenden Eigenschaften der Trägheit und der Schwere. Haisch behauptet nun, die Teilchen erhielten die ihren Massen entsprechende Trägheit und Schwere erst durch ihre Wechselwirkung mit dem Quantenvakuum (s. Exkurs rechts).

Exkurs

Das Vakuum

Der Begriff des Vakuums wird in der Physik in zwei Bedeutungen verwendet. Umgangssprachlich, aber auch in der technischen Physik, meint man mit Vakuum (von lat.: vacuus, leer) einen luftleeren Raum. Mit Hilfe moderner technischer Verfahren gelingt es zwar auch heute nicht, einen völlig leeren Raum zu erzeugen, doch herrscht in den besten erreichbaren Vakua nur noch ein Druck von weniger als 10^{-12} Millibar. Der normale atmosphärische Umgebungsdruck beträgt 1013,25 Millibar.

In der Quantenphysik hat der Begriff Vakuum eine völlig andere Bedeutung. Er belehrt uns sogar darüber, dass es eine völlige Leere gar nicht geben kann. Wenn tatsächlich in einem technisch erzeugten Vakuum kein Teilchen mehr vorhanden sein sollte, so wäre der Raum immer noch nicht »leer«. Das dann vermeintliche Nichts ist das Quantenvakuum – ein Zustand niedrigster Energie mit einer ungeheuren Dynamik. Die Quantenfeldtheorie zeigt, dass in diesem Vakuum ständig Teilchen-Antiteilchen-Paare entstehen und vergehen, ein Vorgang, den wir als Vakuumfluktuation bezeichnen. Das Quantenvakuum enthält ungeheure Mengen an Energie, die spontan freigesetzt werden können und so nach heutiger Kenntnis zur Entstehung des gesamten Universums geführt haben.

Das Quantenvakuum ist alles andere als eine spekulative Fiktion. Experimentelle Untersuchungen haben seine Existenz bestätigt. Beim sogenannten Casimir-Effekt, benannt nach dem niederländischen Physiker Hendrik Casimir, treten zwischen zwei leitenden Platten im »leeren Raum« anziehende Kräfte auf, entsprechend dem von Strahlung erfüllten Vakuum. Casimir hatte den Effekt bereits 1948 vorhergesagt. Der experimentelle Nachweis erfolgte 1958 durch Marcus Sparnaay.

Gemeinsam mit dem Physiker Alfonso Rueda von der California State University publizierte er mehrere Arbeiten in renommierten Journalen, in denen dieser Gedanke näher ausgebaut wurde. Ganz neuartig ist dabei die Behauptung, die Trägheit sei keine intrinsische, also untrennbar mit der Masse verbundene Grundeigenschaft, sondern wirklich fundamental sei nur das Quantenvakuum. Rueda hatte wochenlang gerechnet, um die Idee von Haisch zu überprüfen, dass die Trägheit einer Masse auf ihre Wechselwirkung mit dem Quantenvakuum zurückzuführen sei. Er fand zunächst heraus, dass die elektrischen und magnetischen Komponenten der elektromagnetischen Strahlung im Vakuum auf die in einem beschleunigten Körper enthaltenen Atome eine Kraft ausüben, die genauso groß ist wie jene Kraft, die nach Isaac Newton der Trägheit der Masse entspricht. Demnach besteht zwischen der auf einen Körper ausgeübten Kraft und der durch sie bewirkten Beschleunigung die Beziehung Kraft gleich Masse mal Beschleunigung. Diese Beziehung definiert die Trägheit der Masse, das heißt, ihren Widerstand gegen Bewegungsänderungen. Es fragt sich nun natürlich, ob der von Higgs vorgeschlagene Mechanismus damit bestritten werden soll. Keineswegs, meinen die beiden Physiker.

> Das Higgs-Feld lagert Energie und damit Ruhemasse an Strukturen ab, die wir Elementarteilchen nennen. Die Behauptung, diese angesammelte Energie verhalte sich in einer Weise, die den Elementarteilchen die Eigenschaft der Trägheit verleiht, ist nicht mehr als eine Hoffnung [51].

Im mikroskopischen Bereich sollen bei der Wechselwirkung zwischen Quantenvakuum und Materie Photonen eine Rolle spielen, die zwischen den virtuellen Teilchen des Vakuums und den Quarks und Elektronen der Materie ausgetauscht werden. Die Elektronen müssen dabei eine »Zitterbewegung« ausführen, die im Kern bereits auf die Erkenntnisse von Erwin Schrödinger und Louis de Broglie in den Zwanzigerjahren des 20. Jahrhunderts zurückgeht. Die beiden Physiker stellten damals fest, dass Elektronen, die von Photonen getroffen werden, diese so abprallen lassen, als hätten sie eine bestimmte Größe

– entgegen der allgemein herrschenden Überzeugung, Elektronen seien Punktladungen, also ohne jede Ausdehnung. Sie interpretierten das Verhalten dadurch, dass sie der punktförmigen Ladung eine Zitterbewegung zuschrieben, deren Größe durch die sogenannte Compton-Wellenlänge beschrieben wird.

Diese Bewegung, so behaupten nun Haisch und Rueda, ist dem Elektron jedoch nicht von Natur aus zu eigen, sondern sie kommt durch die Stöße zustande, die ein Elektron aus dem Quantenvakuum erhält. Vielleicht, so die Mutmaßung, nimmt ein masseloses Teilchen, auf diese Weise sogar Energie aus dem Vakuum auf und erhält so seine Ruhemasse. In diesem Fall wäre das Higgs-Teilchen völlig überflüssig. Zu erklären bleibt aber auch in dieser Hypothese noch das Zustandekommen der schweren Masse, also ihr Reagieren auf das, was wir in der klassischen Physik als Anziehungskraft (Gravitation) bezeichnen. Nach Einstein gibt es eine solche Kraft nicht. Die Körper folgen bei ihrer Bewegung einfach der Struktur der vierdimensionalen Raumzeit, deren Geometrie durch die Massenverteilung bestimmt wird. Die von uns beobachtete und so genannte Gravitationswirkung hat also ihren Ursprung in der Trägheit der Masse. Dann bleibe aber, so die Meinung von Haisch, wieder die träge Masse unerklärt.

Haisch und Rueda versuchen nun, die schwere Masse ebenfalls aus der Wechselwirkung mit dem Quantenvakuum zu erklären. Die Idee ist stark spekulativ und die beiden Autoren räumen dies auch selbst ein. Andererseits zeigt die Geschichte der Physik, dass dieses Argument allein noch kein hinreichender Grund dafür sein muss, dass man die Idee verwerfen sollte. Schließlich waren viele grundlegende Ideen der Physik vom Bohr'schen Atommodell bis zum Antimateriekonzept zunächst hochspekulativ und bestanden dennoch die Prüfung durch entsprechende Experimente. Die beiden Physiker haben als Vorteil ihres Konzepts herausgestellt, dass es alle Eigenschaften der Masse, ja sogar die Identität von schwerer und träger

Masse erklären könnte, und das sei doch weit eleganter »als ein bislang unentdecktes Higgs-Feld« [52]. Doch das »bislang Unentdeckte« ist inzwischen nachgewiesen – Eleganz hin oder her.

Elegante Theorien

Der Hinweis auf die *Eleganz* einer Theorie ist ohnehin interessant. Das Wörtchen kommt in der physikalischen Literatur zur Grundlagenforschung inzwischen ebenso häufig vor wie der Begriff des »Glaubens«. Doch was heißt eigentlich »elegant« im Zusammenhang mit physikalischen oder mathematischen Theorien? Das weiß niemand so ganz genau. Dennoch spielen die Begriffe Harmonie, Schönheit, Einfachheit und Eleganz eine große Rolle in der Forschung. Seit Jahrhunderten führen Wissenschaftler auch Wahrheitskriterien ohne rechte Begründung ins Feld, deren Begrifflichkeiten eigentlich in das Arsenal kunstwissenschaftlicher Betrachtungen gehören. Die »wahre« Lösung eines wissenschaftlichen Problems müsse auch schön sein oder einfach oder harmonisch oder eben – elegant. Genau genommen handelt es sich hierbei aber bestenfalls um heuristische Prinzipien. Heuristik bezeichnet die Kunst, mit geringem Wissen zu richtigen Ergebnissen zu kommen. Mit anderen Worten: Die Heuristik liefert Leitmotive – auch in der wissenschaftlichen Forschung. Solche Leitmotive kann man durchaus als Glaubenssätze betrachten. Sie haben sich dessen ungeachtet oft als nützlich erwiesen, können aber auch in die Irre führen.

Eines der besten Beispiele dafür bietet uns das Streben Johannes Keplers, in der Struktur des Planetensystems die »Weltharmonie« aufzuspüren. Hier gingen für Keplers Zeit ganz neuartige, seiner Epoche weit vorauseilende Fragestellungen eine enge Symbiose mit antiken Überlieferungen ein, so auch mit dem Gedankengut der Pythagoreer. Geleitet von der Überzeugung, die Welt sei harmonisch

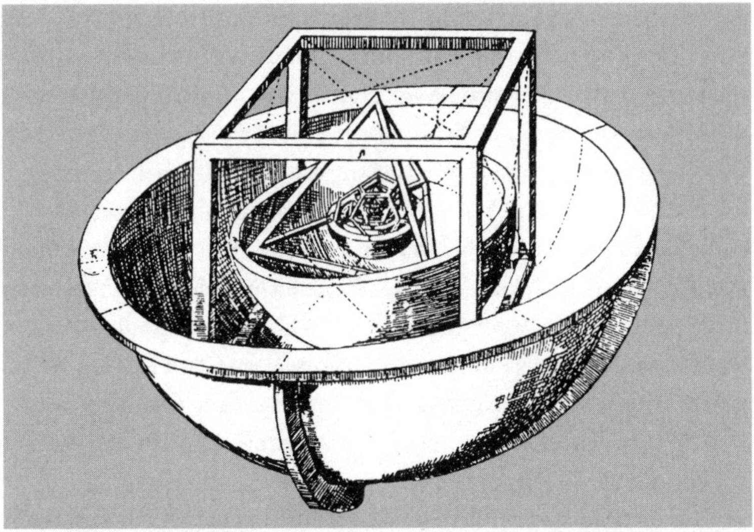

Johannes Kepler suchte im Bau des Planetensystems nach göttlicher Schönheit, indem er die Abstände der damals bekannten sechs Planeten mit geometrischen Prinzipien zu erklären versuchte. Dazu legte Kepler die fünf regulären Körper der euklidischen Geometrie so zwischen die Bahnen der Planeten, dass die Sphäre eines Planeten entweder die umbeschriebene oder die einbeschriebene Kugel eines dieser Körper wurde. Erst als der siebte Planet entdeckt wurde, erwies sich sein System – lange nach seinem Tod – definitiv als gescheitert.

und in den musikalischen Harmonien walte dasselbe Grundprinzip wie in jenen des Weltbaus, machte sich Kepler ans Werk. Sollte es ein Zufall sein, so fragte er sich bereits in seinem ersten Buch *Mysterium Cosmographicum* (*Weltgeheimnis*), dass es gerade sechs Planeten gibt und fünf regelmäßige euklidische Körper?[5] Wäre es nicht denkbar,

5 – Dabei handelt es sich um Tetraeder (Vierflächner aus vier Dreiecken), Hexaeder oder Würfel (Sechsflächner aus sechs Quadraten), Oktaeder (Achtflächner aus acht Dreiecken), Dodekaeder (Zwölfflächner aus zwölf Fünfecken) und Ikosaeder (Zwanzigflächner aus zwanzig Dreiecken).

dass die Welt nach geometrischen Prinzipien konstruiert ist (vgl. Abb. S. 323)? Das ist eine völlig legitime Frage und, weil Wissenschaft von Menschen betrieben wird, kann man sich auch nicht darüber wundern, dass Kepler die Hoffnung hegte, sie vielleicht mit »Ja« beantworten zu können. Tatsächlich gelang sein Vorhaben einigermaßen. Die quantitative Übereinstimmung zwischen den kopernikanischen Planetenbahnen und den Vielflächnern ist nicht zu übersehen. Damit war aber letztlich auch die Zahl der Planeten festgelegt, denn mehr als fünf regelmäßige Körper gibt es nicht. Wohl aber mehr als sechs Planeten, wie die Entdeckungen von Uranus (1781) und Neptun (1846) später zeigen sollten. Keplers Theorie war damit zweifellos schön und elegant, die »Wahrheit« beschrieb sie dennoch nicht korrekt und erwies sich somit lange nach seinem Tod als gescheitert.

Die Annahme einer Harmonie im Universum als ein gleichsam apriorisches Ordnungsprinzip war in der Renaissance durchaus nichts Ungewöhnliches, knüpfte man doch damals in vieler Hinsicht an die Leistungen der antiken Denker wieder an. So schreibt zum Beispiel Joachim Rheticus in seiner 1540 erschienenen Schrift *Narratio Prima (Erster Bericht)* über das kopernikanische System von einer durch Gott so vollkommen eingerichteten Welt,

> [...] dass von den sechs beweglichen Sphären eine himmlische Harmonie vollendet wird, indem alle diese Sphären so aufeinanderfolgen, dass keine Unermesslichkeit in den Abständen von einem Planeten zum anderen auftritt, vielmehr ein jeder geometrisch eingehegt, seinen Ort in der Weise einhält, dass man, wollte man einen von seinem Ort entfernen, das ganze System zumal auflösen würde [53].

Unverkennbar hat Kepler diesen Gedanken aufgegriffen und weiterentwickelt. Nun könnte man einwenden, es handele sich um Forschungsstrategien einer weit zurückliegenden Vergangenheit, die zudem in einem völlig anders gelagerten geistig-religiösen Umfeld entwickelt wurden. Heute hingegen sei Wissenschaft eher das Gegenteil von Glauben, also reine Vernunft. Schließlich habe es bereits zu Keplers Zeiten scharfe Kritiker seiner Suchstrategien gegeben, wie zum Beispiel Athanasius Kircher, dem die von Kepler aufgebauten Harmonien als »mystisch und dunkel« erschienen waren [54]. Spätere Kritiker sprachen gar – bei Anerkennung der von Kepler erzielten wissenschaftlichen Erfolge – von einigem »Nonsens« in seinen Annahmen und Voraussetzungen.

Ein Blick in die jüngere Geschichte der Physik lässt jedoch erkennen, dass Keplers Strategien offenbar auch in der modernen Forschung durchaus als unverzichtbar betrachtet werden und somit noch immer ins Arsenal der Forschungsphilosophie gehören. So schreibt beispielsweise Albert Einstein mit unmittelbarem Bezug auf Kepler von einem Gefühl der Bewunderung für die »rätselhaften Harmonien der Natur, in die wir hineingeboren sind«. Und weiter:

> Die Menschen erdachten schon im Altertum Linien denkbar einfachster Gesetzmäßigkeit. Darunter waren neben der geraden Linie und dem Kreis vor allem Ellipse und Hyperbel. Diese letzteren Formen sehen wir in den Bahnen der Himmelskörper realisiert. [...] Es scheint, dass die menschliche Vernunft die Formen erst selbstständig konstruieren muss, ehe wir sie in den Dingen nachweisen können [55].

Und an anderer Stelle formuliert Einstein schließlich die eigentliche Kernaussage für das Funktionieren von wissenschaftlicher Erkenntnis aus Beobachtung und Theorie:

> Keiner, der sich in den Gegenstand wirklich vertieft hat, wird leugnen, dass die Welt der Wahrnehmungen das theoretische System praktisch eindeutig bestimmt, trotz-

dem kein logischer Weg von den Wahrnehmungen zu den Grundsätzen der Theorie führt [56].

Und weil es keine Brücke zwischen Wahrnehmung und Begriff gibt, werden auch künftig Eleganz, Harmonie, Einfachheit und Schönheit in der naturwissenschaftlichen Forschung eine Rolle spielen, ohne dass wir wissen, ob wir damit auf dem richtigen Weg sind. Doch – und darin unterscheidet sich die Wissenschaft von jeder Religion – eine noch so fantasievoll und intuitiv konstruierte, eine noch so spekulative und aberwitzig erscheinende Theorie muss an der Wirklichkeit überprüft werden. Erst wenn sie dieser Bewährungsprobe standhält, wird sie als eine die Realität in bestimmten Grenzen tatsächlich widerspiegelnde Theorie anerkannt werden. Insofern bestimmt die Welt der Wahrnehmungen das theoretische System dann doch eindeutig, wie Einstein festgestellt hatte.

Steht ein Paradigmenwechsel bevor?

Die Physik hat sich in der bisherigen Geschichte immer entwickelt, wenn auch nicht gleichmäßig. Es gab ganze Epochen, in denen von »neuen Horizonten« keine Rede war, Epochen des fleißigen Forschens und Sammelns. Es gab aber auch große Umbrüche, die alles bisher für wahr Erachtete in Frage stellten. Wir sprechen in solchen Zusammenhängen auch von »Paradigmenwechseln«. Dann ändern sich die Denkweisen, die Betrachtungsgrundlagen und oft auch die Methoden.

Häufig kommt solch ein Wechsel der bis dahin vorherrschenden Denkschemata einem Befreiungsschlag gleich. Bei genauerem Hinsehen mögen die neuen Erkenntnisse zwar radikal sein, auch überraschend und unerwartet. Dennoch wiesen sie den früheren Erkenntnissen stets einen Platz zu, einen neuen historischen Ort, der keineswegs einer Verbannung gleichkam. Das frühere Wissen wurde nicht einfach als falsch verworfen, sondern in einen Bedingungsrahmen gestellt. Zwar ist die Newton'sche Physik aus der Sicht von Einsteins Erkenntnissen nur eine »annähernd« richtige Widerspiegelung der Wirklichkeit. Doch für die kleinen Geschwindigkeiten unserer alltäglichen Erfahrung ist sie völlig hinreichend.

Ein Blick in die Geschichte zeigt uns auch, dass es immer schon eine Zunahme von Komplizierung durch das Anhäufen neuer Beobachtungstatsachen gegeben hat. Je genauer man die Planetenpositionen feststellen konnte, umso mehr Hilfskreise benötigte man, um die Daten im Rahmen des etablierten Systems der Theorie zuzuordnen. Dann kam Nikolaus Kopernikus mit einer grundlegend anderen Grundannahme. Im Mittelpunkt des Universums sollte nun statt der Erde die Sonne stehen. Doch auf Hilfskreise konnte auch er nicht verzichten. Die Übereinstimmung der aus seiner Hypothese berechneten Planetenpositionen mit den Beobachtungsdaten war nicht deutlich besser als die des alten Systems. Der Grund wurde erst später klar. Johannes Keplers Entdeckung der Ellipsengestalt der Planetenbahnen (wiederum auf Beobachtungen beruhend!) verbannte alle Hilfskreise und die Kompliziertheit des Systems wich einer neuen Einfachheit (oder Schönheit).

Wir könnten uns heute durchaus in einer vergleichbaren Situation befinden. Immer neue Entdeckungen, immer neue Hypothesen, immer neue Parameter ohne physikalische Begründung – das alles könnte in ein System größerer Einfachheit einmünden. Es fragt sich nur, ob die Warnungen der Kritiker vor den »pluralistischen« Interpretationen der vielen Beobachtungsdaten einen Beitrag zu dieser neuen Einfachheit zu leisten vermögen. Oder ob nicht vielmehr all dieses scheinbare Wirrwarr und die mannigfaltigen Lücken und Widersprüche in den gegenwärtigen Standardmodellen der Kosmologie ebenso wie der Elementarteilchenphysik sich nicht letztlich geradezu als die unentbehrliche Voraussetzung und als Grundlage für die neue Einfachheit erweisen werden, getreu dem Aperçu von Robert Wichard Pohl:

> Wenn ein Lehrbuch immer dicker und dicker wird, so ist das das sicherste Zeichen dafür, dass es bald überholt ist [57].

Auch eine wiederum »neue Physik«, falls sie nunmehr bevorstehen sollte, wird bestimmt nicht alle bisherigen Erkenntnisse und Theorien ad acta legen und aus einem ganz andersartigen System von Erkenntnissen bestehen, als wir es heute besitzen. Dafür sind die meisten Erkenntnisse zu gut gesichert – sowohl experimentell als auch theoretisch –, freilich nur innerhalb jener Bedingungen, für die wir sie untersucht haben. Andererseits werden sich nicht alle gegenwärtig am Ideenmarkt gehandelten Konzepte zur Erklärung der Realität bewähren. Neue werden hinzukommen, andere werden ausscheiden und in diesem Sinne wird das physikalische Weltbild sicherlich noch viele, darunter auch tiefgreifende und grundlegende Wandlungen erfahren.

Vom Standpunkt der Newton'schen Physik stellen die zu Beginn des 20. Jahrhunderts entwickelten Gebäude der Relativitätstheorie und der Quantentheorie durchaus eine »neue Physik« dar. Leider stehen diese beiden großen Säulen der modernen Physik immer noch fast beziehungslos nebeneinander. Wenn wir die Welt tiefer verstehen möchten, als dies gegenwärtig der Fall ist, muss dieser Makel beseitigt werden, und das wird dann (vielleicht) die »neue Physik« sein. Und die »Hadronenkanone« in Genf wird bei deren Entstehung als experimenteller Richter eine wichtige Rolle spielen. Als Interludium freilich nur – als weiteres Zwischenspiel. Auch gegen diesen Richterspruch wird gewiss Einspruch erhoben werden. Denn Wissenschaft war und bleibt »ein historisch-sozialer, [...] ein kollektiv-evolutiver Prozess, in dem sich der menschliche Geist selbst weiterentwickelt« [58]. Lee Smolin hat es noch provokanter ausgedrückt:

Stringtheoretiker zu sein, ist mehr eine soziologische, keine intellektuelle Zuordnung. Man muss ein bestimmtes Set an Glaubensgrundsätzen verinnerlichen. Auch das ist leider eine Eigenheit der akademischen Welt [59].

Was wird aus dem Universum?

Dass der Mensch gern in die Zukunft schaut, ist eine seiner Grundeigenschaften. Schon im ersten Jahrtausend vor Christus galt das Orakel von Delphi als eine der wichtigsten hellenistischen Kult- und Pilgerstätten. Es verdankte seinen einzigartigen Rang und Ruf den Auskünften über zukünftige Ereignisse, die hochgestellte Persönlichkeiten dort angeblich erfahren konnten. Die Sehnsucht des Menschen, Gewissheit über erst Kommendes zu erlangen, ist bis heute geblieben. Astrologen, Kartenleger und eine Heerschar sonstiger esoterischer »Berufsgruppen« profitieren davon. Indessen hat sich gezeigt, dass einzig die Naturwissenschaft – und auch diese nur auf bestimmten ihrer Felder und für bestimmte eingeschränkte Zeiten – in der Lage ist, verlässliche Prognosen zu stellen.

Wann zum Beispiel der Mond, von der Erde aus gesehen, genau dort steht, wo sich auch die Sonne befindet, wann also eine totale Sonnenfinsternis eintreten wird, können wir auf sehr lange Zeiten mit höchster Präzision voraussagen. Welches Wetter in Kanada in sechs Wochen herrschen wird, hingegen nicht. Begeben wir uns auf ganz große Zeitskalen, so versagt aber auch die Himmelsmechanik. Diese Erkenntnis verdanken wir der Chaosforschung. Zwar gelten weiterhin die Gesetze der klassischen Physik, insbesondere der Mechanik, dennoch können sich beliebig kleine (und somit unmessbare) Unterschiede in den Anfangsbedingungen des betreffenden Systems »aufschaukeln«, was schließlich zur Unvorhersagbarkeit führt. In der Mikrowelt stößt die Vorhersagbarkeit auf eine prinzipielle Schranke, die mit der Messgenauigkeit der Anfangsbedingungen gar nichts zu tun hat, sondern (höchstwahrscheinlich) grundsätzlicher Natur ist.

Angesichts dieser hier nur kurz skizzierten Sachlage mag es vermessen klingen, die Zukunft des ganzen Universums langfristig vorhersagen zu wollen. Und zwar weit über jene Zeiten hinaus, in denen unsere Sonne noch existieren wird. »Die Futurologie ist die Wissenschaft vom Kaffeesatz«, meint Hans Magnus Enzensberger [60]. Dennoch wurden und werden solche gewaltigen Extrapolationen immer wieder versucht. Der Ausgangspunkt diesbezüglicher Überlegungen kann natürlich stets nur die Summe unserer gegenwärtigen Kenntnisse über die kosmischen Prozesse sein. Darin liegt zugleich die Beschränkung und Unwägbarkeit der Zuverlässigkeit unserer Resultate. Jeder, der angesichts der gegenwärtigen Situation von Kosmologie und Elementarteilchenphysik Zweifel an den Prognosen anmeldet, hat eigentlich recht. Dennoch stellen wir die Frage: Wie könnte die Zukunft des Universums nach unserem heutigen Wissensstand aussehen?

Gehen wir zunächst davon aus, dass das Universum expandiert – ein unbestreitbarer Tatbestand. Er wurde durch die Entdeckung der Dunklen Energie sogar noch dahin gehend modifiziert, dass der anfangs für möglich gehaltene Stillstand der Expansion in der Zukunft und das Umschlagen in eine Kontraktion ausgeschlossen erscheint. Ursprünglich hatte man aufgrund der Beobachtungsdaten den Schluss gezogen, dass sich die Ausdehnung des Weltalls wegen der Gravitation der in ihm enthaltenen Massen allmählich verlangsamen wird. Man glaubte, dass es sogar schließlich gänzlich zum Stillstand kommen und anschließend wieder kontrahieren könnte (vgl. Abb. rechts).

Allerdings wäre dies Berechnungen zufolge erst in etwa achtzig Milliarden Jahren der Fall gewesen, also dem mehr als Fünffachen der seit dem Urknall bereits vergangenen Zeit. Dann würde die sich beschleunigende Kontraktion beginnen, die schließlich nach etwa

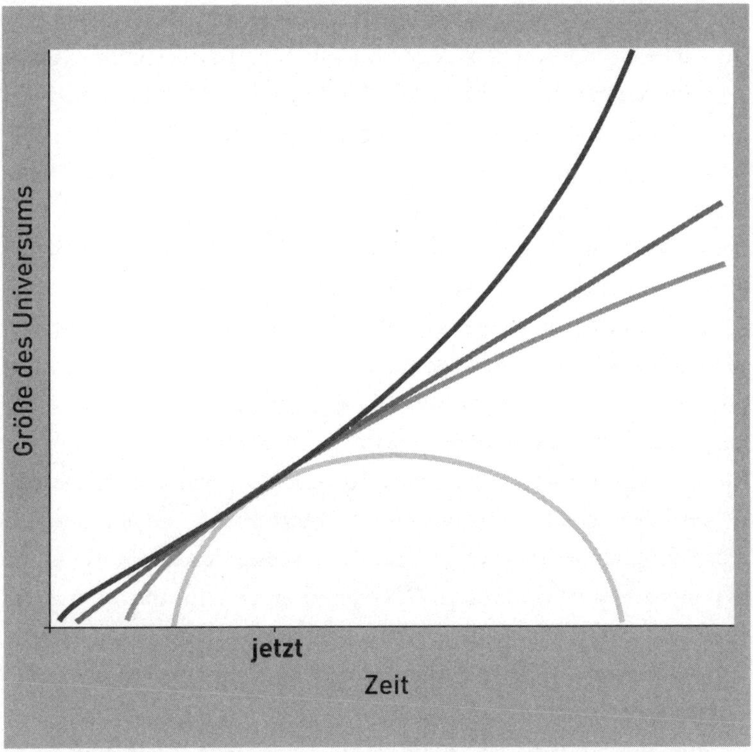

Die Gesamtmasse und -energie des Universums wirkt sich maßgeblich auf seine künftige Entwicklung aus. Die Abbildung zeigt die Größe des Weltalls je nach vorhandener Materie- und Energiedichte in Abhängigkeit von seinem Alter. Bis vor rund 15 Jahren wurden ausschließlich die drei unteren Weltmodelle diskutiert, in denen die Dunkle Energie noch keine Rolle spielt. Dabei zeigt die unterste Kurve die Expansion eines geschlossenen Universums, dessen Materiedichte so groß ist, dass es schließlich in eine Kontraktion übergeht. Das Universum ist jünger als angenommen. Die zweite Kurve zeigt den Grenzfall eines flachen Universums. Die Materiedichte ist gerade groß genug, um die Expansion nach unendlich langer Zeit abzubremsen. Die dritte Kurve zeigt ein offenes gekrümmtes Universum, in dem die Materiedichte so klein ist, dass sie die Ausdehnung nicht stoppen kann. Die Expansion schreitet immer weiter fort, verlangsamt sich aber. Die oberste Kurve schließlich zeigt ein (zum jetzigen Zeitpunkt) flaches Universum mit einer beschleunigt verlaufenden Expansion – angetrieben durch die Dunkle Energie – und entspricht damit den gegenwärtigen Beobachtungen.

160 Milliarden Jahren zum »Big Crunch« führen würde, dem großen »Zusammenkrachen«, der nächsten Singularität, wiederum einem (durch die Physik nicht beschreibbaren) Zustand unendlicher Dichte und Temperatur. Die Dunkle Energie aber beschleunigt ja die Expansion und wirkt der Gravitation entgegen – von allmählicher Verlangsamung und einem Übergang in die Kontraktion kann also keine Rede mehr sein. Demnach müsste sich also die Expansion in alle Ewigkeit fortsetzen. Was würde das bedeuten?

Unsere heutigen Kenntnisse über die Entwicklung der Sterne und die Evolution des Kosmos sowie das Standardmodell der Teilchenphysik gestatten es uns durchaus, einen groben Abriss des Geschehens, das dem Weltall in der Zukunft wahrscheinlich bevorsteht, in Modellrechnungen zu skizzieren. Zunächst würden sich die Abstände der Galaxienhaufen immer weiter vergrößern. In den einzelnen Sternsystemen wird durch die Hunderte Milliarden von Sternen, aus denen sie bestehen, ständig Wasserstoff zu Helium fusioniert. Die Zahl der Galaxien in den Haufen müsste sich mit der Zeit verringern, da Kollisionen zwischen den einzelnen Sternsystemen diese zu Riesengalaxien verschmelzen lassen.

Aus Messungen wissen wir schon heute, dass unser Milchstraßensystem in etwa vier Milliarden Jahren mit der uns benachbarten Andromeda-Galaxie (M 31) kollidieren wird. Die Schwarzen Löcher in den Zentren der beiden Systeme könnten sich dabei vereinigen und es könnte eine einzige, viel größere Galaxie entstehen. Spinnen wir diesen Gedanken fort, so werden eines sehr fernen Tages alle Galaxien unserer näheren galaktischen Nachbarschaft, die Objekte der sogenannten Lokalen Gruppe, zu einer einzigen Riesengalaxie verschmolzen sein. Dieser Prozess setzt sich weiter fort und bezieht schließlich auch den Virgo-Galaxienhaufen mit ein, an dessen Rand sich unsere lokale Nebelgruppe heute befindet.

In jenen großen Zeiträumen, über die wir hier reden, wird aber der Rohstoff immer knapper, aus dem dereinst Sterne entstanden. Da es immer weniger Wasserstoff gibt, kommt der Prozess der Sternentstehung folgerichtig zum Stillstand, während gleichzeitig die schon bestehenden Sterne ihr Leben nach und nach aushauchen. Die »Alten« sterben, aber es wachsen keine neuen Generationen mehr nach. Das Universum verliert dadurch eine seiner gegenwärtig bemerkenswertesten Eigenschaften: das Licht. Es wird dunkel. Nach insgesamt zehn Billionen (das heißt, nach zehntausend Milliarden) Jahren wäre es nur noch von langwelliger Wärme- und Radiostrahlung jener Objekte erfüllt, in denen keine Kernfusion mehr stattfindet, die also nur noch auskühlen. Nach hundert Billionen Jahren sind allein noch Schwarze Zwerge – das sind abgekühlte frühere Weiße Zwerge –, Neutronensterne und Schwarze Löcher vorhanden. Die Temperatur des zu unvorstellbarer Größe aufgeblähten Raums beträgt lediglich noch ein Kelvin, also ein Grad über dem absoluten Nullpunkt.

Das Universum ist jedoch noch nicht ereignislos. Im Gegenteil: Angesichts der unvorstellbaren Zeiträume geschehen auch Dinge, die extrem selten sind. So entreißen sich tote Sonnen bei nahen Begegnungen gegenseitig ihre Planeten und schleudern diese kleinen Objekte in die Einsamkeit des Weltalls hinaus. Auch die Galaxien verlieren durch Begegnungen mit anderen die meisten ihrer erkalteten Sterne, während der Rest ihrer Substanz in die zentralen Schwarzen Löcher der Sternsysteme stürzt. Was wir nach etwa zehn Trillionen Jahren im Weltall noch antreffen, sind extrem massereiche Schwarze Löcher, die gelegentlich noch vorbeikommende tote Sterne und Planeten verschlucken. Da und dort mag es noch ein kurzes Aufblitzen geben, wenn zwei Schwarze Zwerge aufeinanderprallen oder ein Neutronenstern mit einem Schwarzen Zwerg kollidiert.

Geradezu abenteuerlich mutet es an, wenn Forscher in diesem weitgehend verödeten, inzwischen hundert Trillionen Jahre alten Universum noch biologische Evolutionen für möglich halten. Dennoch gibt es Vorstellungen, die den Weißen Zwergen eine außergewöhnliche Spätentwicklung zugestehen.

Spekulationen über eine ferne Zukunft

Sollte die zurzeit noch rätselhafte Dunkle Materie aus massereichen Teilchen mit schwacher Wechselwirkung (den schon erwähnten WIMPs, s. S. 202f) bestehen, so könnten sich diese im Inneren Weißer Zwerge ansammeln. Dabei könnten sie sich gelegentlich nahe genug kommen, um als Teilchen und Antiteilchen zu zerstrahlen und Energie freizusetzen. Die Weißen Zwerge würden dadurch für längere Zeit etwa bei der Temperatur des flüssigen Stickstoffs verharren, statt weiter abzukühlen. Das sind zwar nur 65 Kelvin oder –208 Grad Celsius, angesichts der extrem langen, zur Verfügung stehenden Zeiträume und der Energievorräte in den Atmosphären solcher Sterne wäre aber eine biologische Evolution nach Ansicht einiger spekulationsfreudiger Forscher nicht völlig auszuschließen. Die sehr niedrigen Temperaturen werden gleichsam durch die enormen Zeiträume kompensiert, die dieser Entwicklung zur Verfügung stünden.

In derartig langen Zeiten könnte die Evolution wahre Wunder zustande bringen, meinen die US-amerikanischen Wissenschaftler Fred Adams und Gregory Laughlin in Anknüpfung an eine Idee von Freeman Dyson. Dieser unkonventionelle Gedanke an eine vielleicht weitaus höher entwickelte Zivilisation als die unsere in der Ödnis eines bereits uralten Universums mag verblüffen, aber niemand weiß andererseits, ob das Phänomen des Lebens zwangsläufig auf sonnenbestrahlte Planeten mit entsprechender Biosphäre beschränkt sein muss. Immerhin vermögen wir heute ebenso wenig zu sagen, worum es sich bei der Dunklen Materie tatsächlich handelt.

Doch auch dieses Leben, so es denn überhaupt entstünde, müsste wieder vergehen, weil schließlich die Materie selbst erstirbt. Einige der heute diskutierten Kandidaten für die »Große Vereinheitlichte Theorie« (GUT) sagen voraus, dass auch Protonen nicht stabil sind. Dass wir noch niemals den Zerfall eines Protons beobachtet haben, liegt lediglich daran, dass die Lebensdauer eines einzelnen Protons

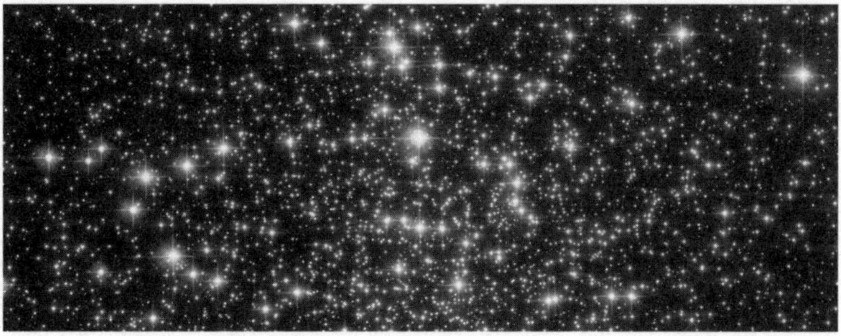

Weiße Zwerge könnten nach Ansicht einiger Forscher in ferner Zukunft noch für Überraschungen gut sein. Das Bild zeigt das Zentrum des Kugelsternhaufens M 4, der zahlreiche Weiße Zwerge enthält.

weitaus größer ist, als die gesamte bisherige Existenzdauer des Universums seit dem Urknall. Die Theoretiker erwarten eine Proton-Lebensdauer zwischen 10^{31} und 10^{36} Jahren!

Schon seit Langem bemühen sich Forscher in groß angelegten Experimenten, diesen prognostizierten Protonenzerfall nachzuweisen. Bisher ohne Erfolg. Sollten Protonen aber tatsächlich eine Lebensdauer in der Größenordnung der vorhergesagten haben, dann wäre nunmehr in dem uralten Weltall die Zeit gekommen, in der auch die Protonen zunehmend verschwinden und damit alle noch vorhandenen Reste von Objekten (Schwarze Zwerge, Neutronensterne und Planeten) ihr Leben aushauchen. Einzig die Schwarzen Löcher haben eine noch höhere Lebenserwartung. Sie liegt nach Stephen Hawking bei sehr massereichen Objekten, wie sie zum Beispiel im Zentrum von Galaxien beobachtet werden, bei knapp 10^{100} Jahren.

Nach Ablauf dieser Zeit aber gibt es tatsächlich keinerlei Strukturen mehr im Universum. Hingegen irren noch Neutrinos, Elektronen und Positronen durch das dünne Strahlungsmeer. Die Expansion hat das Universum vereisen lassen – die Temperatur liegt fast am absoluten Nullpunkt. Die Wellenlänge der thermischen Strahlung aus dem Urknall hat dann den unvorstellbaren Wert von 10^{41} Lichtjahren angenommen. Eigentlich herrscht ein Nichts, wie am Beginn der Lebensgeschichte des Weltalls, das sich nun einem Zustand zeitloser Ewigkeit nähert.

Diese durchaus realistische Gruselgeschichte über die fernste Zukunft unseres Universums kann aber nur dann den Anspruch auf Wahrheit erheben, wenn die gegenwärtig beobachtete, immer schneller werdende Expansion auch in der Zukunft fortschreitet oder die Materiedichte im Universum nicht groß genug ist, um eine Umkehr zu bewirken. Beides ist keineswegs sicher. Denken wir nur an die inflationäre Phase der Entwicklung des Weltalls. Sie setzte ebenso plötzlich ein, wie sie wieder abbrach. Aus Beobachtungen wissen wir, dass die beschleunigte Expansion aus einem uns heute noch unerklärlichen Grund nicht schon immer vorhanden war, sondern vor sechs bis acht Milliarden Jahren plötzlich eingesetzt hat. Sollte sich dies bestätigen, müsste man zumindest in Erwägung ziehen, dass sie nicht in alle Zukunft fortwirkt. Wenn wir gar noch die Möglichkeit einräumen, dass die Dunkle Energie überhaupt nur vorgetäuscht wird (s. S. 207ff), müssten wir das gesamte Geschehen bezüglich der Zukunft des Weltalls ohnehin völlig neu überdenken.

Nachdem wir vielfach erfahren haben, dass es zu fast allen Theorien auch alternative Auffassungen gibt, wird es uns nicht mehr wundern, dass auch auf dem Gebiet der Kosmologie Vorstellungen entwickelt wurden, die sämtlichen bisher geschilderten Szenarien völlig unähnlich sind. Die Anfänge dieser Ideen datieren schon aus den Achtzigerjahren des vergangenen Jahrhunderts, als man von der beschleunigten Expansion noch nicht das Geringste ahnte. Die beiden Physiker Sidney Coleman und Frank De Luccia schockierten damals die wissenschaftliche Welt mit der These, das gesamte Weltall könne auch *schlagartig* verschwinden. Sie argumentierten, dass die inflationäre Phase der Expansion des Weltalls auf einen spontanen Zerfall des Quantenvakuums zurückzuführen sei. Das bestehende

Vakuum befand sich demnach in einem instabilen Zustand und ging in einen solchen mit niedrigerer Energie über. Man könne aber nicht wissen, meinen die beiden Physiker, ob dieses Vakuum bereits den Zustand niedrigster Energie erreicht hat. Wenn dies nicht der Fall sei, könne es erneut zu einem spontanen Zerfall des Vakuums kommen – mit verheerenden Folgen für das gesamte Universum. Dass der erste Zerfall bereits 10^{-35} Sekunden nach dem Urknall stattfand und das Universum nunmehr bereits seit 13,82 Milliarden Jahren existiert, verunsichert die beiden Physiker dabei nicht. Schließlich gebe es auch beim spontanen radioaktiven Zerfall von Atomen Halbwertszeiten von wenigen Minuten und andere von mehreren Milliarden Jahren.

Leben wir in einem sehr langlebigen, aber instabilen Vakuum, könnte dieses jederzeit ohne Grund, das heißt, spontan an irgendeinem Punkt zerfallen und dieser Phasenübergang würde sich mit enormer Geschwindigkeit über das gesamte Universum ausbreiten. Dabei werden nicht nur die großen Strukturen des Universums, die Galaxienhaufen, Galaxien und Sterne vernichtet, sondern auch die Elementarteilchen. Es wäre das Ende des gesamten Universums in seinem jetzigen Zustand. Für uns Menschen würde dies höchstwahrscheinlich einen schmerzlosen Tod bedeuten, weil er viel zu schnell käme – ohne Vorwarnzeit. Selbst, wenn eine solche ultimative Vernichtungswelle in einem fernen Winkel des Alls mit mehrfacher Lichtgeschwindigkeit jetzt bereits eingesetzt hätte, wir würden davon nichts bemerken, bis wir schließlich selbst davon erfasst würden.

So viel aus dem Ideenlabor der modernen Physik-Orakel. Schon beim Lesen dieser und anderer Szenarien erkennt man jedoch, dass sie auf unbewiesenen oder schwer zu beweisenden Annahmen beruhen. Insofern bleiben alle Blicke in die ferne Zukunft des Weltalls einstweilen Spekulation. Das mag sich ändern, wenn der Large Hadron Collider nach 2015 mit maximaler Leistungsstärke läuft und uns möglicherweise einige Fragen beantwortet, über die heute nur spekuliert werden kann.

Die Theorie von Allem

Sind wir der Natur auf der Spur?

Gesucht ist: die Weltformel. Einfach soll sie sein, am besten auch elegant und schön. Aber kann eine solche Formel – so es sie denn gibt – je das komplexe Phänomen des Lebens erklären? Oder wenigstens die »letzten Rätsel« der Physik lösen?

Vieles ist berechenbar – zum Beispiel die Bewegungen einer Gaswolke und benachbarter Sterne in der Nähe des Milchstraßenzentrums.

Wissen wir bald alles?

Die in der modernen Physik aufgeworfenen Fragen erscheinen Vielen als Anmaßung des Menschen gegenüber der Natur. Andere verweisen darauf, dass sich die Wissenschaft im Grunde noch mit denselben Problemen herumschlägt wie schon im antiken Griechenland – auf einer viel höheren Ebene freilich. Doch gerade darin liegt der entscheidende Unterschied. Viele Physiker unserer Zeit machen keinen Hehl daraus, dass sie das von den Alten angepeilte Ziel, die Welt vollständig aus wenigen ihr innewohnenden Grundprinzipien zu erklären, in greifbare Nähe gerückt sehen. Stehen wir tatsächlich an der Schwelle zur Vollendung der Physik? Kann es eine solche Vollendung überhaupt geben?

Dahinter verbergen sich zwei verschiedene Fragen. Erstens: Gibt es im Universum unendlich viel zu entdecken, oder werden wir eines Tages, das heißt, in endlicher Zeit alle Phänomene kennengelernt haben, die überhaupt vorhanden sind? Zweitens: Kann es gelingen, alle beobachteten Fakten auf eine »Weltformel« zurückzuführen, also letztlich tatsächlich eine »Theorie von Allem« (Theory of Everything) zu entwickeln?

Mit der ersten der beiden Fragen hat sich der US-amerikanische Astronom Martin Harwit in einem sehr bekannt gewordenen Buch mit dem Titel *Cosmic Discovery (Die Entdeckung des Kosmos)* [61] ausführlich auseinandergesetzt. Darin betrachtet er die Geschichte der astronomischen Forschung unter einem neuartigen Gesichtspunkt. Harwit hat die astronomischen Entdeckungen der vergangenen Jahrtausende hinsichtlich ihrer Anzahl und zeitlichen Verteilung quantitativ analysiert und allgemeine Gesetzmäßigkeiten darin zu finden versucht.

In diesem Zusammenhang lenkte er seine besondere Aufmerksamkeit auf den Begriff des »Phänomens«. Phänomene (Objekte oder Vorgänge) sollen demnach »kosmische Merkmale von unterschiedlicher Erscheinung« sein. Phänomene in diesem Sinn sind zum Beispiel Röntgensterne, Quasare, Pulsare oder Gammastrahlenschauer. In der antiken Periode der Astronomie waren es Sterne, Planeten, Kometen und so fort. Bei seiner Analyse gelangt Harwit zu der Erkenntnis, dass die Zahl der Phänomene im Universum endlich ist und sich abschätzen lässt. Da Harwit die Zahl der im Universum vorhandenen (und zu entdeckenden) Phänomene als eine Eigenschaft des Universums betrachtet, sollte deren Abschätzung folgerichtig stets denselben Wert ergeben, unabhängig davon, wann die Schätzung durchgeführt wird. Aus dem historischen Material findet er tatsächlich für 1959, 1969 und 1979 stets denselben Wert – mit einer großen Schwankungsbreite von zwanzig Prozent allerdings, die er auf die begrenzte Zahl der Daten zurückführt.

Demnach gibt es im Universum rund 130 sogenannte multimodale Phänomene – das sind Sachverhalte, die sich auf verschiedene Art und Weise (durch verschiedene Modi) entdecken lassen. Hinzu kommen noch die unimodalen Phänomene, das heißt, solche grundlegenden Erscheinungen, die sich nur auf eine Art (durch einen Modus) entdecken lassen. Harwit schätzt sie ab, indem er sämtliche bisher gefundenen Phänomene betrachtet und speziell daraufhin untersucht, ob für sie auch eine redundante Erkennung möglich ist. Von den übrigen sei zu hoffen, dass die Theorie alternative Beobachtungsmodi erschließt, sobald die Phänomene selbst besser verstanden sind. So kommt er auf eine Zahl von etwa vierhundert unimodalen Phänomenen, insgesamt also rund fünfhundert Phänomene. Nun analysiert Harwit den zeitlichen Verlauf von Entdeckungsvorgängen anhand des bisher vorliegenden Materials und extrapoliert die Resultate in die Zukunft. Dabei ergibt sich ein interessantes Resultat (vgl. Abb. S. 343). Harwit schreibt:

> Falls diese Kurve den künftigen Entwicklungen genau entspricht, müssten wir bis zum Jahr 2200 etwa neunzig

Prozent aller multimodalen Phänomene gefunden haben. Danach könnte es jedoch mehrere Jahrtausende dauern, bis die wenigen noch verbleibenden Prozente gefunden sind. [...] Das gilt vor allem dann, wenn viele kosmische Phänomene unimodal sind. Es wird dann so lange zu Entdeckungen kommen, wie neue Beobachtungsverfahren in die Astronomie eingeführt werden können [62].

Mit anderen Worten: Irgendwann, nach endlicher Zeit wird man die meisten Phänomene gefunden haben. Dennoch würde es sehr lange dauern, restlos alle zu finden – wenn uns nicht sogar einige für immer verborgen bleiben.

Wie bei allen Prognosen, erkennen wir auch in diesem Fall, dass sie auf einer Reihe von unbewiesenen (und wahrscheinlich auch unbeweisbaren) Annahmen beruht. Immerhin ist Harwits Ansatz weltweit diskutiert worden und hat auch eine forschungspolitisch interessante Seite: Der Autor sieht die größte Gefahr für die möglichst zügige Entdeckung aller Phänomene – abgesehen von Kriegen oder dramatischen Naturkatastrophen – in einer straffen, zentralen Kontrolle der Forschung. Man müsse deshalb die astronomische Forschung weitgehend von einschränkenden Vorschriften befreien und langfristige, verbindliche Pläne nur noch für Großforschungseinrichtungen aufstellen. Ansonsten aber komme es darauf an, erhebliche Mittel für die Einführung neuer, wirksamer Verfahren zur Verfügung zu stellen, »ohne sonderlich danach zu fragen, was diese neuen Instrumente im Einzelnen über das Universum enthüllen könnten« [63].

Nehmen wir einmal mit Harwit an, die zu entdeckenden Phänomene seien tatsächlich von endlicher Zahl und wir hätten sie (fast) alle entdeckt. Würden wir dann das Universum vollständig verstehen? Ganz gewiss nicht! Mit der Entdeckung eines Phänomens beginnen ja meist erst die eigentlichen Fragen: Was hat das zu

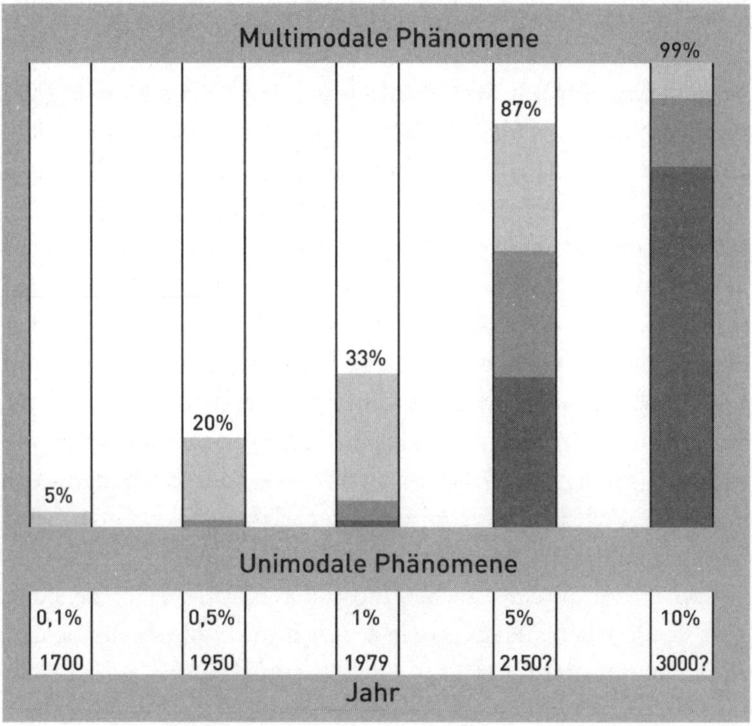

Die Anzahl der entdeckten multimodalen und unimodalen Phänomene mit fortschreitender Zeit nach Martin Harwit. Nach Schätzungen dieses Autors sind etwa bis zum Jahr dreitausend rund 99 Prozent der multimodalen Phänomene entdeckt, während die Anzahl der entdeckten unimodalen Phänomene wesentlich langsamer voranschreitet. Die Graustufen bedeuten: dunkel – dreifach oder höher erkannte Phänomene, mittel – zweifach erkannte Phänomene, hell – einfach erkannte Phänomene, weiß – noch unbekannte Phänomene.

bedeuten? Wie kommt das Phänomen zustande? Wie lässt es sich in ein konsistentes Bild unserer Vorstellungen und Ideen einbauen? Die meisten Phänomene zu kennen, ist sicherlich viel besser, als nur einige wenige entdeckt zu haben. Aber eine Weltformel besitzen wir damit noch nicht.

Das hehre Ziel der Vereinfachung

Noch niemals zuvor in der Geschichte waren so viele Wissenschaftler darum bemüht, die Phänomene des gesamten Universums in einer einzigen Formel zu erfassen wie gegenwärtig. Die meisten Physiker verstehen unter der ersehnten »Weltformel« die Vereinigung von Relativitätstheorie und Quantentheorie. Sie wird tatsächlich dringend benötigt, um die extremen Zustände in der frühesten Zeit des Universums überhaupt behandeln und verstehen zu können. Darüber hinaus gibt es aber ein noch weiter gestecktes Ziel: die »Theorie von Allem«! Dabei handelt es sich um ein visionäres theoretisches Gebäude, das nicht allein die physikalischen Phänomene im Großen wie im Kleinen unter »einem Dach« beschreibt, sondern auch chemische und biologische Prozesse, Vorgänge der Selbstorganisation, ja selbst das menschliche Denken.

Der Traum von einer solchen Theorie basiert auf der Überzeugung, dass sich letztlich alle chemischen Vorgänge auf physikalische und alle biologischen auf chemische Prozesse zurückführen lassen und so fort. Der »freie Wille« des Menschen erwiese sich dann als eine Illusion. Das Anliegen erinnert an jenen Dämon von Pierre-Simon Laplace, der das gesamte Geschehen in der Welt für alle Zeiten anzugeben vermag, wenn ihm nur die Bedingungen zu einem Anfangszeitpunkt in allen Einzelheiten bekannt wären. Laplace hatte diese Idee in seinem 1814 erschienenen *Essai philosophique sur les probabilités* (*Philosophische Abhandlung über die Wahrscheinlichkeiten*) veröffentlicht – zu einer Zeit, in der man nur die Mechanik als ausgebildete Disziplin der Physik kannte und darauf einen strengen Determinismus, eine Vorherbestimmtheit also, zu begründen versuchte.

Das engere Anliegen der Physiker, die Zusammenführung der vier Grundkräfte, hat zweifellos große Fortschritte gemacht, seit Albert Einstein, Arthur Eddington und Werner Heisenberg von dieser Vision fasziniert gewesen sind und sich (vergebens) darum bemüht

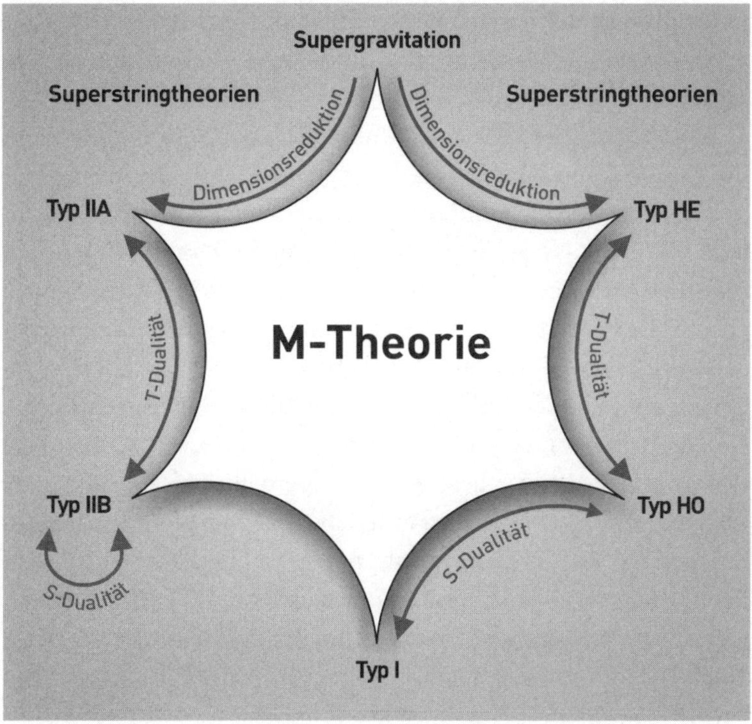

Die M-Theorie wird als bisher aussichtsreichster Kandidat einer Theorie von Allem angesehen. Ihr Schöpfer, Edward Witten, konnte nachweisen, dass fünf bekannte Typen der Superstringtheorie sowie die Theorie der Supergravitation mathematisch über Dimensionsreduktion und sogenannte Dualitäten miteinander verbunden sind und sich als Grenzfälle dieser höheren Theorie darstellen lassen. Jedoch ist die M-Theorie noch Gegenstand intensiver Forschung.

haben. Elektromagnetismus, starke und schwache Kernkraft sind heute vereinigt. Die Stringtheorie und ihre Weiterentwicklungen, die Superstringtheorien und die neuerdings diskutierte elfdimensionale M-Theorie von Edward Witten, die fünf Superstringtheorien miteinander vereinigt (vgl. Abb. oben), begeistert deren Anhänger in der großen Hoffnung, mit ihrer Hilfe die Vereinigung aller Kräfte einschließlich der Gravitation eines Tages tatsächlich zustande bringen zu können.

Eine Theorie von Allem wäre aber doch noch etwas anderes. In ihr ginge es um weit mehr als um die Vereinigung der vier Grundkräfte. Sie würde *alles* umfassen müssen und das wäre gleichbedeutend mit der Aussage, dass grundsätzlich das gesamte Geschehen im Universum vorherbestimmt wäre. Die Theorie von Allem müsste chaotische Prozesse, nichtlineare Zusammenhänge, Vorgänge der Selbstorganisation und auch Heisenbergs Unschärferelation in der Quantenphysik, ja selbst Vorgänge im sozialen Bereich menschlicher Gesellschaften mit einschließen. Dass die Theorie von Allem lange Zeit nicht nur als erstrebenswertes, sondern auch als grundsätzlich erreichbares Ziel angesehen wurde, hängt mit den beeindruckenden Erfolgen des Reduktionismus zusammen (vgl. Exkurs rechts). Dem Reduktionismus wohnt von Natur aus eine vereinheitlichende und somit auch vereinfachende Tendenz inne. Er erscheint deshalb vielen als das ideale Werkzeug auf dem Weg zu einer wirklich umfassenden Theorie von Allem.

Komplexe Vorgänge auf einfachere zurückzuführen, wurde zur beherrschenden Methode physikalischer Forschung, ja geradewegs zur weitgehend anerkannten Bedingung des wissenschaftlichen Fortschritts. Philosophen wie Karl Popper bestärkten die Wissenschaftler in dieser Auffassung, indem sie den Reduktionismus als das höchste Ziel der Forschung bezeichneten – eine Idee, die aber auch unter den Physikern selbst weitgehend akzeptiert war, von Newton bis Einstein. Die fast uneingeschränkte Anhängerschaft, die der Reduktionismus unter den Wissenschaftlern hatte, war auch nicht verwunderlich. Letztlich hatte man dieser Herangehensweise alle wesentlichen Erkenntnisfortschritte der letzten Jahrhunderte zu verdanken.

Die Entwicklung der Quantenphysik jedoch ließ im ersten Drittel des 20. Jahrhunderts erste Zweifel an diesem »Rezept« aufkommen

Exkurs

Reduktionismus

Nach der Auffassung der philosophischen Lehre des Reduktionismus (von lat.: reducere, zurückführen) wird jedes beliebige System letztlich durch seine Einzelbestandteile bestimmt. Das Verhalten großer, komplexer Objekte wird daher auf dasjenige eines Bereichs zurückgeführt (reduziert), den man als fundamentaler oder elementarer ansieht. Der generelle Reduktionismus führt alle Wissenschaften auf eine »Elementarwissenschaft« zurück und strebt auf diesem Weg nach einer »Einheitswissenschaft«, die dann alle Phänomene der Wirklichkeit beschreiben und erklären kann. Demnach lässt sich die Chemie auf die Physik zurückführen, die Biologie auf die Chemie, die Psychologie wiederum auf die Biologie und so fort. Als das grundlegende Werk der reduktionistischen Auffassung gilt heute das Buch von Paul Oppenheim und Hilary Putnam *The Unity of Science as a Working Hypothesis (Die Einheit der Wissenschaft als Arbeitshypothese*, 1958).

Ein zweifellos beeindruckendes und häufig herangezogenes Beispiel für die Erfolge des Reduktionismus liefern die Zusammenhänge zwischen Mechanik und Thermodynamik in der Physik. Die Mechanik ist die Teildisziplin von der Bewegung der Körper unter dem Einfluss von Kräften. Die empirische Thermodynamik beschrieb das Phänomen der Wärme als eine Substanz mit bestimmten Eigenschaften (zum Beispiel Übergang vom Wärmeren zum Kälteren). Sie konnte jedoch keine Aussage darüber machen, weshalb die Substanz gerade jene beobachteten Eigenschaften aufweist. Fasst man aber Materie als aus Teilchen (Atomen) bestehend auf, die den Gesetzen der Mechanik gehorchen, dann kann man das Phänomen der Wärme als die Bewegungsenergie der Teilchen eines Gases oder eines Körpers interpretieren und aus dem Bewegungsverhalten die Eigenschaften der »Substanz Wärme« ableiten. Eine zuvor weitgehend rätselhafte Erscheinung wurde so durch Reduktion auf die Mechanik erklärt. Die Sätze empirischer Regeln der Thermodynamik wurden nun mit einem Mal verständlich.

und einige seiner praktischen Beschränkungen erkennen, die sich später noch verdichten sollten. Ausgerechnet einer der Protagonisten der modernen Physik, Paul Dirac, erklärte 1929 mit Blick auf die quantenphysikalischen Erkenntnisse:

> Die fundamentalen physikalischen Gesetze, die für die mathematische Theorie des größten Teils der Physik und die gesamte Chemie notwendig sind, sind damit vollständig bekannt, und die Schwierigkeit ist nur, dass die Anwendung dieser Gesetze zu Gleichungen führt, die viel zu kompliziert sind, als dass man sie lösen könnte [64].

In der Tat: Was bei der Thermodynamik erfolgreich war, ist überhaupt nicht geeignet, um etwa das Ohm'sche Gesetz über den Zusammenhang zwischen Spannung, Stromstärke und Widerstand in einem elektrischen Leiter zu finden. In einem solchen Leiter fließen Milliarden von Elektronen. Das Verhalten jedes einzelnen von ihnen wird durch eine Gleichung beschrieben. Die Lösung einer solch immensen Zahl von Gleichungen, die dann das makroskopische System (den fließenden Strom) als Ganzes beschreiben würden, ist natürlich völlig unmöglich.

Der Physiker Anthony J. Leggett erklärte rundheraus auf einem Kolloquium in Japan, er wette, dass kein Physiker in der Lage sei, das Ohm'sche Gesetz mit Hilfe der Grundlagen der Atomtheorie und des Elektromagnetismus für eine reale Versuchsanordnung zu beweisen. Diese Wette würde er sicher gewonnen haben, wenn sie nur jemand angenommen hätte. Trotzdem bezweifelt niemand die Richtigkeit des Ohm'schen Gesetzes. Und es besteht auch nicht der geringste Zweifel daran, dass dieses Gesetz sich auf der Grundlage von Atomtheorie und Elektromagnetismus entfaltet. Dieses Beispiel zeigt deutlich, wo und warum der generell so erfolgreiche Reduktionismus seine Grenzen hat.

Das große Geheimnis der Emergenz

Nun könnte man einwenden, es handele sich bei schwierigen Rechnungen nicht um prinzipielle Schranken, sondern nur um eine Frage der praktischen Machbarkeit. Grundsätzlich müsste man mit genügend leistungsfähigen Computern nur lange genug rechnen und könnte dann zeigen, dass die Reduktion funktioniert. Es gibt aber noch einen weitaus tiefgreifenderen Einwand gegen die unbegrenzten Fähigkeiten des Reduktionismus. Dieser besteht in der Emergenz oder Übersummativität von Ensembles (s. Exkurs S. 350). Schon Aristoteles hat das »Umschlagen von Quantitäten in neue Qualitäten« erkannt und in dem meist vereinfacht zitierten Satz zusammengefasst:

> Das Ganze ist mehr als die Summe seiner Teile [65].

Der Reduktionismus hat diese Erkenntnis aus gutem Grund lange Zeit ignoriert, doch heute sind wir gezwungen, darauf zurückzukommen. Der US-amerikanische Physiker Robert B. Laughlin ist dabei in seinem Buch *Abschied von der Weltformel* [66] zu dem Ergebnis gekommen, dass die Suche nach der Theorie von Allem der Jagd auf ein Phantom gleichkommt. Er schreibt:

> Weil unsere Messungen so genau sind, können wir mit Überzeugung erklären, dass die Suche nach einer einzigen ultimativen Wahrheit an ihr Ende gelangt, gleichzeitig aber gescheitert ist. Denn die Natur ist, wie sich nun enthüllt, ein gewaltiger Turm aus Wahrheiten, wo mit größer werdenden Messskalen jede von den jeweiligen Vorfahren abhängt und dann über diese hinausgeht. Wie Kolumbus oder Marco Polo sind wir aufgebrochen, um ein neues Land zu erkunden, haben aber stattdessen eine neue Welt entdeckt [67].

Exkurs

Emergenz

Emergente Eigenschaften (von lat.: emergere, auftauchen) eines Systems lassen sich grundsätzlich nicht auf die Eigenschaften der Systembestandteile zurückführen. Auf einer »höheren Ebene« gelten ganz andere Gesetze, es tritt ein neuartiges Verhalten der Ensembles von Elementen zutage, das aus den Eigenschaften der einzelnen Elemente selbst prinzipiell nicht abgeleitet werden kann. Es entsteht erst als Ergebnis der Kollektivität der Einzelbestandteile und kann daher aus deren Eigenschaften auch nicht vorhergesagt werden. In der jüngeren Wissenschaftstheorie wird Emergenz häufig herangezogen, um gegen den Reduktionismus zu polemisieren.

Betrachten wir einige Beispiele, um zu verdeutlichen, was damit gemeint ist. Ein einzelnes Metallatom besitzt bekanntlich keine metallischen Eigenschaften. Erst wenn mehrere Atome zu einem Gitter zusammentreten und die einzelnen Elektronen in den Atomhüllen miteinander wechselwirken, treten die typischen metallischen Eigenschaften hervor. Wir haben es mit einem neuen System zu tun, das nunmehr Eigenschaften erkennen lässt, die aus den Eigenschaften seiner einzelnen Bestandteile nicht abgeleitet werden können, obwohl sie auf ihnen beruhen. Im Bereich komplexerer Systeme wird dies noch weitaus deutlicher. So spielen kollektive Wechselwirkungen für die emergente Erscheinung des Lebens eine entscheidende Rolle. Erst das Ineinandergreifen komplexer Vorgänge in den Einzelteilen führt zum Phänomen des Lebens, das den Teilen selbst und auch einzelnen Reaktionen noch nicht zukommt.

Systeme mit emergenten Eigenschaften führen in der Evolution durch Wechselwirkung mit anderen zu neuen Systemen mit wiederum neuen Eigenschaften, die in den einzelnen, isoliert betrachteten Systemen ebenfalls nicht vorhanden sind. Das beginnt bereits bei der

Das Phänomen des Lebens ist eine emergente Erscheinung, die aus ihren Einzelteilen und den einzelnen Reaktionen nicht abgeleitet werden kann. Erst das komplexe Zusammenspiel der zahlreichen Subsysteme führt zu diesem übergeordneten System mit seinen erstaunlichen Eigenschaften.

Wechselwirkung von Zellen zu Zellverbänden und Organismen mit einer Funktionsteilung der Zellen. Auf diese Weise wird es aussichtslos, das Phänomen des Lebens aus den Eigenschaften von Quarks, Gluonen, Atomkernen und Elektronen heraus zu verstehen, wiewohl kein Zweifel daran besteht, dass diese »leblosen« Objekte am Leben teilhaben.

Doch, ob damit zugleich ein »neues Zeitalter der Emergenz« angebrochen ist, wie Laughlin meint, darf mit Recht bezweifelt werden. Die Physik wird mit Gewissheit auch künftig fortfahren, ihre Objekte zu isolieren, um sie anschließend wieder zu verknüpfen. Aus diesem Geist sind ihre Erkenntnisse erwachsen. Die Dynamik der Vereinheitlichung ist das Erfolgsrezept der gesamten bisherigen Physik. Daraus lässt sich aber kaum folgern, dass eine vollständige Vereinheitlichung jemals gelingen wird. Die Geschichte lehrt vielmehr, dass jeder noch so bedeutsame Teilerfolg bei diesem Bemühen mit der Entdeckung von neuer Vielfalt verbunden war, die auf anderer Ebene weiter nach Vereinheitlichung verlangte.

Ist eine Weltformel überhaupt möglich?

Die heutzutage oft zitierten »letzten Rätsel« der Physik sind wahrscheinlich eine Illusion. Ihnen werden weitere folgen. Physik auch in Zukunft zu betreiben, wird aber wohl trotzdem heißen, weiter nach Vereinheitlichung zu streben, wie dies gegenwärtig in der Suche nach der Großen Vereinheitlichten Theorie zum Ausdruck kommt. Diese Art von Vereinigung mag vielleicht gelingen. Aber wäre das dann jene Theorie von Allem, das »einheitliche Wirkprinzip«, das alle Vorgänge des Bestehenden erklären könnte? Mit Sicherheit nicht. Die Existenz von Emergenzen legt vielmehr den Gedanken nahe, dass eine solche Zurückführung von Allem auf eine einzige Formel, ein einziges Prinzip, prinzipiell nicht erreicht werden kann.

Vielleicht haben jene Philosophen nicht ganz unrecht, die angesichts der Komplexität der Welt nach pluralistischer Methodenvielfalt in der Forschung rufen, wie etwa die US-amerikanische Wissenschaftstheoretikerin Sandra Mitchell: »Der integrative Pluralismus ist ein Schritt auf dem Weg zu einem neuen Verständnis für unsere komplexe Welt« [68]. Das mag richtig sein, nur darf ein pluralistisches Methodensystem dann nicht so verstanden werden, dass jeder beliebige Satz als wahr gelten kann. Vielmehr wird exakt zu erkunden sein, unter welchen Bedingungen und in welchen Grenzen die jeweils erkannten oder vermuteten Gesetze wirken und inwiefern sie mehr oder weniger universell sind. Der oberste Richter wird auch künftig die Überprüfung jedes vermeintlichen Ergebnisses an der Wirklichkeit bleiben, und zwar durch Experimente und Beobachtungen. Der Ausgang der Forschungen mit dem Large Hadron Collider wird deshalb auch unabhängig von den erzielten Ergebnissen diesen jetzt verstärkt geführten philosophischen Diskussionen wieder neue Nahrung geben.

Seit einiger Zeit debattieren Physiker und Philosophen in diesem Zusammenhang auch über die Rolle von Kurt Gödels Unvollständigkeitstheorem als Argument gegen eine Theorie von Allem. Der bedeutende Mathematiker und Logiker Gödel hatte im Jahr 1931 zum Entsetzen vieler Mathematiker den Beweis erbracht, dass kein komplexes mathematisches System zugleich vollständig *und* widerspruchsfrei (konsistent) sein kann. Es muss stets Aussagen (Theoreme) enthalten, die innerhalb dieses Systems nicht entschieden werden können, die sich aus den Axiomen des Systems nicht ableiten lassen.

Das System aller *beweisbaren* Sätze ist also etwas anderes, als das System aller *wahren* Sätze! Das ist keineswegs gleichbedeutend damit, dass alle mathematische Sicherheit verloren wäre. Vielmehr lassen sich stets Axiomensysteme mit höherer beweistheoretischer Stärke finden, in denen der entsprechende Satz dann abgeleitet werden kann. Doch auch für dieses Axiomensystem gilt dann wieder das Gödel'sche Unvollständigkeitstheorem!

Nun bestehen aber zwischen mathematischen Sätzen und physikalischen Theorien enge Beziehungen. Die modernen physikalischen Theorien sind extrem mathematisiert. Manche drohen sogar, an ihren mathematischen Schwierigkeiten zu scheitern. Wahre Sätze der empirischen Wissenschaften in mathematischer Form unterliegen aber Gödels Theorem oder wie der Philosoph Michael Stöltzner schreibt:

> Ein falscher mathematischer Satz impliziert nach den Regeln der Logik alle anderen Sätze, eben auch solche über physikalische Gegenstände. Setzen wir beim Bau einer Brücke auf ein falsches mathematisches Theorem, so ist es mit ihrer Stabilität nicht weit her [69].

Da Naturgesetze ohne Mathematik nach Gödels Ansicht genauso wenig über die Erfahrung aussagen, wie Mathematik ohne Naturgesetze, fügt die Mathematik den Gesetzen einfacher Elemente häufig die allgemeinen Gesetze für Ensembles solcher Elemente hinzu. Diese sind aber in den Gesetzen der Elemente gar nicht enthalten, weil zur Beschreibung von Ensembles häufig mit physikalischen Begriffen operiert wird, die in den Gesetzen der Elemente überhaupt nicht vorkommen. Stöltzner illustriert dies an einem instruktiven Beispiel über das Sonnensystem.

Das hier vorliegende Mehrkörperproblem (große Planeten, deren Monde und Kleinkörper aller Couleur) kann bekanntlich analytisch nicht streng gelöst werden. Die Zahlentheorie liefert dennoch strenge Aussagen über die Stabilität des Systems. Haben zwei Himmelskörper Umlaufzeiten, die im Verhältnis kleiner natürlicher Zahlen zueinanderstehen, kommt es zu Resonanzen, die dazu führen können, dass ein kleiner Himmelskörper durch Aufschaukeln der Störungen aus seiner Bahn geworfen wird. Der Resonanzbegriff kann jedoch auf der Ebene eines *einzelnen* Himmelskörpers gar nicht definiert werden, er ist also ein emergenter Begriff.

Die Hinzufügungen bedürfen, Gödel zufolge, der Induktion, eines Schließens auf allgemeinere Fälle und ebenso der Intuition, der Gewinnung von Einsichten ohne den Gebrauch des Verstandes.[6] Mathematik beruht zwar auf Folgerungen aus bestimmten Regeln – aber nicht nur. Auf diesem Weg allein sind neue Erkenntnisse nicht zu gewinnen. Die beweisbaren Wahrheiten und somit die bisher entdeckte Mathematik befinden sich gleichsam auf kleinen Inseln im Ozean mathematischer Wahrheiten, meint der US-amerikanische Mathematiker und Philosoph Gregory Chaitin. Auf solchen Inseln

6 – Ein bekanntes Beispiel für Intuition ist uns von dem Mathematiker Carl Friedrich Gauß überliefert, der einmal gesagt haben soll, seine Resultate habe er bereits, er wisse nur noch nicht, wie er zu ihnen gelange.

liegen die algebraischen Wahrheiten, die Infinitesimalrechnung und die arithmetischen Wahrheiten. Alles hängt auf solchen Inseln mit allem logisch zusammen. Um jedoch von einer Insel zu einer anderen zu gelangen, bedarf es der Kreativität und Fantasie. Bereits Gödel selbst hat festgestellt, dass die Beseitigung von Induktion und Intuition aus der Mathematik nicht möglich seien, ohne die Mathematik zugleich aufzugeben.

So kann man in der Mathematik wie auch in der Physik gleichermaßen immer umfassendere Axiomensysteme intuitiv finden und einführen, ohne Gödels Unvollständigkeitssatz damit außer Kraft zu setzen. Dennoch mag man aber auf diese Weise Schritt für Schritt zum »Ding an sich« vordringen, indem man das Funktionieren der neuen »Vorschläge« experimentell überprüft.

Die Quantentheorie belehrt uns darüber, dass die Welt der Atome vom Zufall beherrscht wird. Somit enthält auch das Universum den Zufall und ist unendlich komplex – ebenso wie der Kosmos der Mathematik. Eine Theorie von Allem ist also deshalb letztlich ebenfalls nur in einem unendlichen Prozess zu gewinnen. Das ist aber gleichbedeutend damit, dass sie *gar nicht* möglich ist. »Parallelen schneiden sich nie« und »Parallelen schneiden sich im Unendlichen« – diese beiden Axiome der Geometrie des Euklid beinhalten dieselbe Aussage.

Ob wir vielleicht in einhundert Jahren anders über diese Fragen denken – im Lichte weiterer, sicherlich heute noch gar nicht zu erahnender, empirischer und theoretischer Entdeckungen? Das werden wir leider erst wissen, wenn diese einhundert Jahre vergangen sind. Möglicherweise schauen wir dann auf unsere gegenwärtigen Erkenntnisse zurück wie einst Johannes Kepler auf die komplizierten Epizykelsysteme des geozentrischen Weltsystems.

Literaturquellen

[1] Alexander von Humboldt: Rede, gehalten bei der Eröffnung der Versammlung deutscher Naturforscher und Ärzte in Berlin am 18. September 1828, Königliche Akademie der Wissenschaften zu Berlin, Berlin 1828, www.deutschestextarchiv.de/book/show/humboldt_rede_1828

[2] Karl Friedrich Zöllner: *Photometrische Untersuchungen mit besonderer Rücksicht auf die physische Beschaffenheit der Himmelskörper*. Leipzig 1865, S. 316

[3] Zitat nach Anna Mudry (Hrsg.): *Galileo Galilei, Schriften, Briefe, Dokumente*. Bd.1, Berlin 1987, S. 336f

[4] Zitat nach Friedrich Herneck: *Bahnbrecher des Atomzeitalters*. 5. Auflage, Berlin 1970, S. 280

[5] Zitat nach DIE ZEIT: www.zeit.de/wissen/2013-10/higgs-nobelpreis-physik-englert/seite-2

[6] Arthur S. Eddington: *Sterne und Atome*. Berlin 1928, S. 2

[7] Max Planck: *Wissenschaftliche Selbstbiographie*. Leipzig 1948, S. 27

[8] Zitat nach Arthur I. Miller: *Der Krieg der Astronomen*. München 2006, S. 247

[9] Zitat nach Jürgen Hamel: *Astronomiegeschichte in Quellentexten*. Heidelberg, Berlin, Oxford 1996, S. 63

[10] Claudius Ptolemäus: *Handbuch der Astronomie*. Bd. I, Deutsche Übersetzung und erläuternde Anmerkungen von K. Manitius, Vorwort und Berichtigungen von O. Neugebauer, Leipzig 1963, S. 15

[11] Zitat nach Dieter Lelgemann: *Die Erfindung der Messkunst – angewandte Mathematik im antiken Griechenland*. Darmstadt 2011. Insbesondere zum antiken Heliozentrismus: http://leibnizsozietaet.de/wp-content/uploads/2013/11/lelgemann-heliozentrik-antike.pdf

[12] Wilhelm Herschel: *Über den Bau des Himmels*. Dresden 1826, S. 78f

[13] Albert Einstein: *Das Raum-, Äther- und Feldproblem der Physik*; Zitat nach Carl Seelig (Hrsg.): *Albert Einstein, Mein Weltbild*. Berlin 1959, S. 144

[14] Albert Einstein, Leopold Infeld: *Die Evolution der Physik*; Zitat nach Alice Calaprice (Hrsg.): *Einstein sagt. Zitate, Einfälle, Gedanken*. München 2005, S.146

[15] Zitat nach Jürgen Neffe: *Einstein. Eine Biographie*. Reinbek 2005, S. 261
[16] Zitat nach John North: *Viewegs Geschichte der Astronomie und Kosmologie*. Braunschweig, Wiesbaden 1997, S. 349
[17] Zitat nach Timothy Ferris: *Die rote Grenze*. Basel, Boston, Stuttgart 1982, S. 85
[18] Ralph A. Alpher, Robert C. Herman: *Evolution of the Universe*; Zitat nach Kenneth R. Lang, Owen Gingerich (Hrsg.): *A Source Book of Astronomy and Astrophysics 1900–1975*. Cambridge (Mass.), London (England) 1979, S. 868
[19] Zitat nach [17], S. 115
[20] Zitat nach [17], S. 116
[21] Steven Weinberg: *Die ersten drei Minuten. Der Ursprung des Universums*. 4. Auflage, München 1984, S. 87
[22] Torsten Enßlin: Telefonische Äußerung gegenüber dem Verfasser, März 2013
[23] Martin Bojowald: *Zurück vor den Urknall. Die ganze Geschichte des Universums*. Frankfurt/Main 2009, S. 141
[24] Arthur Schuster: *Potential Matter. A Holiday Dream*. Nature 58, 18. 8. 1898, S. 367; Zitat nach Walter Oelert: *Antimaterie – erwartet und gefunden, was nun?* Skript Naturwissenschaftlicher Verein Bielefeld 1996
[25] Zitat nach DER SPIEGEL: *Spinnerei in der Cafeteria. Interview mit Walter Oelert über die Erzeugung von Antimaterie*. DER SPIEGEL Nr. 3 vom 15. 1. 1996, S. 168
[26] Prof. Dr. Jochen Walz (Johannes-Gutenberg-Universität Mainz): Persönliche Mitteilung gegenüber dem Verfasser vom 20. 2. 2014
[27] Zitat nach Wolfgang Schreier u. a. (Hrsg.): *Geschichte der Physik*. Berlin 1988, S. 378
[28] Zitat nach Karl Lanius: *Die Erfoschung des Mikrokosmos – eine Zäsur*. Leibniz online 4/2008 in Spektrum der Wissenschaft (9/2006), S. 89
[29] Zitat nach Rolf Landua: *Am Rand der Dimensionen*. Frankfurt/Main 2008, S. 73
[30] Albert Einstein: *Geometrie und Erfahrung*. Festvortrag in der öffentlichen Sitzung der Preußischen Akademie der Wissenschaften vom 27. 1. 1921; Zitat nach Carl Seelig (Hrsg.): *Albert Einstein. Mein Weltbild*. Frankfurt/Main 1959, S. 119f

[31] Steven S. Gubser: *Das kleine Buch der Stringtheorie*. Heidelberg 2011, S. 77
[32] Abhay Ashtekar in Spektrum der Wissenschaft, 10 (2007), S. 37
[33] www.lhcdefense.org
[34] Zitat nach Friedrich Herneck: *Eine zu Unrecht vergessene Ansprache Albert Einsteins*. In: *Einstein und sein Weltbild*. Berlin 1976, S. 47
[35] Zitat nach DER TAGESSPIEGEL: www.tagesspiegel.de/magazin/wissen/Teilchenphysik-Schwarze-Loecher:art304,2508729
[36] www.lhc-facts.ch/index.php?page=schwarze_loecher
[37] Don Lincoln: *Die Weltmaschine*. Heidelberg 2011, S. 216
[38] Ian O'Neill: *Forget the LHC*. www.universetoday.com/20663/forget-the-lhc-the-aging-tevatron-may-have-uncovered-some-new-physics/
[39] Patrick Illinger in Süddeutsche Zeitung vom 4. 7. 2012
[40] Markus Schumacher, Christian Weiser: *Higgs- oder nicht Higgs-Boson?* Physik Journal 11 (2012), S. 18–20
[41] Harald Walach: *Wa(h)re Skepsis. Wa(h)re Wissenschaft*. Zeitschrift für Anomalistik 13 (2013), S. 325–340, insbesondere S. 327
[42] Alexander Unzicker im Interview mit der Zeitschrift P.M., Juli 2010, www.vom-urknall-zum-durchknall.de/PM.html
[43] Alexander Unzicker: *Auf dem Holzweg durchs Universum*. München 2012, S. 260
[44] Karl-Ernst Eiermann: *Das Reale des Universums. Kosmologisches Reisebuch eines Physikers auf neuen Wegen*. Wetzlar 2011
[45] www.s8int.com/bigbang2.html
[46] Jörg Resag: *Die Entdeckung des Unteilbaren*. Berlin, Heidelberg, 2. Auflage 2014, S. 274
[47] Harald Fritzsch: *Elementarteilchen. Bausteine der Materie*. München 2004, S. 115
[48] Alexander Unzicker: *Auf dem Holzweg durchs Universum*. München 2012, S. 214
[49] Z. B. in Rudolf Kippenhahn: *Kosmologie für die Westentasche*. München, Zürich 2003, S. 112
[50] Carl Friedrich von Weizsäcker: *Große Physiker. Von Aristoteles bis Werner Heisenberg*. Wiesbaden 2004, S. 106

[51] Zitat nach Marcus Chown. *Das Universum und das ewige Leben.* München 2009, S. 201
[52] Zitat nach [51], S. 202
[53] Johannes Kepler: *Weltharmonik*. Übersetzt und eingeleitet von Max Caspar, Darmstadt 1973, S. 13
[54] Zitat nach [53], S. 52
[55] Johannes Kepler: *Der Mensch und die Sterne.* Aus seinen Werken und Briefen. Zitat nach M. List (Auswahl und Nachwort), Wiesbaden 1953, S. 150f
[56] Zitat nach Carl Seelig (Hrsg.): *Albert Einstein, Mein Weltbild*. Frankfurt/Main 1956, S. 109
[57] Zitat nach Ernst Brüche (Hrsg.): *Physiker Anekdoten*. Mosbach, Baden 1952, S. 39
[58] Harald Walach: *Wa(h)re Skepsis – Wa(h)re Wissenschaft*. Zeitschrift für Anomalistik 13 (2013), S. 331
[59] Lee Smolin im Interview mit DIE ZEIT, www.zeit.de/2005/42/Smolin_Interview
[60] Hans Magnus Enzensberger: *Die Elixiere der Wissenschaft*. Frankfurt/Main 2004, S. 126
[61] Martin Harwit: *Die Entdeckung des Kosmos*. München, Zürich 1983
[62] Zitat nach [61], S. 63
[63] Zitat nach [61], S. 71
[64] Zitat nach Étienne Klein, Marc Lachièze-Rey: *Die Entwirrung des Universums*. Stuttgart 1999, S. 175
[65] Aristoteles, *Metaphysik*. Übersetzt und eingeleitet von Thomas Alexander Szlezák, Berlin 2003, S. 140
[66] Robert B. Laughlin: *Abschied von der Weltformel*. 4. Auflage, München 2008
[67] Zitat nach [66], S. 304
[68] Sandra Mitchell: *Warum wir erst anfangen, die Welt zu verstehen.* Frankfurt/Main 2008, S. 153
[69] Michael Stöltzner: *Zeitreisen, Singularitäten und die Unvollständigkeit physikalischer Axiomatik*; Zitat nach Bernd Buldt u. a. (Hrsg.): *Kurt Gödel. Wahrheit und Beweisbarkeit.* Band 2, Wien 2002, S. 289–304, speziell S. 292

Weiterführende Literatur

Die im Folgenden angegebene Auswahl an Literatur erhebt keinerlei Anspruch auf Vollständigkeit. Insbesondere Zeitschriftenartikel sind nur ausnahmsweise aufgenommen worden, wenn sie besonders aktuelle Erkenntnisse betrafen, die in Büchern noch keinen Niederschlag gefunden haben. Lesern, die nach weiterer Vertiefung suchen, seien daher für neueste Informationen insbesondere die Zeitschriften Spektrum der Wissenschaft, Bild der Wissenschaft *und* Sterne und Weltraum *empfohlen.*

Blome, Hans-Joachim; Zaun, Harald: *Der Urknall. Anfang und Zukunft des Universums*. C. H. Beck, München 2004

Bojowald, Martin: *Zurück vor den Urknall. Die ganze Geschichte des Universums*. S. Fischer, Frankfurt/ Main 2010

Chown, Marcus: *Das Universum und das ewige Leben. Neue Antworten auf elementare Fragen*. Dtv, München 2009

Clifton, Thimothy; Ferreira, Pedro G.: *Wozu Dunkle Energie?* Spektrum der Wissenschaft 8 (2009), S. 26ff

Davies, Paul; Gribbin, John: *Auf dem Weg zur Weltformel. Superstrings, Chaos, Komplexität*. Dtv, München 1995

De Padova, Thomas: *Das Weltgeheimnis. Kepler, Galilei und die Vermessung des Himmels*. Piper, München, Zürich 2010

Fritzsch, Harald: *Das absolut Unveränderliche. Die letzten Rätsel der Physik*. Piper, München, Zürich 2007

Genz, Henning: *Symmetrie-Bauplan der Natur*. Piper, München, Zürich 1987

Genz, Henning: *Die Entdeckung des Nichts. Leere und Fülle im Universum*. Rororo, München 1994

Green, Brian: *Das elegante Universum. Superstrings, verborgene Dimensionen und die Suche nach einer Weltformel*. Goldmann, 4. Auflage, München 2006

Gubser, Steven S.: *Das kleine Buch der Stringtheorie*. Spektrum, Heidelberg 2011

Hamel, Jürgen: *Meilensteine der Astronomie. Von Aristoteles bis Hawking*. Kosmos, Stuttgart 2006

Harwit, Martin: *Die Entdeckung des Kosmos. Geschichte und Zukunft astronomischer Forschung.* Piper, München, Zürich 1983

Hasinger, Günther: *Das Schicksal des Universums. Eine Reise vom Anfang zum Ende.* Goldmann, München 2007

Herrmann, Dieter B.: *Antimaterie. Auf der Suche nach der Gegenwelt.* C. H. Beck, 4. Auflage, München 2009

Herrmann, Dieter B.: *Die Kosmos Himmelskunde.* Kosmos, Stuttgart 2012

Herrmann, Dieter B.: *Geschichte der modernen Astronomie.* VEB Deutscher Verlag der Wissenschaften, Berlin 1984

Ingold, Gert-Ludwig: *Quantentheorie. Grundlagen der modernen Physik.* C. H. Beck, 3. Auflage, München 2005

Keller, Hans-Ulrich: *Die mysteriöse Dunkle Energie und das Schicksal des Universums.* Naturwissenschaftliche Rundschau 66 (2013), S. 556–564

Keller, Hans-Ulrich: *Kompendium der Astronomie, Zahlen, Daten, Fakten.* Kosmos, Stuttgart 2008

Kippenhahn, Rudolf: *100 Milliarden Sonnen.* Piper, 7. Auflage, München, Zürich 1989

Kuhn, Thomas S.: *Die Entstehung des Neuen. Studien zur Struktur der Wissenschaftsgeschichte.* Herausgegeben von Lorenz Krüger, Suhrkamp, Frankfurt/Main 1977

Landua, Rolf: *Am Rand der Dimensionen. Gespräche über die Physik am CERN.* Suhrkamp, Frankfurt/Main 2009

Laughlin, Robert B.: *Abschied von der Weltformel.* Piper, 4. Auflage, München, Zürich 2008

Lelgemann, Dieter: *Die Erfindung der Messkunst – Angewandte Mathematik im antiken Griechenland.* WBG, Darmstadt 2011

Lincoln, Don: *Die Weltmaschine. Der LHC und der Beginn einer neuen Physik.* Spektrum, Heidelberg 2011

Mainzer, Klaus: *Der kreative Zufall. Wie das Neue in die Welt kommt.* C. H. Beck, München 2007

May, Brian; Moore, Patrick; Lintott, Chris: *Bang! Die ganze Geschichte des Universums.* Kosmos, Stuttgart 2010

Mitchell, Sandra: *Komplexitäten. Warum wir erst anfangen, die Welt zu verstehen.* Suhrkamp, Frankfurt/Main 2008

Murdin, Paul: *Die Entdeckung des Universums. Eine illustrierte Geschichte der Astronomie.* Kosmos, Stuttgart 2014

North, John: *Viewegs Geschichte der Astronomie und Kosmologie*. Vieweg, Braunschweig, Wiesbaden 1997

Pickering, Andrew: *Constructing Quarks*. University of Chicago Press, Chicago 1996

Randall, Lisa: *Verborgene Universen. Eine Reise in den extradimensionalen Raum*. 4. Auflage, S. Fischer, Frankfurt/Main 2006

Resag, Jörg: *Die Entdeckung des Unteilbaren. Quanten, Quarks und die Entdeckung des Higgs-Teilchens*. Springer, Heidelberg 2014

Schopper, Herwig: *Materie und Antimaterie. Teilchenbeschleuniger und der Vorstoß zum unendlich Kleinen*. Piper, München 1989

Silk, Joseph: *Der Urknall. Die Geburt des Universums*. Birkhäuser, Basel, Boston, Berlin, Heidelberg 1990

Silk, Joseph: *Das fast unendliche Universum. Grenzfragen der Kosmologie*. C. H. Beck, München 2006

Smolin, Lee: *Warum gibt es die Welt? Die Evolution des Kosmos*. C. H. Beck, München 1999

Unzicker, Alexander: *Vom Urknall zum Durchknall. Die absurde Jagd nach der Weltformel*. Springer, Heidelberg, London, New York 2010

Unzicker, Alexander: *Auf dem Holzweg durchs Universum. Warum sich die Physik verlaufen hat*. Hanser, München 2012

Vaas, Rüdiger: *Hawkings Kosmos einfach erklärt*. Kosmos, Stuttgart 2011

Vaas, Rüdiger: *Hawkings neues Universum. Wie es zum Urknall kam*. Kosmos, Stuttgart 2008

Vaas, Rüdiger: *Tunnel durch Raum und Zeit. Von Einstein zu Hawking: Schwarze Löcher, Zeitreisen und Überlichtgeschwindigkeit*. Kosmos, Stuttgart 2010

Vaas, Rüdiger: *Vom Gottesteilchen zur Weltformel. Urknall, Higgs, Antimaterie und die rätselhafte Schattenwelt*. Kosmos, Stuttgart 2013

Vilenkin, Alex: *Kosmische Doppelgänger. Wie es zum Urknall kam. Wie unzählige Universen entstehen*. Springer, Heidelberg 2007

Walach, Harald: *Wa(h)re Skepsis – Wa(h)re Wissenschaft*. Zeitschrift für Anomalistik 13 (2013), S. 325–340

Weizsäcker, Carl Friedrich von: *Große Physiker. Von Aristoteles bis Werner Heisenberg*. Marix, Wiesbaden 2004

Wolf, Christian: *Korrekturen an der Dunklen Energie?* Sterne und Weltraum Dossier *Kosmologie* 1 (2013), S. 18ff

Register

Kursive Seitenzahlen beziehen sich auf Bildlegenden.

Bildnachweis

49 Fotos und 51 Illustrationen, davon 40 Illustrationen von Gunther Schulz (GS) nach Vorlagen von Dieter B. Herrmann (DBH) und den hier angegebenen Quellen. Bildautoren der Fotos und Illustrationen: Seite 8: Klaus Dolag and equipment VIMOS-VLT Deep Survey/ESO. – 12: ESO/S. Brunier. – 15: Nationalmuseum Rom, Palazzo Altemps, Ludovisi-Sammlung/Jastrow. – 17: Justus Sustermans, National Maritime Museum London. – 20: Archiv DBH. – 23: GS/Saperand. – 25: Archiv DBH. – 27: Archiv DBH. – 29: H. Kochan, DLR. – 31: NASA, ESA and the Hubble Heritage Team (STScI/AURA). – 34: 1995 CERN. – 38: Archiv DBH. – 40: GS/Archiv Kosmos-Verlag. – 43: GS/Archiv DBH. – 49: GS/Archiv DBH. – 53: GS/Archiv DBH. – 55: GS/Archiv DBH. – 59: GS/Archiv DBH. – 61: GS/Arpad Horvath. – 62: GS/Rüdiger Vaas; PDG. – 64: GS/Archiv DBH. – 66: 2012 CERN. – 68: NASA, ESA and A. Schaller (for STScI). – 74: J. P. Harrington and K. J. Borkowski (University of Maryland) and NASA. – 78: Archiv DBH. – 87: GS/Archiv DBH. – 90: GS/Archiv DBH. – 95: GS/ESO. – 97: GS/Archiv DBH. – 101: ESO. – 105: GS/Archiv DBH. – 107: GS/Archiv DBH. – 109: Max-Planck-Institut für Plasmaphysik, Garching. – 110: ESA – D. Ducros, 2013. – 117: Archiv DBH. – 119: GS/Archiv DBH. – 123: Archiv DBH. – 132: GS/Archiv DBH. – 134: GS/Y. und Y. Georgelin. – 136: Ken Spencer. – 137: NASA. – 142: Ferdinand Schmutzer. – 146: Archiv DBH. – 149: Archiv Kosmos-Verlag. – 155: GS. – 158: © 2004 Thomson – Brooks/Cole. – 163: GS/NASA. – 164: NASA, ESA, M. J. Lee and H. Ford (John Hopkins University). – 171: ESO. – 173: GS/NASA/WMAP Science Team. – 175: ESA and the Planck Collaboration. – 176: Arman Khatatyan, Astrophysikalisches Institut Potsdam. – 177: GS/Anglo-Australian Observatory/2dF Team. – 179: Amble. – 185: GS/Rüdiger Vaas. – 189: © SPIEGEL 3/1996. – 191: GS/H. Genz, Rüdiger Vaas. – 195: GS/Archiv DBH. – 200: GS/NASA, ESA, CFHT, CXO, M. J. Lee (University of California, Davis) and A. Mahdavi (San Francisco State University). – 205: NASA, ESA, A. Riess (STScI and JHU) and S. Rodney (JHU). – 209: GS/MPA – Garching. – 211: NASA, N. Benitez (JHU), T. Broadhurst (Racah Institute of Physics/The Hebrew University), H. Ford (JHU), M. Clampin (STScI), G. Hartig (STScI), G. Illingworth (UCO/Lick Observatory), the ACS Science Team and ESA. – 214: ESO/M. Kornmesser. – 217: Archiv DBH. – 221: GS/Pierre Auger Observatory. – 222: Eva Rindfuß, Forschungszentrum Karlsruhe GmbH. – 227: GS/Klaus Foehl. – 228: Science Museum London/Science and Society Picture Library. – 231: GS/Archiv DBH. – 236: Eto Shorcy. – 240: 2007 CERN. – 247: CERN. – 248: 2010 CERN/CMS. – 251: Archiv DBH. – 253: Archiv DBH. – 254: Archiv DBH. – 257: GS/CERN. – 258: GS/CERN. – 260: CERN. – 261: 2008 CERN. – 267: 2013 CERN/CMS. – 270: GS/Archiv DBH. – 271: GS/Archiv DBH. – 275: GS/Archiv DBH. – 278: GS/Archiv DBH. – 288: 2008 CERN/ATLAS. – 292: Archiv DBH. – 294: 2008 CERN. – 298: 2008 CERN. – 301: Fermi National Accelerator Laboratory, USA. – 303: 2009 CERN/CMS. – 309: 2012 CERN. – 315: 2008 CERN. – 323: Archiv DBH. – 331: GS/Archiv DBH. – 335: ESA/Hubble & NASA. – 338: ESO/MPE/Marc Schartmann. – 343: GS/M. Harwit. – 345: GS/Rüdiger Vaas. – 351: André Karwath.